普通高等教育“十四五”规划教材

工程流体力学

李福宝　刘达京　李　勤　刘雄飞　主编

中国石化出版社

内 容 提 要

本书围绕石油化工工艺与装置，从理论和应用两个层面切入编写。全书共分 7 章，主要内容包括：流体的基本物理性质、流体静力学、流体运动学、流体动力学、平面势流、管内流动、流体绕物流动等。

本书可作为过程装备与控制工程、能源与动力工程、油气储运工程、环保设备工程等相关专业的教材使用。

图书在版编目(CIP)数据

工程流体力学/李福宝等主编．—北京：中国石化出版社，2023.2(2025.1 重印)
ISBN 978-7-5114-6972-4

Ⅰ.①工…　Ⅱ.①李…　Ⅲ.①工程力学-流体力学　Ⅳ.①TB126

中国国家版本馆 CIP 数据核字(2023)第 025832 号

中国石化出版社出版发行
地址:北京市东城区安定门外大街 58 号
邮编:100011　电话:(010)57512500
发行部电话:(010)57512575
http://www.sinopec-press.com
E-mail:press@sinopec.com
北京捷迅佳彩印刷有限公司印刷
全国各地新华书店经销

*

710×1000 毫米 16 开本 13.25 印张 249 千字
2023 年 3 月第 1 版　2025 年 1 月第 2 次印刷
定价:36.00 元

前　言

流体力学是力学的一个分支，主要研究流体在力的作用下，运动、变形与力之间的相互关系，揭示流体静止状态和运动状态，以及流体间、流固间相互作用的运动规律，对“机、电、化”一体化等工程领域的研究与应用起到了基础理论支撑和实践应用的作用。本书围绕石油化工工艺与装置，从理论和应用两个层面切入编写，具有如下特点：

①坚持“用则精学”的原则。结合专业和课程规律，围绕流体静力学、流体运动学、流体动力学三大基础理论，强调和本专业密切结合的知识要点重点学、深入学，使学习有的放矢。

②理论要学到根上。强调基本理论和基本概念、精准学习和深细全实。只有达到理论与身心融为一体，才能更好地应用理论，解决实际问题。

③坚持“教育要落地”的原则。理论要联系实际，并贴近企业实际，使学习者懂得理论可用在哪儿，怎么用。

④坚持课程与专业相结合，要面向专业学理论，理论要为专业服务，在学习课程的同时，了解装置和工艺知识，使学习者懂得理论从哪里来，到哪里去。

本书由沈阳工业大学李福宝教授、刘达京、李勤教授及银川科技学院刘雄飞教授主编。全书共 7 章，其中第 1 章～第 3 章由沈阳工业大学刘达京编写，第 4 章由沈阳工业大学李勤、刘波编写，第 5 章由沈阳工业大学霍英妲、孙博、李赫编写，第 6 章由银川科技学院刘雄飞编写，第 7 章由沈阳工业大学李福宝、霍英妲编写，全书由沈阳工业大学李福宝统稿。

本书编写过程中，得到了相关领导和同事的大力支持，同时博士研究生、硕士研究生霍英妲、肖丰锟、胡泽浩、郁文威、周强、王莹、马志锐、狄军涛、高亚男、李文溢、张思琦、王亚军、陈广宇、王悦、郑康宁、吴恒、陈叶、高敬凯、杨焱焱等也参与了本书的一部分编写和校对工作，在此表示感谢。

由于编者水平有限，书中难免有疏漏和不足之处，敬请读者批评指正。

目　　录

第1章　流体的基本物理性质 …………………………………………（1）
1.1　流体的连续介质模型 …………………………………………（1）
1.2　流体的物理性质 …………………………………………（2）
1.2.1　流体密度 …………………………………………（2）
1.2.2　流动性 …………………………………………（2）
1.2.3　可压缩性和膨胀性 …………………………………………（2）
1.2.4　黏性 …………………………………………（3）
1.3　流体分类 …………………………………………（6）
1.3.1　牛顿流体(Newtonian fluid)和非牛顿流体(Non－Newtonian fluid) …（6）
1.3.2　黏性流体和理想流体 …………………………………………（6）
1.4　表面张力（Surface tension） …………………………………………（6）
1.4.1　影响球 …………………………………………（6）
1.4.2　表面张力产生的原因 …………………………………………（7）
1.4.3　拉普拉斯公式 …………………………………………（8）
1.4.4　毛细现象 …………………………………………（9）
题与解 …………………………………………（11）
第2章　流体静力学 …………………………………………（17）
2.1　作用在流体上的力 …………………………………………（17）
2.1.1　表面力 …………………………………………（17）
2.1.2　质量力 …………………………………………（18）
2.1.3　液体静压强及特性 …………………………………………（18）
2.2　流体平衡微分方程 …………………………………………（18）
2.2.1　平衡微分方程（Equilibrium differential equation） …………（18）
2.2.2　压强差公式 …………………………………………（19）
2.2.3　等压面微分方程 …………………………………………（20）
2.2.4　力的势函数 …………………………………………（20）
2.3　流体静力学基本方程式 …………………………………………（21）
2.3.1　重力场中液体的平衡方程 …………………………………………（21）
2.3.2　不可压缩流体中压强计算公式 …………………………………………（22）
2.4　典型应用 …………………………………………（22）
2.4.1　连通器 …………………………………………（22）
2.4.2　压力的传递 …………………………………………（23）
2.4.3　压强计量 …………………………………………（23）

2.4.4 油水分离水力旋流器 …………………………………………………… (25)
题与解 ………………………………………………………………………………… (27)
第3章 流体运动学 ………………………………………………………………… (34)
3.1 流体运动的特点 ………………………………………………………………… (34)
3.1.1 流体运动的特点 ……………………………………………………………… (34)
3.1.2 流场的概念 …………………………………………………………………… (34)
3.1.3 流动的分类 …………………………………………………………………… (35)
3.2 流体运动的描述 ………………………………………………………………… (35)
3.2.1 拉格朗日法 …………………………………………………………………… (35)
3.2.2 欧拉法 ………………………………………………………………………… (37)
3.2.3 质点导数 ……………………………………………………………………… (37)
3.3 流场的直观表示 ………………………………………………………………… (39)
3.3.1 迹线 …………………………………………………………………………… (39)
3.3.2 流线 …………………………………………………………………………… (40)
3.3.3 流线与迹线的关系 …………………………………………………………… (41)
3.4 流体微团运动分析 ……………………………………………………………… (42)
3.4.1 平动 …………………………………………………………………………… (43)
3.4.2 线变形 ………………………………………………………………………… (43)
3.4.3 角变形 ………………………………………………………………………… (44)
3.4.4 旋转 …………………………………………………………………………… (46)
3.5 有旋流动与无旋流动 …………………………………………………………… (47)
3.5.1 涡量 …………………………………………………………………………… (47)
3.5.2 有旋流动与无旋流动 ………………………………………………………… (48)
3.6 速度环量、斯托克斯公式、高斯公式、汤姆孙定理 ………………………… (50)
3.6.1 速度环量 ……………………………………………………………………… (50)
3.6.2 斯托克斯公式 ………………………………………………………………… (50)
3.6.3 高斯公式（Gaussian formula） ……………………………………………… (51)
3.6.4 汤姆孙定理 …………………………………………………………………… (51)
题与解 ………………………………………………………………………………… (51)
第4章 流体动力学 ………………………………………………………………… (57)
4.1 输运公式 ………………………………………………………………………… (57)
4.1.1 系统与控制体 ………………………………………………………………… (57)
4.1.2 输运公式 ……………………………………………………………………… (58)
4.2 面向控制体的流体动力学积分方程 …………………………………………… (59)
4.2.1 质量连续方程 ………………………………………………………………… (59)
4.2.2 动量方程 ……………………………………………………………………… (62)
4.2.3 能量方程 ……………………………………………………………………… (64)
4.2.4 伯努利方程及其应用 ………………………………………………………… (67)
4.3 流体动力学微分方程（Fluid dynamics differential equation） …………… (77)
4.3.1 连续方程 ……………………………………………………………………… (77)
4.3.2 运动方程 ……………………………………………………………………… (80)

4.4 不可压缩流体流动微分方程 …… (93)
4.4.1 建立微分方程的基本方法 …… (93)
4.4.2 初始条件和边界条件 …… (94)
4.4.3 典型应用 …… (95)
题与解 …… (102)
第5章 平面势流 …… (117)
5.1 势函数 …… (117)
5.1.1 有势场 …… (117)
5.1.2 速度势函数的定义 …… (117)
5.1.3 引入速度势函数的意义 …… (118)
5.1.4 速度势函数的求解 …… (118)
5.1.5 速度势函数与环量的关系 …… (118)
5.1.6 无旋流动的基本性质 …… (119)
5.1.7 拉普拉斯方程（势函数方程） …… (120)
5.2 流函数 …… (121)
5.2.1 流函数的定义 …… (121)
5.2.2 流函数的意义 …… (121)
5.2.3 流函数的求法 …… (121)
5.2.4 流函数的基本性质 …… (122)
5.2.5 流函数方程 …… (122)
5.3 流函数与势函数的关系 …… (123)
5.3.1 流函数与势函数的边界条件 …… (123)
5.3.2 柯西 – 黎曼条件（Cauchy – Riemann condition） …… (124)
5.3.3 等势线、流线和流网 …… (124)
5.4 简单势流流动 …… (125)
5.4.1 解决势流问题的思路 …… (125)
5.4.2 势流叠加原理 …… (125)
5.4.3 简单流动 …… (126)
5.4.4 复合流动 …… (130)
5.4.5 复势与复速度 …… (133)
题与解 …… (134)
第6章 管内流动 …… (137)
6.1 管内流动的特点 …… (137)
6.1.1 充分发展流动 …… (137)
6.1.2 流态 …… (137)
6.1.3 湍流流动 …… (138)
6.2 管内流动计算 …… (139)
6.2.1 管路计算的基本公式 …… (139)
6.2.2 管路能量损失 …… (139)
6.3 圆管内层流流动和沿程阻力损失 …… (140)
6.3.1 圆管内流体的平均速度 u_m 和最大流速 u_{max} …… (140)

6.3.2 体积流量 q_V …… (140)
6.3.3 管壁上的切应力 τ_0 …… (140)
6.3.4 沿程阻力损失 …… (140)
6.4 圆管内湍流流动及沿程阻力损失 …… (141)
6.4.1 速度分布 …… (141)
6.4.2 平均速度 …… (142)
6.4.3 壁面切应力 …… (142)
6.4.4 阻力损失 …… (142)
6.5 局部阻力损失 …… (143)
6.5.1 局部阻力损失的研究方法 …… (143)
6.5.2 几种局部阻力系数的确定 …… (146)
6.5.3 减小局部损失的措施 …… (150)
6.6 管路计算 …… (151)
6.6.1 简单管路 …… (151)
6.6.2 串联管路 …… (152)
6.6.3 并联管路 …… (152)
题与解 …… (153)
第7章 流体绕物流动 …… (165)
7.1 边界层的基本概念 …… (165)
7.2 边界层厚度 …… (166)
7.3 边界层方程组及边界条件 …… (169)
7.3.1 普朗特边界层方程 …… (169)
7.3.2 冯·卡门边界动量积分方程 …… (173)
7.3.3 平板层流边界层的精确解 …… (175)
7.4 边界层分离 …… (179)
7.5 绕流阻力 …… (182)
7.6 绕翼型流动 …… (185)
7.7 颗粒运动 …… (189)
7.8 绕圆柱流动 …… (191)
7.8.1 绕圆柱的无环量流动 …… (191)
7.8.2 绕圆柱的环量流动 …… (194)
7.9 卡门涡街 …… (196)
7.9.1 绕圆柱体流体 …… (196)
7.9.2 卡门涡街 …… (198)
7.9.3 诱导振动 …… (199)
题与解 …… (200)
参考文献 …… (204)

第1章　流体的基本物理性质

物质一般存在五态，即固态、液态、气态、离子态和凝聚态。其中固、液、气三态是自然界中常见的形态。液体和气体因具有易流动性，故而称为流体(Fluid)。从力学方面看，固体具有抵抗压力、拉力和剪切力的能力，在外力作用下，通常发生较小的变形。流体由于不能保持一定形状，所以它仅能抵抗压力，而不能抵抗拉力和剪切力。流体受到任何微小剪切力的作用都会发生连续变形，且只要这种力存在，变形就不会停止。

从物质的微观结构角度看，流体由分子组成，分子间有比其自身尺度大得多的间隙，同时，由于分子的随机运动，致使流体分子不连续分布于其所占有的空间，并随时间不断变化。

从物质的宏观角度看，按照分子统计平均方法，流体可视为由连续分布的质点构成。其流体质点的物理性质及其运动参量也是连续的，是所在空间及时间的连续函数。

1.1　流体的连续介质模型

1755年，欧拉提出了流体的连续介质模型(Continuum model)。按照连续介质模型，流体的密度、压强、速度、温度等物理量一般在空间和时间上都是连续分布的，是空间坐标和时间的单值连续可微函数。基于流体质点的概念，流体的连续介质模型，有如下的基本假说。

(1)质量分布连续

用密度作为表示流体质量的物理量，则密度是空间坐标和时间的单值连续可微函数，即：

$$\rho=\rho(x,\ y,\ z,\ t) \tag{1-1}$$

(2)运动连续

在取定的区域和时间内，质量连续分布的流体处于运动状态时，其运动是连续的，亦即表征运动的特征量是空间坐标点和时间的单值连续可微函数，以速度为例，即：

$$v=v(x,\ y,\ z,\ t) \tag{1-2}$$

(3)内应力连续

流体运动时，流体质点之间的相互作用力称之为流体内应力(Fluid stress)，在流体中任意取一个微元面积 ΔA，微元面上流体质点之间的相互作用力为 ΔF，则流体内应力 p 可以定义为：

$$p=\lim_{\Delta A\to 0}\frac{\Delta F}{\Delta A}=\frac{\mathrm{d}F}{\mathrm{d}A} \tag{1-3}$$

流体内应力是连续的，为空间坐标和时间的单值连续可微函数，即：

$$p=p(x,\ y,\ z,\ t) \tag{1-4}$$

流体连续介质模型的建立，使流体物性和运动参数物理量都被表示成连续的函数，可以引用大量的数学方法求解流体力学的问题。这样简化了工程问题，且具有足够的精度，因此它具有十分重要的意义。

1.2 流体的物理性质

刚体力学的基本假设是所研究的刚体各部分之间没有变形或相互位移；流体力学的基本假设是所研究的流体具有变形和相互位移，且没有固定的形状。

1.2.1 流体密度

单位体积的流体所具有的质量称为流体密度(Fluid density)。它表征流体在空间某点质量的密集程度。流体密度定义为：

$$\rho=\frac{\Delta m}{\Delta V} \tag{1-5}$$

式中，Δm 为流体中微元的质量；ΔV 为流体中微元的体积。

对于均质流体，有：

$$\rho=\frac{m}{V} \tag{1-6}$$

1.2.2 流动性

流体分子间的引力较小，分子的运动较强烈，分子排列松散，因而流体没有固定的形状，其形状取决于限制它的固体边界，流体各个部分之间很容易发生相对运动，这种流体的流动性质可用力学语言描述为：流体在受到很小的切应力时，就要发生连续的变形，直到切应力消失为止。受到切应力的作用发生连续变形的流体称为运动流体(Moving fluid)。反之，不受切应力作用的流体就不发生变形，称之为静止流体(Static fluid)。流体中存在切应力是流体处于运动状态的充分必要条件。

1.2.3 可压缩性和膨胀性

(1)流体的可压缩性

流体不仅形状容易发生变化，而且其体积随压强的增大而缩小，这一特性称为流体的压缩性(Compressibility)，通常用体积压缩系数β_p来表示，其定义为在一定温度下，增加单位压强所引起的流体体积的相对变化量，即：

$$\beta_p = -\frac{\mathrm{d}V/V}{\mathrm{d}p} \tag{1-7}$$

式中，β_p为体积压缩系数，1/Pa；$\mathrm{d}V/V$为流体的体积相对变化量；$\mathrm{d}p$为压强的增量，Pa。

β_p恒为正值，β_p值大，表示流体的可压缩性大，反之，则表示其可压缩性小。

流体体积压缩系数的倒数为流体的体积弹性模量E，它指的是流体单位体积的相对变化量所需要的压强增量，即：

$$E = \frac{1}{\beta_p} = -\frac{\mathrm{d}p}{\mathrm{d}V/V} \tag{1-8}$$

E的单位与压强的单位相同，工程上常用体积弹性模量来衡量流体压缩性的大小，E值大的流体的可压缩性小，E值小的流体的可压缩性大。流体的体积弹性模量E值随温度和压强的变化而变化，但液体的E值变化较小。水的可压缩性很小，E值很大，通常近似取为1.9613GPa。

(2)流体的膨胀性

流体的体积随温度的升高而增大的特性称为流体的膨胀性(Expansibility)。通常用体积膨胀系数β_T来表示，即在压强不变的情况下，单位温升所引起流体体积的相对变化量，即：

$$\beta_T = \frac{\mathrm{d}V/V}{\mathrm{d}T} \tag{1-9}$$

式中，β_T为体积膨胀系数，1/K；$\frac{\mathrm{d}V}{V}$为流体的体积相对变化量；$\mathrm{d}T$为温度的增量，K。

1.2.4　黏性

流体的黏性(Sticky)是指流体流动时产生内摩擦力的性质，这是流体的固有物理属性，但流体的黏性只有在运动状态下才能显示出来。

(1)黏性实验

如图1-1所示为两块相距h的水平放置的平行平板，其间充满液体，下板固定不动，上板在力F'作用下以U的速度沿x方向做定常运动。黏性使流体黏附于它所接触的固体表面，与上平板接触的流体以U的速度运动，而与下平板接触的液体静止不动，它们中间的流体速

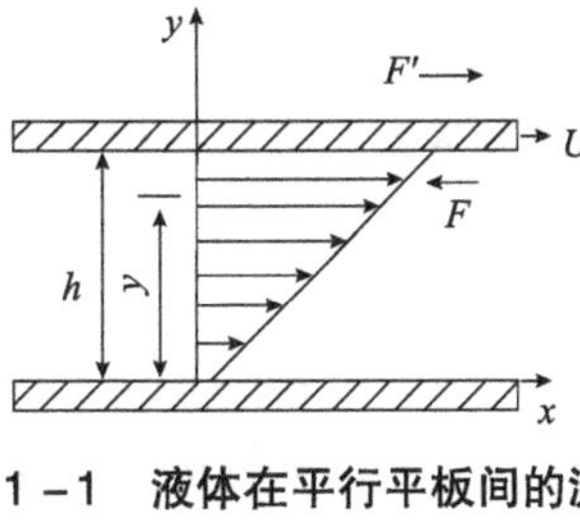

图1-1　液体在平行平板间的流动

度则由下板处的零均匀地变化到上板处的 U，各流层之间都有相对运动。对于上平板为研究对象必定产生与 F'大小相等而方向相反的摩擦阻力 F。

实验表明：该力的大小与平板的面积 A、平板的运动速度 U 成正比，而与两板间的距离 h 成反比，即：

$$F \infty A\frac{U}{h} \tag{a}$$

U/h 表示在速度的垂直方向上单位长度的速度增量，称为速度梯度(Speed gradient)，单位为 s^{-1}。显然，上述情况的速度分布为直线，速度梯度为常数。单位面积的摩擦阻力为切向应力，用 τ 表示，即：

$$\tau \propto \frac{U}{h} \tag{b}$$

(2)牛顿内摩擦定律(Newton's law of friction)

如图 1-2 所示，流体表面在外部剪切力作用下发生流动，由于流体分子间的相互作用，表面流体将带动下面的流体流动，同时下面的流体要阻止上面部分流体的流动，从而在流体内部产生相对运动。假想在流体中有一个平面将流体分为上、下两部分，则上、下两部分流体接触面上必然存在阻碍相对运动的摩擦力，此称为流体内摩擦力。

如图 1-3 所示为二维流动的一般速度分布。现取一厚度为 δy 的薄流层，坐标 y 处的流速为 u_x，坐标 $y+\delta y$ 处的流速为 $u_x+\delta u_x$，该层的平均速度梯度为 $\delta u_x/\delta_y$。而 $\lim\limits_{\delta y\to 0}(\delta u_x/\delta y)=\mathrm{d}u_x/\mathrm{d}y$ 为微元流层的速度梯度。

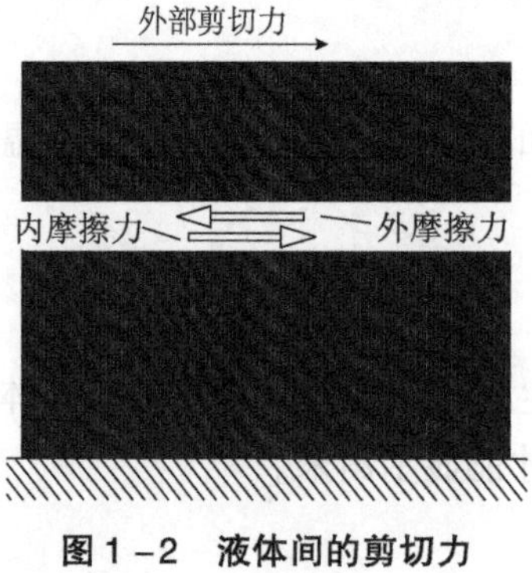

图 1-2　液体间的剪切力

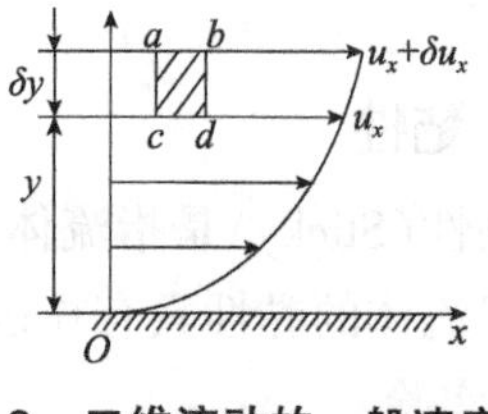

图 1-3　二维流动的一般速度分布

对流体微元流层，得：

$$\tau=\mu\frac{(u+\mathrm{d}u)-\mathrm{d}u}{\mathrm{d}y}=\mu\frac{\mathrm{d}u}{\mathrm{d}y} \tag{1-10}$$

此式称为牛顿切应力公式(Newtonian shear stress formula)，其中比例系数 μ 就是代表流体黏滞性的物理量，单位为 $N\cdot s/m^2$ 或 $Pa\cdot s$。

(3)黏性系数

①动力黏性系数。系数 μ 是代表流体黏滞性的物理量，反映了流体内摩擦力的大小，称为流体的动力黏性系数(Dynamic viscosity coefficient)或黏度，与流体的种类、温度、压强有关。在一定温度、压强下，它是个常数，在数值上等于速度梯度为 1 时单位面积上内摩擦力的大小。

②运动黏性系数。在流体力学的分析计算中，常常把流体的黏度 μ 和密度 ρ 这两个物理性质结合在一起以 μ/ρ 的形式出现，由此引出另一个参数 γ 来表示这种比值：

$$\gamma = \frac{\mu}{\rho} \tag{1-11}$$

γ 的单位为 m^2/s，因为没有力的要素，故将其称为运动黏性系数(Kinematic viscosity coefficient)或运动黏度。

(4)黏性阻力产生的原因

黏性阻力或内摩擦力，实质上是流体微观分子作用的宏观表现，黏性阻力产生的物理原因，就是分子不规则运动的动量交换和分子间吸引力两方面所形成的阻力。

①分子不规则运动的动量交换形成的阻力。由于分子作不规则运动，各流体层之间互有微观的分子迁移掺混，当流体层之间存在相对运动时，可以说快层中所有分子以宏观速度 du 对慢层做相对运动。同时也可以说慢层中所有分子以宏观速度 $-du$ 对快层做相对运动。这样，当快层分子迁移到慢层时，分子就带有动量 mdu 交换给慢层，这种动量交换给慢层以向前的碰撞，形成拖力而使慢层加速；当慢层分子迁移到快层时，分子就带有动量 $-mdu$ 交换给快层，这种动量交换给快层以向后的碰撞，形成阻力而使快层减速，这就是流体分子的热运动在不同流速流层间的动量交换所形成的黏性。

②分子间吸引力形成的阻力。当流体层之间没有相对运动时，相邻层中分子均处于平衡位置，各方向的吸引力平衡，当相邻层有相对运动时，便破坏了原来的分子排列，而使相邻层中分子距有所增加，则两层分子间吸引力就表现出来了，这时快层的分子引力表现为拖动慢层，而慢层的分子引力表现为阻滞快层，这样流体分子间的引力在流体微团做相对运动时形成黏性。

对于液体，分子距较小，分子间的引力较大，而分子的热运动较弱，所以形成液体黏性的主要因素是分子间的引力。对于气体，分子距很大，分子间的引力非常微小，而分子的热运动强烈，所以形成气体黏性的主要因素是分子的热运动。

(5)黏性系数的影响因素

①温度对黏性系数的影响：当温度升高时，分子的热运动加强，动量增大，

分子间的距离增加，分子间的引力减弱。对于气体来说，动量对于黏性起主要作用，黏性系数随着温度的升高而增加；对于液体而言，动量对于黏性起次要作用，而分子间的引力起主要作用，液体的黏性系数随温度的升高而降低。

②压力对黏性系数的影响。对气体而言，通常的压强变化，对气体的动力黏度基本没有什么影响。对于液体，通常的压强变化对液体的动力黏度也没有多大影响。但是在高压作用下或压强变化很大时，液体的动力黏度将随压强的变化而变化。

1.3 流体分类

1.3.1 牛顿流体(Newtonian fluid)和非牛顿流体(Non－Newtonian fluid)

凡作用在液体上的切向应力与它所引起的角变形速度(速度梯度)之间的关系符合牛顿内摩擦定律的流体，称为牛顿流体(Newtonian fluid)，如图1－4中直线 A 所示，水和空气都是牛顿流体，否则称为非牛顿流体(Non－Newtonian fluid)，典型类型如图1－4中曲线 B、C、D 所示。

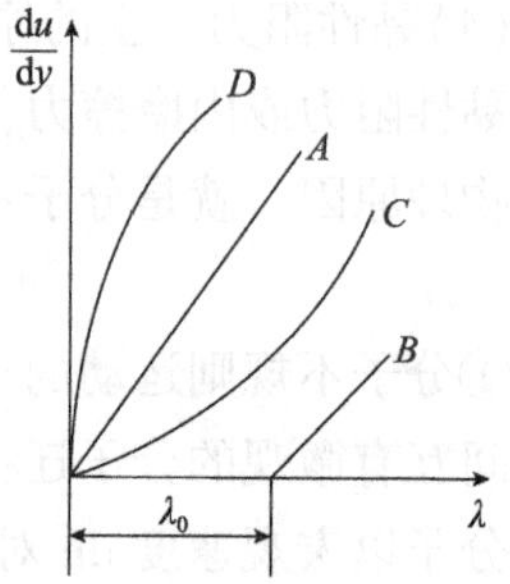

图1－4　牛顿流体与非牛顿流体

1.3.2 黏性流体和理想流体

实际流体都具有黏性，都是黏性流体(Viscous fluid)，没有黏性的流体称为理想流体(Ideal fluid)，是一种假想流体模型。

引入理想流体概念的意义：一方面，有些实际流体的黏性显示不出来，如静止的流体，等速直线运动的流体等；另一方面，有些问题黏性不起主要作用，便可按理想流体求出流动的基本规律，使分析和计算得以简化。如果要考虑黏性的影响，还可根据实验数据进行修正。

1.4 表面张力(Surface tension)

1.4.1 影响球

液体表面总是取收缩的趋势，这种收缩趋势表明液体表面各部分之间存在相互作用的拉力；液体分子间吸引力的作用范围很小，大约在3～4倍平均分子距为半径 r 的球形范围内，以分子力的有效力程为半径以分子为中心的球面积为影响球(Influence ball)，如图1－5所示。

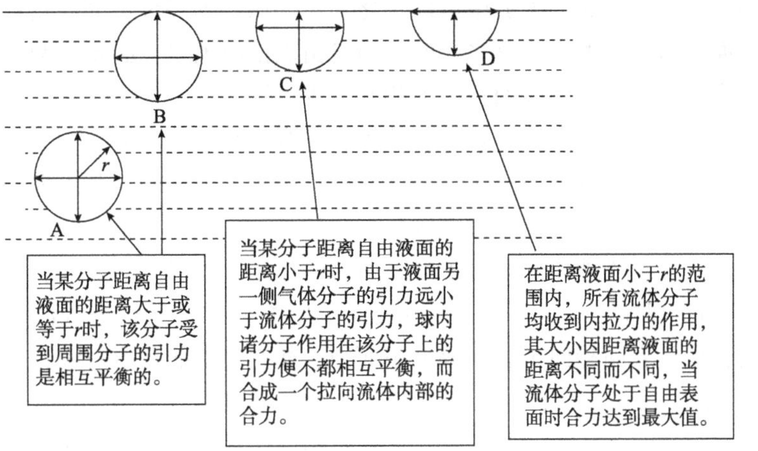

图1－5　影响球

1.4.2　表面张力产生的原因

液体跟气体接触的表面存在一个薄层，此薄层厚度小于影响球半径 r，称为表面层，张力变化趋势如图 1－6 所示。处于液体内的任一分子①受到其周围分子的作用是相等的，互相抵消，故在液体内部分子的移动无须做功；处于液体表面上的分子②受到液体内部分子的作用力远大于另一侧全体分子的作用力，因而液体表面分子有自动向液体内部迁移的趋势，这种趋势宏观表现为两个方面：一是液体表面自动缩小；二是欲扩大表面则需外界做功。表面层里分子比液体内部稀疏，分子间的距离比液体内部大，分子间相互作用引力也比流体内部小，因此，表面层里所有液体分子受到一个向下的吸引力，并且分子与分子间还有侧面的吸引力，从而把表面紧紧地拉向液体内部，表面层呈收缩趋势。同时为到达平衡，表面层就产生一个拉开的力，此力就是表面张力(Surface tension)。

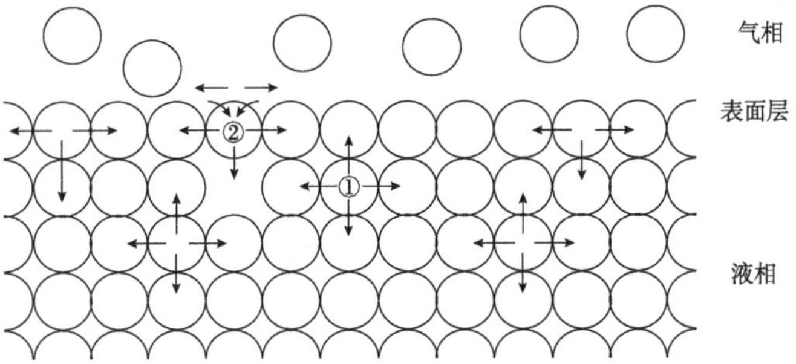

图1－6　张力变化趋势

从能量角度讲，表面层下的液体分子要进入表面层，则必须反抗表面张力，而对这些分子做功，这些功便成了增加的表面层自由能，自由能指的是在某一热力学过程中，系统减少的内能中可以转化为对外做功的部分，因此自由表面的增加便是表面自由能的增加，反之亦然。当自由表面收缩时，必定有与之收缩方向相反的拉力做负功，以使表面自由能相对减少。

可见，自由表面处于拉伸状态，液体表面张力是液体表面上相邻部分之间的相互牵引力，是液体分子力在流体表面层中的一种宏观表现，其方向与液体表面相切，并且与两相邻部分的分界线垂直。

液面上的分子受液体内部分子的吸引力的作用。吸引力的方向与液面垂直并指向内部，在这种力的作用下，液体表面层中的分子有尽量挤入液体内部的趋势。因而，液体表面趋向于收缩成最小面积，如空气中的自由液滴总是呈球形。

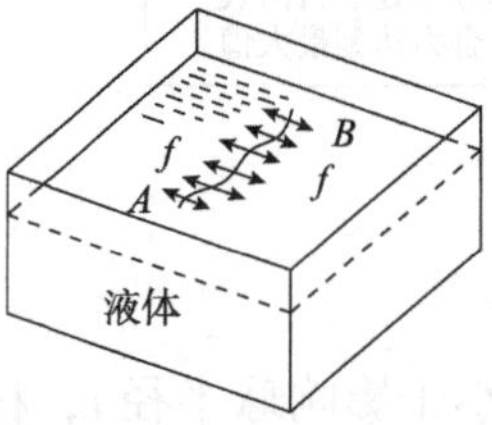

图 1－7　液体表面张力

如图 1－7 所示，在液面上任意作一条曲线段 AB，线段两边的液体相互作用产生一定的拉力 f，这个拉力垂直于所取线段且与液面相切。其大小为：

$$f = \sigma l \tag{1-12}$$

比例系数 σ 称为液体表面张力系数。它在数值上等于液体表面单位长度分界线两边的相互拉力，单位为 N/m。l 为所取线段的长度。

因此把表面张力的大小以作用在单位长度上的力即表面张力系数 σ 来表示。

1.4.3　拉普拉斯公式

液体自由表面为曲面时，表面张力的存在将使液体自由表面两侧产生附加压力差。

图 1－8 是在凸起的液面下取一个四边形微元面 $ABCD$，其面积为 ΔS。O 为 $ABCD$ 的中心点，n 为过 O 点的曲面法线。过 O 点作两个相互垂直的平面，分别与微元面 $ABCD$ 相交于 IJ 和 GH 两条曲线，GH 和 IJ 分别与 $ABCD$ 的边平行。这两条曲线在 O 点的曲率中心分别在法线上的 O_1 和 O_2 点处，其曲率半径分别为 $R_1 = OO_1$ 和 $R_2 = OO_2$。

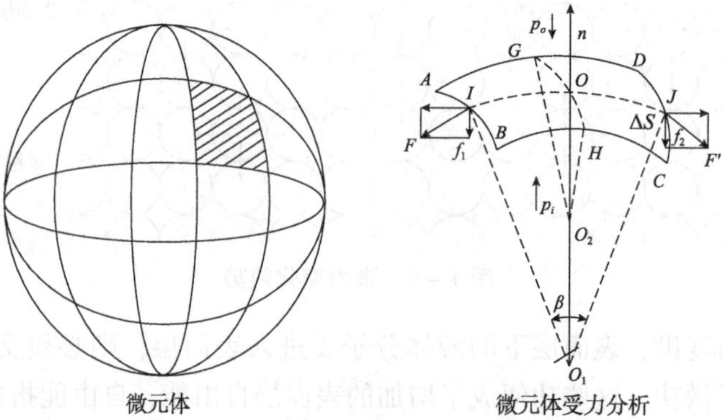

图 1－8　曲面上的表面张力与附加压力

由于表面张力的存在，液体自由表面内外侧将产生附加压力差：

$$\Delta p = p_i - p_o \tag{a}$$

该压力差作用于液体自由表面的总力为 $\Delta p \Delta S$，其方向指向法线 n 的正方向，且必然与微元面 $ABCD$ 周边的表面张力在 n 方向的分力相平衡。

现考察微元面的 AB 和 CD 两条边上的表面张力 F、F'，则有：

$$F = \sigma \cdot AB \text{ 和 } F' = \sigma \cdot CD \tag{b}$$

将 F 分解，得到其在平行于 n 方向的分量 f_1 为：

$$f_1 = F\sin\left(\frac{\beta}{2}\right) \approx \sigma \cdot AB \cdot \frac{\beta}{2} = \sigma \cdot AB \cdot \frac{IJ}{2R_1} = \frac{\sigma}{2R_1}\Delta S \tag{c}$$

同理可得 F' 平行于 n 方向的分量 f_2 为：

$$f_2 = \frac{\sigma}{2R_1}\Delta S \tag{d}$$

对微元四边形的另外两条边 AD 和 BC，类似可得：

$$f_3 = \frac{\sigma}{2R_2}\Delta S \tag{e}$$

$$f_4 = \frac{\sigma}{2R_2}\Delta S \tag{f}$$

于是，将式(c)～式(f)相加可得微元 ΔS 受到的表面张力的法线方向分量总和为：

$$\Delta p \Delta S = f_1 + f_2 + f_3 + f_4 = \sigma\left(\frac{1}{R_1} + \frac{1}{R_2}\right)\Delta S \tag{g}$$

因此，由压力差的总力 $\Delta p \Delta S$ 与上述表面张力的法向分量总和相等，得附加压力差为：

$$\Delta p = \sigma\left(\frac{1}{R_1} + \frac{1}{R_2}\right) \tag{1-13}$$

此式就是计算弯曲液面附加压力差 Δp 的拉普拉斯公式。它表明由于表面张力的存在，凸起液面内侧的压力值高于外侧的压力。

对于凹形液面，同样可用上面的方法推导出拉普拉斯公式。只需在式(1-13)右边加一个负号，表示凹液面的内侧压力低于外侧压力。例如，水中气泡内的压力就比气泡外的高。

1.4.4　毛细现象

(1)实验现象

如图1-9所示，一细直管插到液体中，图1-9(a)中的液体为水，图1-9(b)中的液体为水银，水管内液面升高呈凹形，接触角是锐角，水银管内液面下降呈凸形，接触角是钝角。

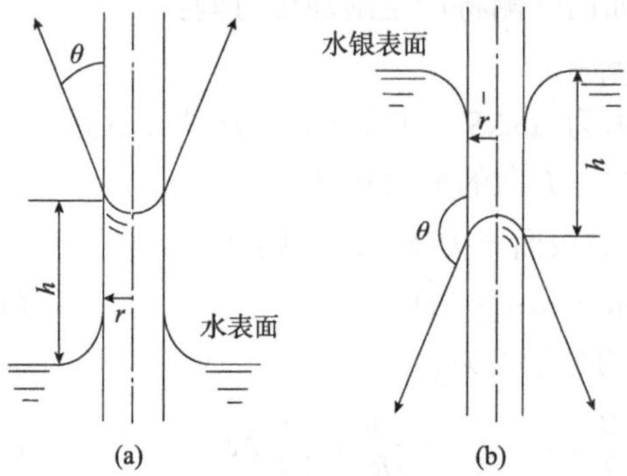

图 1－9　毛细现象

(2)毛细现象

同一相的内部分子之间的作用力称为内聚力(Cohesion)，如液体分子之间相互的引力，界面两种不同相的分子间的作用力称为附着力(Adhesion)，如液体分子和固体分子之间的引力。当流体和固体壁面接触时，若内聚力小于附着力，液面将在固体表面上伸展开来，湿润固体壁面，我们把液体在固体表面上的附着现象，称为润湿现象。

对图 1－9 中现象的解释：水的内聚力小于附着力，水在玻璃壁面上出现润湿现象。水银的内聚力大于附着力，流体将缩成一团，不润湿固体壁面。

从这一例子可以看出，液体表面类似张紧的橡皮膜，如果液面是弯曲的，那么它就有变平的趋势。故凹液面对下面的液体施以拉力，凸液面对下面的液体施以压力。润湿流体在毛细管中的液面是凹形的，它对下面的液体施加拉力，使液体沿着管壁上升，当向上的拉力跟内液柱所受的重力相等时，管内的液体停止上升，达到平衡。同理对不润湿流体在毛细管内下降的原因亦同。

综上，毛细现象(Capillary phenomenon)是指流体在细管状物体内侧，由于内聚力与附着力的差异，克服地心引力而上升或下降的现象。

(3)毛细机理

由拉普拉斯公式(Laplacian formula)可知，当液面为曲面时，表面张力变成了曲面两侧的压强差，为了平衡这压强差，液面必定升高或降低，其升高或降低的液体高度所产生的压力等于毛细管内液面内外压差或接触周边的表面张力。毛细现象分析如图 1－10 所示。

上升高度为 h 的液体受到重力为：

$$G = \pi r^2 h\rho g \tag{a}$$

液体弯月面与毛细管接触周边的表面张力在垂直方向的分量 f 为：

$$f = 2\pi r\sigma\cos\theta \tag{b}$$

二力作用下，被研究液柱达到平衡状态，故有：

$$2\pi r\sigma\cos\theta = \pi r^2\rho gh$$

$$h = \frac{2\sigma\cos\theta}{\rho gr} \tag{1-14}$$

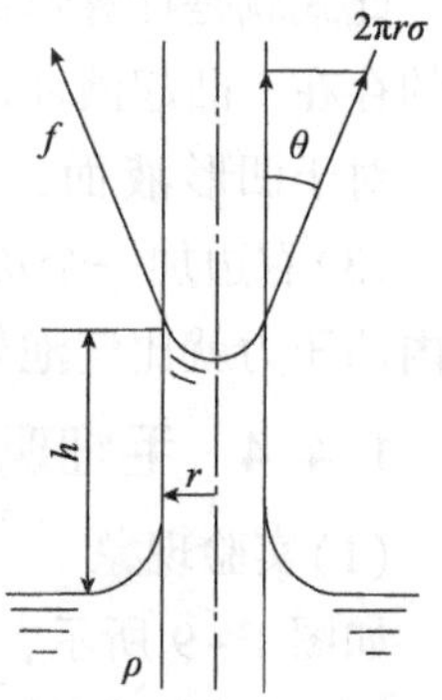

图 1－10　毛细现象分析

式中，θ 为液体与固体界面之间的接触角(Contact angle)，σ 为表面张力系数，ρ 为流体密度，r 是毛细管半径。

从式(1－14)中可以分析出：

①θ 反映附着力的影响。θ 越小，附着力越大，反之亦反。当流体能润湿管壁时，θ 为锐角，h 为正值升高液面；当流体不能润湿管壁时，θ 为钝角，h 为负值；管内液体低于管外液面。

②σ 反映内聚力的影响。表面张力是由液体分子间很大的内聚力引起的。表面张力表示将流体分子从流体内拉到表面上所做功的大小，故与流体分子间相互作用力的性质和大小有关，相互作用力强，不易脱离液体，表面张力大。

③r 越小，h 越大，因此当管径很小时，水才可以反拉重力，使其在管内爬升较高。

④θ 为锐角，液面呈凹形，θ 越小，表面张力的垂直分量越大，h 越大；θ 为钝角，液面呈凸形，θ 越大，表面张力向下垂直分量越大，h 不仅不升高，反而降低到管外液面以下。

毛细现象在现实中的应用有很多，如吸水纸可以把水吸走，水可以在土壤缝隙中上升到地下水位以上，微细血管内血液流动，地下水或石油在多孔介质中的流动等。

题与解

习题1－1　柱塞泵(见图1－11)是液压系统的一个重要装置。它依靠柱塞在缸体中往复运动，使密封工作容腔的容积发生变化来实现吸油、压油。柱塞泵具有额定压力高、结构紧凑、效率高和流量调节方便等优点。柱塞泵被广泛应用于高压、大流量和流量需要调节的场合，如液压机、工程机械和船舶中。

柱塞泵的核心部件是柱塞，假设内直径 $d=74.0\text{mm}$ 的垂直气缸；管内有一质量为 2.5kg 的活塞，其 $D=73.8\text{mm}$，$L=150\text{mm}$。柱塞与气缸完全对中，两者间隙为 0.1mm，间隙中充满润滑油膜。润滑油黏度系数 $\mu=7\times10^{-3}\text{Pa}\cdot\text{s}$。若不考虑空气压力，试求当活塞自由下落时，其最终的平衡速度，即活塞重力与活塞表面摩擦力相等时的速度。垂直圆管的活塞运动示意如图1－12所示。

图1－11　柱塞泵

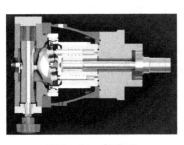

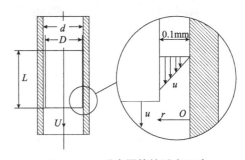

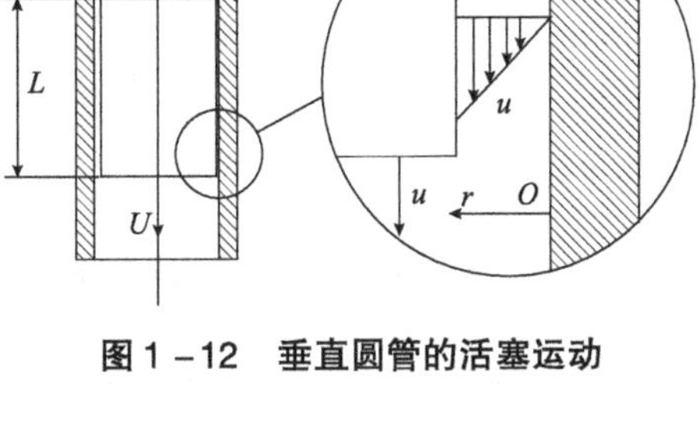

图1－12　垂直圆管的活塞运动

解：假设油膜中的速度分布是线性的，则油膜内的速度梯度可计算为：

$$\frac{\partial u}{\partial r}=\frac{U-0}{0.0001}=10000U\mathrm{s}^{-1}$$

由牛顿剪切定律可得活塞表面处流体所受的切应力为：

$$\tau=\mu\frac{\partial u}{\partial r}=70U\mathrm{Pa}$$

活塞受到的切应力与 τ 大小相等，指向活塞运动反方向，活塞受到的总的摩擦力为 $\pi DL\tau$。设达到平衡时活塞速度为 U_{T}，则由摩擦力与重力平衡得：

$$\pi DL\tau=mg$$

$$\pi\times0.0738\times0.15\times70\times U_{\mathrm{T}}=9.8\times2.5$$

由此计算出：

$$U_{\mathrm{T}}=10.07\mathrm{m/s}$$

习题1-2 管道是指用管子、管子连接件和阀门等连接成的用于输送气体、液体或带固体颗粒的流体的装置，如图1-13所示。通常流体经鼓风机、压缩机、泵和锅炉等增压后，从管道的高压处流向低压处，也可利用流体自身的压力或重力输送。管道的用途很广泛，主要用在给水、排水、供热、供煤气、长距离输送石油和天然气、农业灌溉、水利工程和各种工业装置中。

已知半径为 R 圆管中的流速分布为 $u=c\left(1-\frac{r^2}{R^2}\right)$，式中 c 为常数。试求管中的切应力 τ 与 r 的关系。

解：根据牛顿内摩擦定律，如图1-14所示，则：

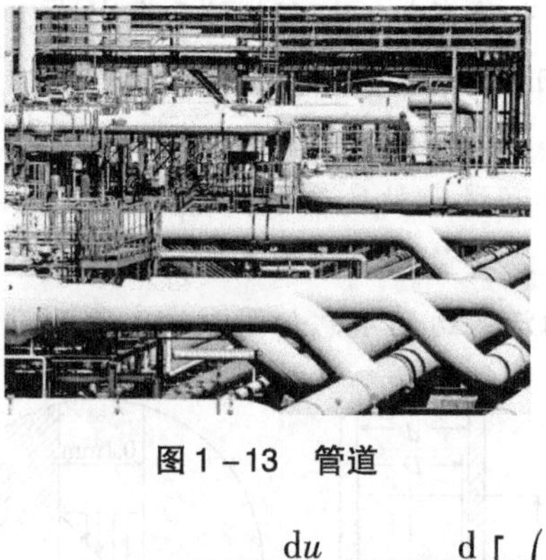

图1-13 管道

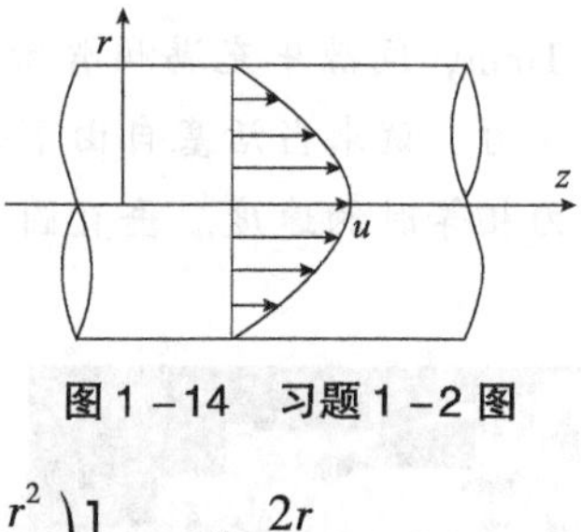

图1-14 习题1-2图

$$\tau=\mu\frac{\mathrm{d}u}{\mathrm{d}y}\quad\tau=\mu\frac{\mathrm{d}}{\mathrm{d}r}\left[c\left(1-\frac{r^2}{R^2}\right)\right]=-\mu c\frac{2r}{R^2}$$

习题1-3 如图1-15所示，一直圆形管道中层流流动时的速度分布为：$u=2u_{\mathrm{m}}\left(1-\frac{r^2}{R^2}\right)$，其中 u_{m} 为管内流体的平均速度。设流体黏度为 μ，求管中流体的剪切应力 τ 的分布公式。如长度为 L 的水平管道两端的压力降为 Δp（进口压

力 - 出口压力)，求压力降 Δp 的表达式。

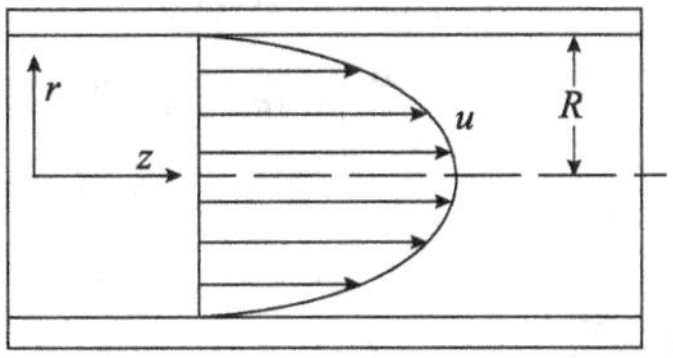

图 1 - 15　习题 1 - 3 图

解：(1)根据牛顿剪切定律有：

$$\tau = \mu \frac{\mathrm{d}u}{\mathrm{d}r} = -4\mu u_{\mathrm{m}} \frac{r}{R^2}$$

由上式可知，壁面切应力为 $\tau_0 = -4\mu u_{\mathrm{m}}/R$，负号表示 τ_0 方向与 z 相反。

(2)由流体水平方向力平衡有：$\pi R^2 \Delta p + \tau_0 \pi DL = 0$，将 τ_0 表达式代入得：

$$\Delta p = \frac{8\mu u_{\mathrm{m}} L}{R^2}$$

习题 1 - 4　换热器(亦称为热交换器或热交换设备)是用来使热量从热流体传递到冷流体，以满足规定的工艺要求的装置，是对流传热及热传导的一种工业应用。换热器可以按不同的方式分类。按其操作过程可分为间壁式、混合式、蓄热式(或称回热式)三大类；按其表面的紧凑程度可分为紧凑式和非紧凑式两类。板式换热器如图 1 - 16 所示。

图 1 - 16　板式换热器

现有换热器冷流体温度为 20℃，流量为 $60\mathrm{m}^3/\mathrm{h}$，如果水的体积膨胀系数 $\beta_{\mathrm{t}} = 0.00055\mathrm{K}^{-1}$，问加热到 80℃后从加热器中流出时的体积流量变为多少？

解：根据膨胀系数：

$$\beta_{\mathrm{t}} = \frac{1}{V} \frac{\mathrm{d}V}{\mathrm{d}t}$$

则：

$$Q_2 = Q_1 \beta_{\mathrm{t}} \mathrm{d}t + Q_1 = 60 \times 0.00055 \times (80 - 20) + 60 = 61.98\mathrm{m}^3/\mathrm{h}$$

习题 1 - 5　气柜是用于储存各种工业气体，也用于平衡气体需用量的不均匀性的一种容器设备，可以分为低压气柜和高压气柜两大类。前者有湿式与干式两种结构。曼式油密封气柜是一种立式封闭多边形的活塞式气柜，主要作用是储存和配送煤气。当气柜进气时，气柜活塞水平上升；当气柜放气时，气柜活塞水平下降。无论是活塞与柜壁相对上升和下降的机械往复运动及静态，活塞与柜壁间的间隙始终是用油密封。若没有密封油，气柜无法储存煤气，密封油的效果差

图1-17　干式气柜

不仅漏油、漏煤气，而且严重影响生产安全。图1-17为干式气柜。

某气柜的容积为6000m³，若气柜内的表压力为5.5kPa，温度为40℃。已知各组分气体的体积分数为：H_2 40%、N_2 20%、CO 32%、CO_2 7%、CH_4 1%，大气压力为101.3kPa，试计算气柜满载时各组分的质量。

解：气柜满载时各气体的总摩尔数：

$$n_t = \frac{pV}{RT} = \frac{(101.3+5.5)\times 1000.0\times 6000}{8.314\times 313} = 246245.4\text{mol}$$

各组分的质量：

$m_{H_2} = 40\% n_t \times M_{H_2} = 40\% \times 246245.4\times 2 = 197\text{kg}$

$m_{N_2} = 20\% n_t \times M_{N_2} = 20\% \times 246245.4\times 28 = 1378.97\text{kg}$

$m_{CO} = 32\% n_t \times M_{CO} = 32\% \times 246245.4\times 28 = 2206.36\text{kg}$

$m_{CO_2} = 7\% n_t \times M_{CO_2} = 7\% \times 246245.4\times 44 = 758.44\text{kg}$

$m_{CH_4} = 1\% n_t \times M_{CH_4} = 1\% \times 246245.4\times 16 = 39.4\text{kg}$

习题1-6　长输（油气）管道指产地、储存库、使用单位间的用于输送商品介质的管道，划分为GA1级和GA2级。符合下列条件之一的长输管道为GA1级。

①输送有毒、可燃、易爆气体介质，最高工作压力大于4.0MPa的长输管道。

②输送有毒、可燃、易爆液体介质，最高工作压力大于或者等于6.4MPa，并且输送距离（指产地、储存地、用户间的用于输送商品介质管道的长度）大于或者等于200km的长输管道（见图1-18）。

图1-18　长输管道

一般的长输管道使用直径大于200mm的管输送，现用直径为200mm的管输送相对密度为0.7的汽油，使流速不超过1.2m/s，问每秒最多输送量是多少？

解：由流量公式可知：

$$Q_m = v\times\frac{\pi d^2}{4}\times\rho$$

则

$$Q_m = 1.2\times\frac{3.14\times 0.2^2}{4}\times 0.7\times 10^3 = 26.38\text{kg/s}$$

习题1－7　已知上述管道输送的石油相对密度为0.9，动力黏度为2.8×10^{-2}Pa·s，求其运动黏度。

解：由相对密度定义可知石油的密度为：

$$\rho=\rho_w d=1000\times0.9=900\text{kg/m}^3$$

由运动黏度和动力黏度的关系可知石油的动力黏度为：

$$\nu=\frac{\mu}{\rho}=\frac{2.8\times10^{-2}}{900}=3.11\times10^{-5}\text{m}^2/\text{s}$$

习题1－8　液力耦合器(见图1－19)又称液力联轴器，是一种用来将动力源(通常是发动机或电机)与工作机连接起来，靠液体动量矩的变化传递力矩的液力传动装置。

液力耦合器可以简化为上下两平行圆盘，直径均为d，间隙为δ，其间隙间充满黏度为μ的液体。若下盘固定不动，上盘以角速度ω旋转时，试写出所需力矩M的表达式。

解：在圆盘半径为r处取dr的圆环，如图1－20所示。

图1－19　液力耦合器

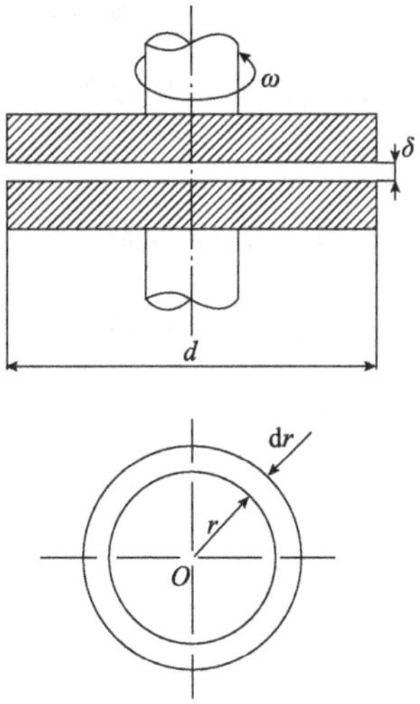

图1－20　习题1－8图

其上面的切应力：$\tau(r)=\mu\dfrac{\omega r}{\delta}$

则所需力矩：$\mathrm{d}M=\tau(r)2\pi r^2\mathrm{d}r=\dfrac{2\pi\mu\omega}{\delta}r^3\mathrm{d}r$，

总力矩：$M=\int_0^{\frac{d}{2}}\mathrm{d}M=\dfrac{2\pi\mu\omega}{\delta}\int_0^{\frac{d}{2}}r^3\mathrm{d}r=\dfrac{\pi\mu\omega d^4}{32\delta}$

习题1－9　黏度测试仪(见图1－21)用于测定高分子溶液特性黏度，适用于合成纤维工业、印染、橡胶工业及石油化工工业的特性黏度测定。

黏度测试仪由内外两个同心圆筒组成，两筒的间隙充满油液。外筒与转轴连接，其半径为 r_2，旋转角速度为 ω。内筒悬挂于一金属丝下，金属丝上所受的力矩 M 可以通过扭转角的值确定。外筒与内筒底面间隙为 a，内筒高 H，如图 1－22 所示。试推出油液黏度 μ 的计算式。

图 1－21　黏度测试仪

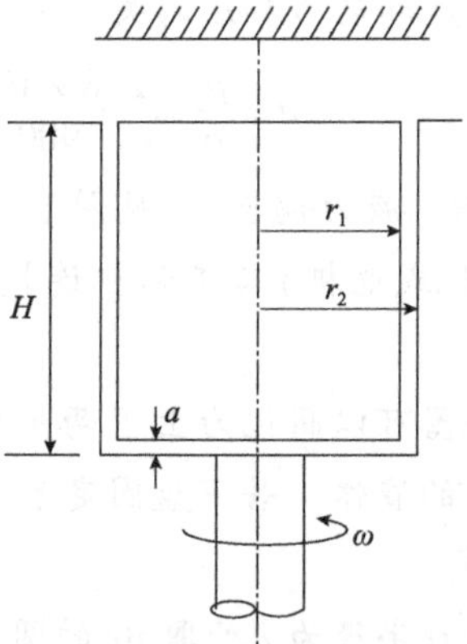

图 1－22　习题 1－9 图

解：外筒侧面的切应力为：

$$\tau=\mu\omega r_2/\delta，这里 \delta=r_2-r_1$$

故侧面黏性应力对转轴的力矩 M_1 为：$M_1=\mu\dfrac{\omega r_2}{\delta}2\pi r_1 H r_1$（由于 a 是小量，$H-a\approx H$）

对于内筒底面，距转轴 r 取宽度为 $\mathrm{d}r$ 微圆环处的切应力为 $\tau=\mu\omega r/a$

则该微圆环上黏性力为 $\mathrm{d}F=\tau 2\pi r\mathrm{d}r=\dfrac{2\pi r^2}{a}$

故内筒底面黏性力对转轴的力矩 M_2 为：$M_2=\displaystyle\int_0^{r_1}\mu\frac{\omega}{a}2\pi r^3\mathrm{d}r=\frac{1}{2}\mu\frac{\omega}{a}r_1^4$

$$M=M_1+M_2=\mu\frac{\omega}{a}\pi r_1^4\left[\frac{1}{2}+\frac{2ar_2H}{r_1^2(r_2-r_1)}\right]$$

即

$$\mu=\frac{M}{\dfrac{\omega}{a}\pi r_1^4\left[\dfrac{1}{2}+\dfrac{2ar_2H}{r_1^2(r_2-r_1)}\right]}$$

第2章　流体静力学

流体的平衡状态(Balanced state)包括静止状态(Stationary state)和相对静止状态(Relatively static state)，静止流体是指对选定的坐标系无相对运动的流体，其特点是流体内部均没有相对运动，切向应力处处为零，不显现流体的黏性作用。流体静力学的任务就是研究流体平衡的规律，分析力学性质，找出各个物理量之间的相互关系。

2.1　作用在流体上的力

作用在流体上的力，按其作用形式不同，分为表面力(Surface force)和质量力(Mass force)。

2.1.1　表面力

表面力是由相邻流体质点或其他物体直接作用于液体微团表面的力。压力、摩擦力等表面力，只有通过表面接触才能起作用，故又称之为接触力(Contact force)。单位面积上的表面力即用表面应力来表示。

如图2-1，取任一点 a 处小微元面积 ΔA，其上作用表面力为 ΔF，则表面应力为：

$$P=\lim_{\Delta A\to 0}\frac{\Delta F}{\Delta A} \tag{2-1}$$

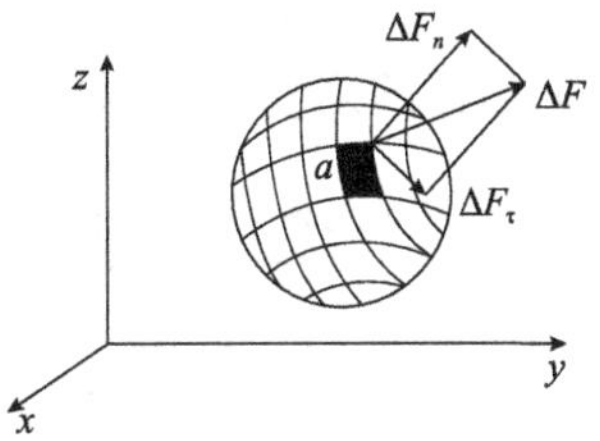

图2-1　表面力

ΔF 可分解为正向力 ΔF_n 和切向力 ΔF_τ，则表面应力可分解为垂直分量正应力和切线分量切应力。

$\Delta F_n/\Delta A$ 表示作用在微元面积 ΔA 上的平均法向应力即平均压强，当 ΔA 无限趋于 a 点称为 a 点的压强，即：

$$P=\lim_{\Delta A\to 0}\frac{\Delta F_n}{\Delta A} \tag{2-2}$$

$\Delta F_\tau/\Delta A$ 表示作用在微元面积 ΔA 上的平均切向应力，当 ΔA 无限缩小趋于 a 点时称为 a 点的切向应力，即：

$$\tau=\lim_{\Delta A\to 0}\frac{\Delta F_\tau}{\Delta A} \tag{2-3}$$

2.1.2 质量力

质量力是作用在流体上的非接触力(Non - Contact force)。地球引力、电磁力、惯性力均属于质量力，质量力的大小用单位质量的质量力来度量。

取任一点处微元体积 ΔV，质量为 Δm，其作用在 ΔV 上的质量力为 ΔF，则单位质量流体所受的质量力定义为：

$$f=\lim_{\Delta V\to 0}\frac{\Delta F}{\Delta m} \tag{2-4}$$

质量力 f 在直角坐标系三个坐标方向上投影分别为 f_x、f_y、f_Z，则：

$$f=f_x\boldsymbol{i}+f_y\boldsymbol{j}+f_z\boldsymbol{k} \tag{2-5}$$

作用在体积 V 上质量力 F_m 可表示为：

$$F_m=\iiint \rho f(x,y,z,t)\,\mathrm{d}V \tag{2-6}$$

由地球引力引起的质量力：$-\frac{mg}{m}=-g$

由惯性力引起的质量力：$-\frac{ma}{m}=-a$

总之，表面力和质量力均为分布力，表面力分布于表面上，质量力分布于体积上，它们都是时间和空间的函数。

2.1.3 液体静压强及特性

流体静压强有两个特性：

其一，流体静压强的作用方向沿作用面的内法线方向。

其二，静止流体中任一点流体静压强的大小与作用面在空间的方位无关，是点的坐标的连续可微函数。

2.2 流体平衡微分方程

2.2.1 平衡微分方程(Equilibrium differential equation)

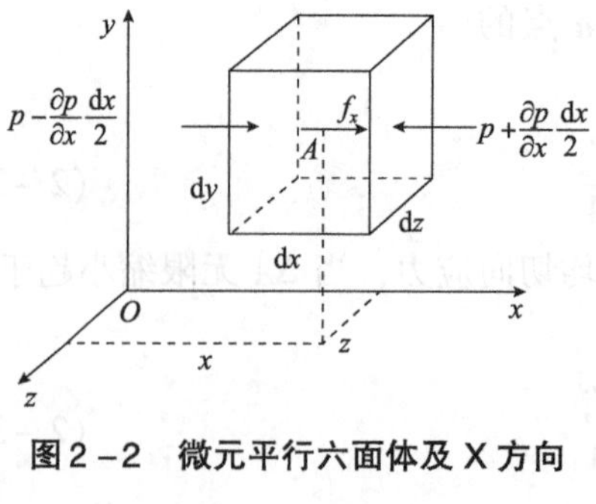

图2-2 微元平行六面体及 X 方向

如图2-2所示，在平衡流体中取任一边长为 dx、dy、dz 微小六面体，其中心点为 $A(x, y, z)$，且该点的压强为 p。作用在平衡六面体上的力有：表面力和质量力，表面力中显然没有切向力，只有沿内法线方向作用在六面体六个面上的静压力。由于 p 点压强是坐标的连续函数，故距 A 点距离为$\frac{1}{2}\mathrm{d}x$的左右两个面上的压强，按泰勒级数展开，并略去二阶及以上无穷小量后，分别为$p-\frac{\partial p}{\partial x}\frac{\mathrm{d}x}{2}$和$p+\frac{\partial p}{\partial x}\frac{\mathrm{d}x}{2}$，并将它们视为两端面上的平均压强。

若用ρ表示微元六面体的平均密度，f_x、f_y和f_z表示作用在微元体上单位质量的质量力的三个分力。则处于平衡状态的微元体在x方向的平衡方程为：

$$f_x\rho\mathrm{d}x\mathrm{d}y\mathrm{d}z+\left(p-\frac{\partial p}{\partial x}\frac{\mathrm{d}x}{2}\right)\mathrm{d}y\mathrm{d}z-\left(p+\frac{\partial p}{\partial x}\frac{\mathrm{d}x}{2}\right)\mathrm{d}y\mathrm{d}z=0 \tag{a}$$

化简后为：

$$f_x\rho\mathrm{d}x\mathrm{d}y\mathrm{d}z-\frac{\partial p}{\partial x}\mathrm{d}x\mathrm{d}y\mathrm{d}z=0 \tag{b}$$

同理，可以写出y方向和z方向的平衡微分方程，并以质量$\rho\mathrm{d}x\mathrm{d}y\mathrm{d}z$通除以后得到：

$$\begin{cases}f_x-\frac{1}{\rho}\frac{\partial p}{\partial x}=0\\ f_y-\frac{1}{\rho}\frac{\partial p}{\partial y}=0\\ f_z-\frac{1}{\rho}\frac{\partial p}{\partial z}=0\end{cases}\quad 或\quad \begin{bmatrix}f_x\\ f_y\\ f_z\end{bmatrix}-\frac{1}{\rho}\begin{bmatrix}\frac{\partial p}{\partial x}\\ \frac{\partial p}{\partial y}\\ \frac{\partial p}{\partial z}\end{bmatrix}=0 \tag{2-7}$$

写成矢量形式为：

$$\vec{\boldsymbol{f}}-\frac{1}{\rho}\nabla\boldsymbol{p}=0\ 或\ \vec{\boldsymbol{f}}-\frac{1}{\rho}\mathrm{grad}\boldsymbol{p}=0 \tag{2-8}$$

式中，$\nabla\boldsymbol{p}$（或grad$p$）称为压强p的梯度。在直角坐标系下的定义为：

$$\nabla\boldsymbol{p}=\frac{\partial p}{\partial x}\boldsymbol{i}+\frac{\partial p}{\partial y}\boldsymbol{j}+\frac{\partial p}{\partial z}\boldsymbol{k} \tag{2-9}$$

式(2-8)即为流体平衡微分方程(Equilibrium differential equation)，它是欧拉(Leonard Euler)于1775年首先提出的，故又称为欧拉平衡微分方程(Euler equilibrium differential equation)。

欧拉平衡微分方程式的物理意义是，在静止流体内的任一点上，作用在单位质量流体上的质量力与静压强的合力相平衡。在该方程的推导过程中，对质量力和流体密度均未加限制，所以，该方程对不可压缩流体(Incompressible fluid)和可压缩流体(Compressible fluid)的静止和相对静止状态都适用，它是流体静力学的基本方程，流体静力学的其他计算公式都是以此方程为基础导出的。

2.2.2 压强差公式

流体静压强是空间坐标的连续函数，即$p=p(x, y, z)$，其全微分为：

$$\mathrm{d}p=\frac{\partial p}{\partial x}\mathrm{d}x+\frac{\partial p}{\partial y}\mathrm{d}y+\frac{\partial p}{\partial z}\mathrm{d}z \tag{a}$$

由欧拉平衡微分方程知：

$$\frac{\partial p}{\partial x}=\rho f_x \qquad \frac{\partial p}{\partial y}=\rho f_y \qquad \frac{\partial p}{\partial z}=\rho f_z \tag{b}$$

所以：

$$\mathrm{d}p=\rho(f_x\mathrm{d}x+f_y\mathrm{d}y+f_z\mathrm{d}z) \tag{2-10}$$

式(2－10)为压强差公式(Pressure difference formula)，其物理意义：当流体处于平衡状态或相对平衡状态时，由于点的坐标变化量 dx、dy、dz 所引起的压强增量 dp 取决于质量力。

2.2.3 等压面微分方程

在流场中压强相等的点组成的面称为等压面(Isobaric surface)，其方程 $p(x, y, z)$ = 常数，不同的常数对应于不同的等压面。

由此可知，在等压面上，dp = 0

由压强差公式得：

$$f_x\mathrm{d}x+f_y\mathrm{d}y+f_z\mathrm{d}z=0 \tag{2-11a}$$

其矢量形式为：

$$\boldsymbol{f}\cdot\mathrm{d}\boldsymbol{r}=0 \tag{2-11b}$$

式中：

$$\mathrm{d}\boldsymbol{r}=\mathrm{d}x\boldsymbol{i}+\mathrm{d}y\boldsymbol{j}+\mathrm{d}z\boldsymbol{k}$$

式(2－11a)、式(2－11b)为等压面微分方程(Isobaric differential equation)。此式表明，在静止流体中，作用于任一点的质量力垂直于经过该点的等压面，例如在重力场中，任何均质的静止流体的水平面都是等压面。

2.2.4 力的势函数

(1)势函数

由压强差公式得：

$$\frac{1}{\rho}\mathrm{d}p=f_x\mathrm{d}x+f_y\mathrm{d}y+f_z\mathrm{d}z \tag{a}$$

很明显，这是一个全微分的形式，由数学分析可知，使方程右端成为某一函数的全微分的必要且充分条件是：

$$\frac{\partial f_y}{\partial z}=\frac{\partial f_z}{\partial y},\ \frac{\partial f_z}{\partial x}=\frac{\partial f_x}{\partial z},\ \frac{\partial f_x}{\partial y}=\frac{\partial f_y}{\partial x} \tag{b}$$

其矢量形式是：

$$\nabla\times\boldsymbol{f}=rot\boldsymbol{f}=\begin{vmatrix}\boldsymbol{i} & \boldsymbol{j} & \boldsymbol{k}\\ \dfrac{\partial}{\partial x} & \dfrac{\partial}{\partial y} & \dfrac{\partial}{\partial z}\\ f_x & f_y & f_z\end{vmatrix}=0 \tag{2-12a}$$

或

$$\left(\frac{\partial f_z}{\partial y}-\frac{\partial f_y}{\partial z}\right)\boldsymbol{i}+\left(\frac{\partial f_x}{\partial z}-\frac{\partial f_z}{\partial x}\right)\boldsymbol{j}+\left(\frac{\partial f_y}{\partial x}-\frac{\partial f_x}{\partial y}\right)\boldsymbol{k}=0 \tag{2-12b}$$

$\nabla \times \boldsymbol{f}$ 为单位质量的质量力 $\boldsymbol{f}$ 的旋度。构造 $-\pi(x, y, z)$ 这一函数，使 $-\mathrm{d}\pi = f_x\mathrm{d}x + f_y\mathrm{d}y + f_z\mathrm{d}z$，说明质量力有势，势函数为 π。由于 π 是连续函数，所以：

$$\mathrm{d}\pi = \frac{\partial \pi}{\partial x}\mathrm{d}x + \frac{\partial \pi}{\partial y}\mathrm{d}y + \frac{\partial \pi}{\partial z}\mathrm{d}z \tag{a}$$

因此有：

$$f_x = -\frac{\partial \pi}{\partial x},\ f_y = -\frac{\partial \pi}{\partial y},\ f_z = -\frac{\partial \pi}{\partial z} \tag{2-13a}$$

矢量形式为：

$$\boldsymbol{f} = -\nabla \pi \text{ 或 } \boldsymbol{f} = -\mathrm{grad}\pi \tag{2-13b}$$

函数 $\pi(x, y, z)$ 是质量力的势函数(Potential function)，有势函数存在的质量力称为有势力。可以看出只要拥有梯度，就有势的存在。因此无旋必有势，反之，有势必无旋。

(2)等势面

势函数等于常数的面为等势面(Equal potential)，在等势面上 $\mathrm{d}\pi = 0$。在势力场中质量力垂直于等势面，等势面也是等压面。将式 $\boldsymbol{f} = -\nabla \pi$ 代入压强差公式，得：

$$\mathrm{d}(p/\rho) = -\left(\frac{\partial \pi}{\partial x}\mathrm{d}x + \frac{\partial \pi}{\partial y}\mathrm{d}y + \frac{\partial \pi}{\partial z}\mathrm{d}z\right) = -\mathrm{d}\pi$$

并积分，令积分常数为零，得单位质量力 $\boldsymbol{f}$ 的势函数为：

$$\pi = -\frac{p}{\rho} \tag{2-14}$$

质量力不仅垂直于等势面，而且始终指向势函数减小，也即压强增加的方向。

2.3　流体静力学基本方程式

2.3.1　重力场中液体的平衡方程

重力场是个有势场，其特点是 $f_x = 0$，$f_y = 0$，$f_z = -g$。

根据压强差公式 $\mathrm{d}p = -\rho g\mathrm{d}z$ 得：

$$\mathrm{d}z + \frac{\mathrm{d}p}{\rho g} = 0 \tag{2-15}$$

一般情况下，如图 2-3 所示，液体可视为不可压缩均质流体，其密度为常数，则对式(2-15)进行积分得：

$$z_1 + \frac{p_1}{\rho g} = z_2 + \frac{p_2}{\rho g} \tag{2-16a}$$

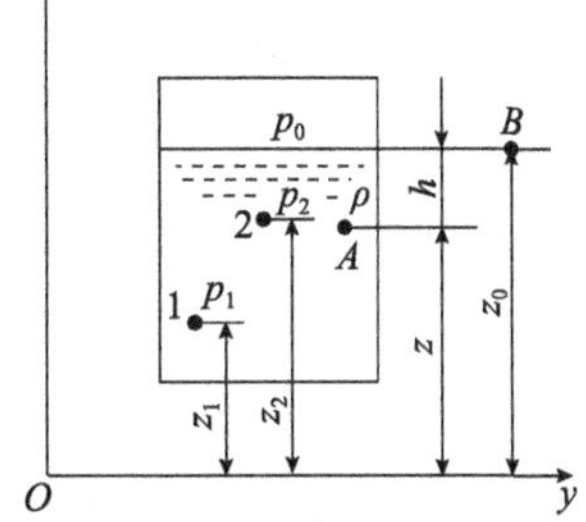

图 2-3　静止液体的平衡

或
$$z+\frac{p}{\rho g}=C \tag{2-16b}$$
式中，C 为积分常数，由边界条件确定。此式为流体静力学基本方程式(Basic equations equations of hydrodynamics)，它适用于在重力作用下静止的不可压缩流体。

从能量方面看：物理意义是式中第一项 z 代表单位重量流体的位势能，其单位为 m(米)；第二项 $p/(\rho g)$ 的意义为单位重量流体的压强势能。单位与 z 相同，也是 m(米)。流体的位势能和压强势能之和为总势能，其意义为：在重力作用下，不可压缩流体平衡时各点单位重力流体的总势能保持不变。

从位置方面看：几何意义是单位重量流体的势能具有长度单位，可以用液柱高度来表示，并称之为水头，z 为位置水头，$p/(\rho g)$ 为压强水头，两者之和称为静水头，各点静水头的连线称为静水头线。因此流体静力学基本方程的几何意义为：在重力作用下，静止的不可压缩流体的静水头线和计示静水头线均为水平线。

2.3.2 不可压缩流体中压强计算公式

由流体静力学基本方程可知，如图2-3所示，当 A 点的淹深为 h，列出 A 点和自由液面上某点的静力学基本方程为：
$$z+\frac{p}{\rho g}=(z+h)+\frac{p_0}{\rho g} \tag{2-17a}$$
经整理可得：
$$p=p_0+\rho gh \tag{2-17b}$$
此式为在重力作用下有自由液面的不可压缩均质静止流体中任一点的静压强计算公式。由此可知，静止流体中任一点的压强由两部分组成：一部分是自由液面上的压强 p_0；另一部分是淹深为 h、底为单位面积的流体柱产生的压强 ρgh。

对于重力场中可压缩流体平衡时的压强分布规律，必须给出补充的关系式以同时确定 p 和 ρ。

2.4 典型应用

2.4.1 连通器

如图2-4所示的液体容器的 a 处开孔，与已被抽成真空的闭口测压管 bc 相连接。容器内的液体将在压强 p 的作用下沿测压管上升一定的高度。连通器的原理是液体在静止状态下同一水平高度上各处压强相等。将式(2-16)应用于 a、b 两点，则有：

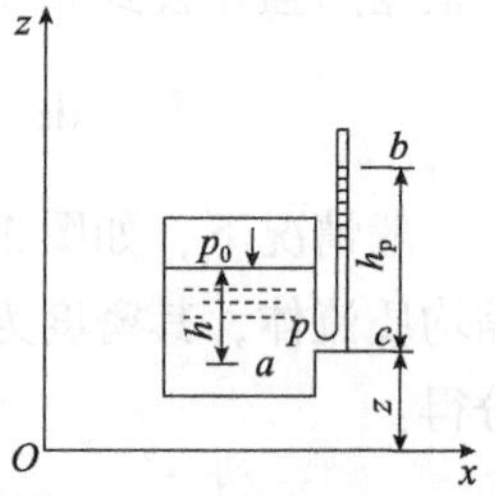

图2-4 压强势能与位势能

$$z+\frac{p}{\rho g}=z+h_p$$

故：
$$h_p=\frac{p}{\rho g} \tag{2-18}$$

2.4.2　压力的传递

不可压缩静止流体中任一点受外力产生压力增值后，此压力增值瞬间传到静止流体各处。这就是说，液面上的压强以不变的数值在液体内传递，如图 2-5 所示，这就是帕斯卡(Pascal)原理。根据静力学基本方程 $p=p_0+\rho gh$，盛放在密闭容器内的流体，其外压强 p_0发生变化时，只要流体仍保持其流动的静止状态不变，流体中任一点的压强均发生同样大小的变化。水压机、增压油缸等液压传动装置的设计，都是以此原理为基础的。

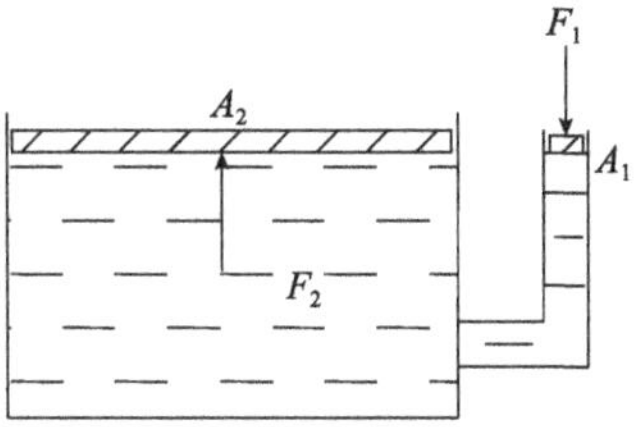

图 2-5　帕斯卡原理示意图

$$\frac{F_1}{A_1}=\frac{F_2}{A_2} \tag{2-19}$$

可以看出：所传递的压强不变，由于面积不同，而使其力放大。

2.4.3　压强计量

绝对压强——以完全真空为基准计量的压强。

相对压强——以大气压强为基准计量的压强，通常也称为计示压强或表压。

相对压强(p_g)=绝对压强(p)-大气压强(p_a)，即：

$$p_g=p-p_a=\rho gh \tag{2-20}$$

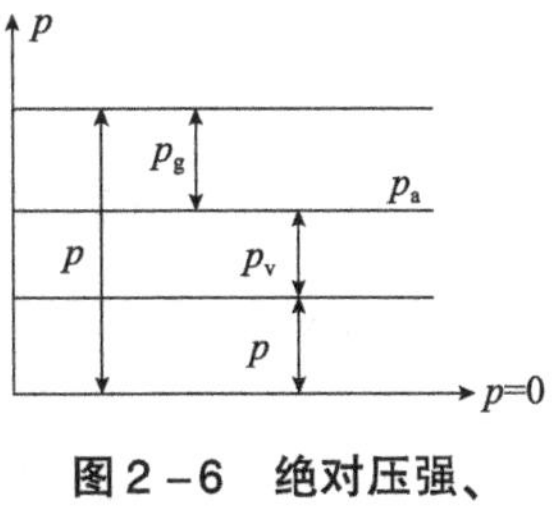

图 2-6　绝对压强、计式压强真空之间的关系

如图 2-6 所示，若流体中某点的压强低于大气压强，P_g为负值，通常用真空度 P_v 来表示，即：

$$p_v=p_a-p=-p_g \tag{2-21}$$

测量压强的仪表，多数是在大气环境中进行测量的，实际测定的是计示压强，也就是相对压强。通常我们说的相对压力就是指相对压强。

(1)测压管

如图 2-7 所示，测压管是结构最简单的液柱式测压计，采用直径均匀的玻璃管制造，测量时将其直接连接到测量压强的容器上。为了减小毛细现象的影响，玻璃管的直径一般不小于 10mm。

如图 2-7(a)为被测流体的压强高于大气压强的情况。被测点的绝对压强和计示压强分别为：

$$p=p_a+\rho gh,\ p_g=p-p_a=\rho gh \tag{2-22}$$

如图 2－7(b)为被测流体的压强低于大气压强的情况。被测点的绝对压强和真空度分别为：

$$p = p_a - \rho g h,\ p_v = \rho g h \tag{2-23}$$

综上可以看出，当读取 h 值时，就可表示压强值。

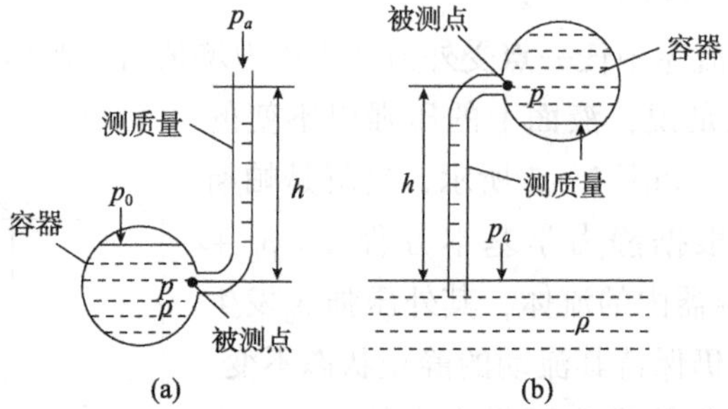

图 2－7　测压管

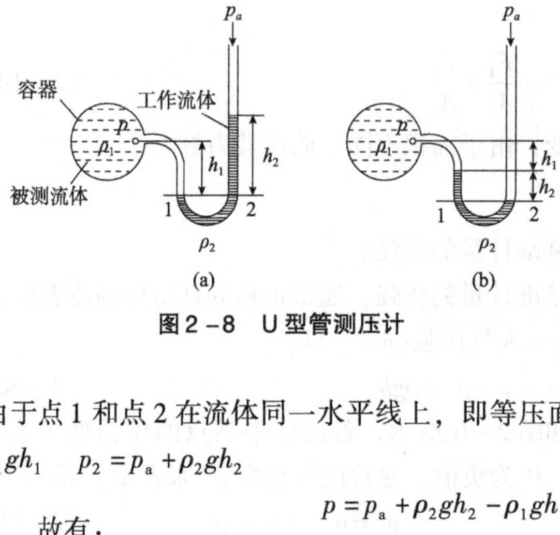

图 2－8　U 型管测压计

(2)U 形管测压计

如图 2－8 所示为 U 形管测压计。为减小毛细现象影响对管径的要求，它的测压量程比测压管大。U 形管的工作液体一般为水、酒精或水银，假设其密度为 ρ_2，被测流体的密度为 ρ_1。图 2－8(a)为被测流体的压强高于大气压强的情况。由于点 1 和点 2 在流体同一水平线上，即等压面上，故 $p_1 = p_2$，由此得 $p_1 = p + \rho_1 g h_1$　$p_2 = p_a + \rho_2 g h_2$

故有：

$$\begin{aligned} p &= p_a + \rho_2 g h_2 - \rho_1 g h_1 \\ p_e &= p - p_a = \rho_2 g h_2 - \rho_1 g h_1 \end{aligned} \tag{2-24}$$

图 2－8(b)为被测流体的压强小于大气压强的情况。按照同样的方法可得：

$$\begin{aligned} p &= p_a - \rho_2 g h_2 - \rho_1 g h_1 \\ p_v &= p_a - p = \rho_2 g h_2 + \rho_1 g h_1 \end{aligned} \tag{2-25}$$

若被测流体为气体，由于气体的密度很小，$\rho_1 g h_1$ 可以忽略不计。

U 形管测压计还可以用来测量两容器中流体的压强差。图 2－9 所示两容器中流体的密度均为 ρ_1，U 形管中工作液体的密度为 ρ_2。由于 1、2 两点在同一等压面上，$p_1 = p_2$，故有：

$$p_A + \rho_1 g h_1 = p_B + \rho_1 g h_2 + \rho_2 g h$$

A、B 两点的压强差为：

$$\Delta p = p_A - p_B = \rho_2 gh + \rho_1 gh_2 - \rho_1 gh_1 = (\rho_2 - \rho_1) gh \tag{2-26}$$

若被测流体为气体，由于气体的密度很小，$\rho_1 gh_2$可以忽略不计。

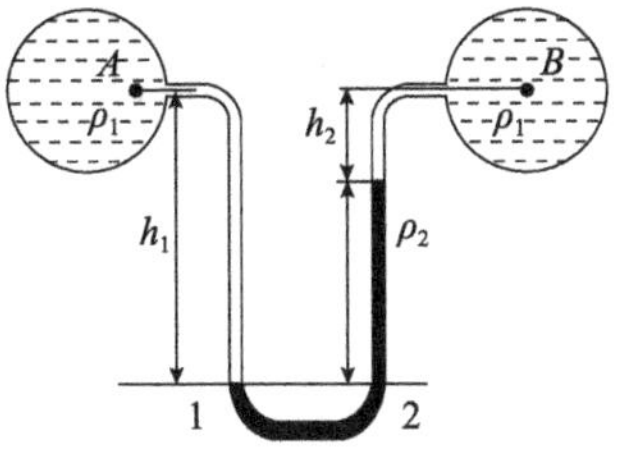

图2－9 U形管压差计

2.4.4 油水分离水力旋流器

最常见的液－液水力旋流器为油水分离水力旋流器(见图2－10)，液流由直线转变为高速旋转运动，经分离锥后流道截面逐渐缩小，液流速度逐渐增大形成螺旋流态，油受到的离心力小，聚集在中心区，从油出口排出。水受到的离心力大，聚集在旋流器四壁区，从尾管排除，实现了油水的分离。下面我们以旋流油水分离器来进行理论分析。

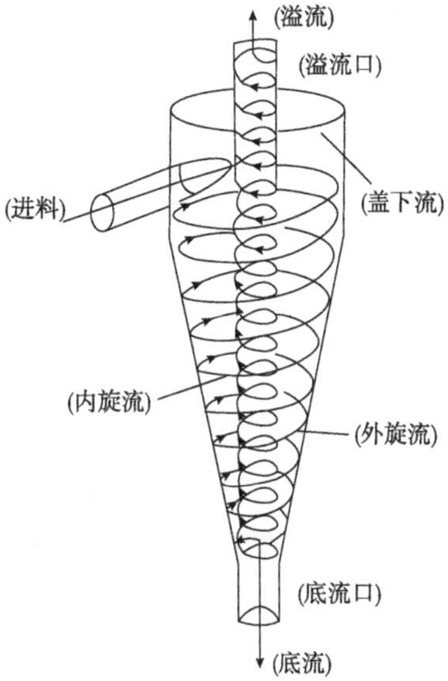

图2－10 油水分离水力旋流器

(1)旋流器中水滴的分离速度

在油水分离水力旋流器中，影响水滴运动过程的力主要有离心力、运动阻力、重力和浮力。下面对各作用力进行具体分析并讨论它们对油水分离过程的影响。

在水力旋流器中，水滴所受的离心力为：

$$f_1 = \frac{mv^2}{r} \tag{2-27}$$

$$m = \frac{\pi d^3}{6}\rho_w \tag{2-28}$$

式中，m为水滴质量；d为水滴直径；v为水滴瞬时速度；r为水滴回转半径。

水滴在离心机原油中运动时，由于两相之间存在速度差以及液体的黏性作用，流体介质将对水滴的运动产生阻碍作用，其表达式为：

$$f_2 = C_D \frac{\pi d^2}{4} \frac{v^2}{2}\rho_0 \tag{2-29}$$

水滴在原油中的运动常处于层流流态，则阻力系数C_D可采用下式计算：

$$C_D = \frac{24}{Re} = \frac{24\mu_0}{vd\rho_0} \tag{2-30}$$

将 C_D 代入 f_2，得：

$$f_2 = 3\pi d\mu_0 v \tag{2-31}$$

水滴所受的重力为：

$$f_3 = \frac{\pi d^3}{6}\rho_w g \tag{2-32}$$

浮力为：

$$f_4 = \frac{\pi d^3}{6}\rho_0 g \tag{2-33}$$

在离心机内，水滴所受的重力、浮力远远小于离心力、运动阻力，故可忽略。水滴做匀速运动时离心力与运动阻力相等，故有：

$$\frac{mv^2}{r} = 3\pi d\mu_0 v \tag{2-34}$$

则水滴在离心机内沿径向的运动速度为：

$$v = \frac{3\pi d\mu_0 r}{m} \tag{2-35}$$

(2)旋流器中的压力分布

如图 2-11 所示，在绕垂直轴旋转运动流中，在半径 r 点处取一长方形流管，其宽为 dr，厚为 dz，在平面 z 上，当质量力只有重力时，沿半径 r 的流线上可应用不可压缩流体定常流动的伯努力方程如下：

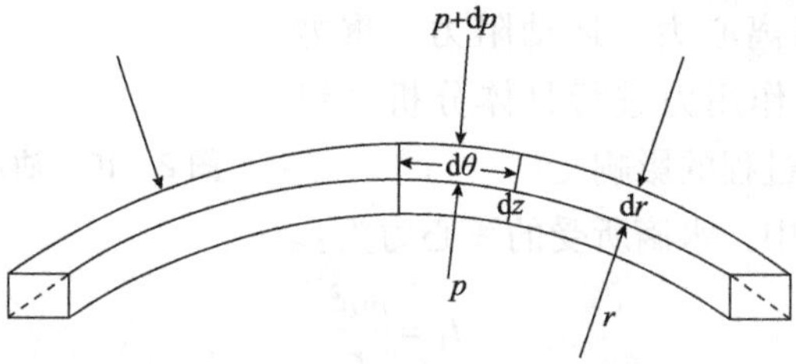

图 2-11　旋转流运动微元体

$$H = z + \frac{p}{\rho g} + \frac{v_\theta}{2g} \tag{2-36}$$

式中，H 为总压头，z 为势压头，p 为半径 r 处的压力，ρ 为流体密度，v_θ 为半径 r 处切向速度，g 为重力加速度。

对半径 r 微分可得：

$$\frac{dH}{dr} = \frac{1}{\rho g}\frac{dp}{dr} + \frac{1}{2g}\frac{dv_\theta}{dr} \tag{2-37}$$

由上式可以看出，在旋转流体中沿着径向的总压头的变化率，是与径向的压力和速度变化率有直接关系的。

就微元体积 $\mathrm{d}r\mathrm{d}zr\mathrm{d}\theta$ 的流体而言，在半径 r 方向作用于微元流体上的所有外力和为零(因无加速度)，而重力在此方向上无分量，也就是作用在微元流体上的压力与离心力平衡。其平衡方程如下：

$$pr\theta\mathrm{d}z-(p+\mathrm{d}p)r\mathrm{d}\theta\mathrm{d}z+pr\mathrm{d}\theta\mathrm{d}r\mathrm{d}z\frac{v_\theta^2}{r}=0 \tag{2-38}$$

整理后，可得其压力分布：

$$\frac{\mathrm{d}p}{\mathrm{d}r}=\rho\frac{v_\theta^2}{r} \tag{2-39}$$

题与解

习题2-1　油罐车(见图2-12)又称引油槽车、装油车、运油车、拉油车，主要用作石油的衍生品(汽油、柴油、原油、润滑油及煤焦油等油品)的运输和储藏。

根据不同的用途和使用环境有多种加油或运油功能，具有吸油、泵油，多种油分装、分放等功能。运油车专用部分由罐体、取力器、传动轴、齿轮油泵、管网系统等部件组成。管网系统由油泵、三通四位球阀、双向球阀、滤网、管道组成。常见的罐型有圆柱形、方圆形、椭圆形、圆形。

如图2-13，当油罐车匀加速度 a 沿 x 方向运动时，试分析液体所受静压强。

图2-12　油罐车

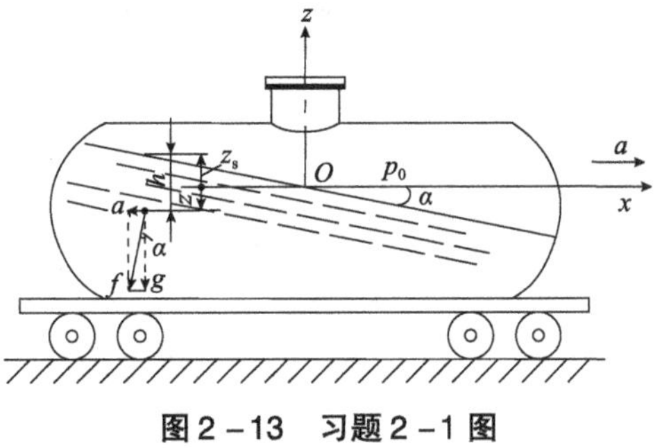

图2-13　习题2-1图

解：容器内液体所受质量力除重力外，还有惯性力，即：$f_x=-a$，$f_y=0$，$f_z=-g$

根据压强差公式，得 $\mathrm{d}p=\rho(-a\mathrm{d}x-g\mathrm{d}z)$

积分，得 $p=-\rho(ax+gz)+C$

应用边界条件：$x=0$，$z=0$ 时，$p=p_0$，代入上式可求出积分常数 $C=p_0$，于是：$p=p_0-\rho(ax+gz)$

该式表明匀加速水平运动容器中的液体压强 p 不仅随 z 变化，而且还随 x 变化。

令压强差公式中的 $dp=0$，便可得等压面的微分方程：$a\mathrm{d}x+g\mathrm{d}z=0$

积分可得：$ax+gz=C$

这就是等压面方程。不同的常数 C 代表不同的等压面，故等压面是一簇平行的斜面。等压面与 x 方向的夹角为 $\alpha=-\mathrm{tg}^{-1}\dfrac{a}{g}$

可以看出，等压面与质量力的合力相互垂直。

在液面上，$x=0$，$z=0$ 时，积分常数 $C=0$，若令液面上任一点的垂直坐标为 z_s，则液面方程为 $ax+gz_s=0$

将上式代入压强公式可得 $p=p_0+\rho g(z_s-z)=p_0+\rho gh$

两者表示的压强分布规律是完全相同的，即液体内任一点的压强 p 均等于作用于该点处淹深为 h 的单位面积上的液柱受重力作用所产生的压强 ρgh 与自由液面上的压强 p_0 之和。

习题2－2 搅拌釜的广义理解即有物理或化学反应的容器，通过对容器的结构设计与参数配置，实现工艺要求的加热、蒸发、冷却及低高速的混配功能。广泛应用于石油、化工、橡胶、农药、染料、医药和食品等领域，是用来完成硫化、硝化、氢化、烃化、聚合、缩合等工艺过程的压力容器，例如反应器、反应锅、分解锅、聚合釜等；材质一般有碳锰钢、不锈钢、锆、镍基(哈氏、蒙乃尔、因康镍)合金及其他复合材料。图2－14为搅拌釜。

如图2－15所示，装有液体的容器绕垂直轴 z 以等角速度 ω 旋转。液体被容器带动而随容器旋转。待稳定后，液面呈现如图所示的曲面，液体如同刚体一样旋转，形成液体对容器的相对平衡。试分析此种情况下液体所受静压力。

图2－14 搅拌釜

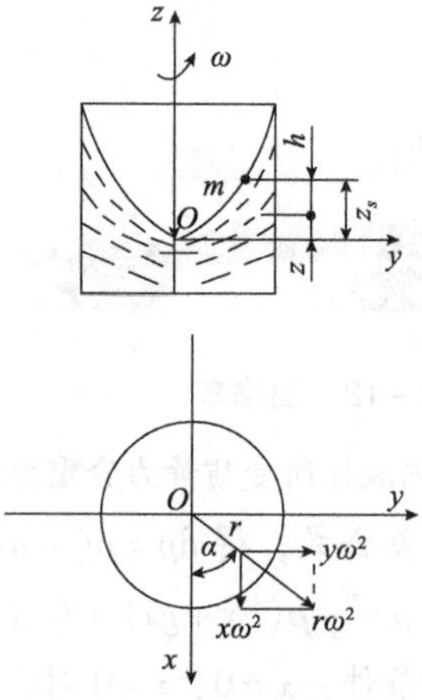

图2－15 习题2－2图

解：除了重力以外，液体质量还有因等角速度旋转运动而产生的离心惯性力，单位质量所受惯性力的大小为 $\omega^2 r$，其方向与向心加速度相反。因此，液体

中任一点单位质量流体所受质量力为 $f_x=\omega^2 x$，$f_y=\omega^2 y$，$f_z=-g$

代入压强差公式，得 $\mathrm{d}p=\rho(\omega^2 x\mathrm{d}x+\omega^2 y\mathrm{d}y-g\mathrm{d}z)$

积分，得 $p=\rho\left(\dfrac{\omega^2 x^2}{2}+\dfrac{\omega^2 y^2}{2}-gz\right)+C$

或　$p=\rho\left(\dfrac{\omega^2 r^2}{2}-gz\right)+C$；$r=\sqrt{x^2+y^2}$

式中，r 为液体中任一点到旋转轴的距离。

利用边界条件：$r=0$，$z=0$ 时，$p=p_0$，可求得积分常数 $C=p_0$，因此可得压强分布公式 $p=p_0+\rho\left(\dfrac{\omega^2 r^2}{2}-gz\right)$

该式表明，在同一高度上，液体的静压强与质点所在的半径的平方成正比。

将质量力代入等压面方程式中，得 $\omega^2 x\mathrm{d}x+\omega^2 y\mathrm{d}y-g\mathrm{d}z=0$

积分得$\dfrac{\omega^2 x^2}{2}+\dfrac{\omega^2 y^2}{2}-gz=C$，即 $\dfrac{\omega^2 r^2}{2}-gz=C$

此方程是抛物面方程，不同的常数 C 代表不同的等压面。故等角速旋转容器中液体相对平衡时，等压面是一簇绕 z 轴的旋转抛物面。

在液面上，$r=0$，$z=0$ 时，积分常数 $C=0$，令液面上任一点的垂直坐标为 z_s，则液面方程为$\dfrac{\omega^2 r^2}{2}-gz_s=0$

将上式代入 $p=p_0+\rho\left(\dfrac{\omega^2 r^2}{2}-gz\right)$，得 $p=p_0+\rho g(z_s-z)=p_0+\rho gh$

可见，上式与习题2-1中式 $p=p_0+\rho gh$ 相同，表明液体内任一点的压强 p，也等于作用于该点处淹深为 h 的单位面积上的液柱受重力作用所产生的压强 ρgh 与自由液面上的压强 p_0 之和。换言之，离自由液面相同深度的面为等压面。

习题2-3　倾斜式微压计是一种可见液体弯面的多测量范围液体压力计，如图2-16所示。当测量正压时，需要将所测量压力与宽广容器相连通；而当测量负压时则与倾斜管相连通；测量差压，则把较高的压力与宽广容器接通，较低的压力与倾斜管接通。

如图2-17所示，在斜管微压计中，加压后无水酒精(相对密度 γ 为0.793)的液面较未加压时的液面变化为 $y=12\mathrm{cm}$。试求所加的压强 p 为多大。设容器及斜管的断面分别为 A 和 a，$\dfrac{a}{A}=\dfrac{1}{100}$，$\sin\alpha=\dfrac{1}{8}$。

解：加压后容器的液面下降 $\Delta h=\dfrac{ya}{A}$

则 $p=\gamma g(y\sin\alpha+\Delta h)=\gamma g\left(y\sin\alpha+\dfrac{ya}{A}\right)=0.793\times9810\times\left(\dfrac{0.12}{8}+\dfrac{0.12}{100}\right)=126\mathrm{Pa}$

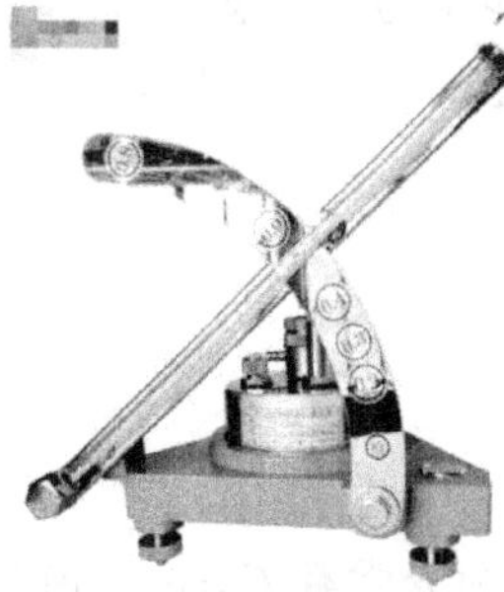

图 2-16　倾斜式微压计

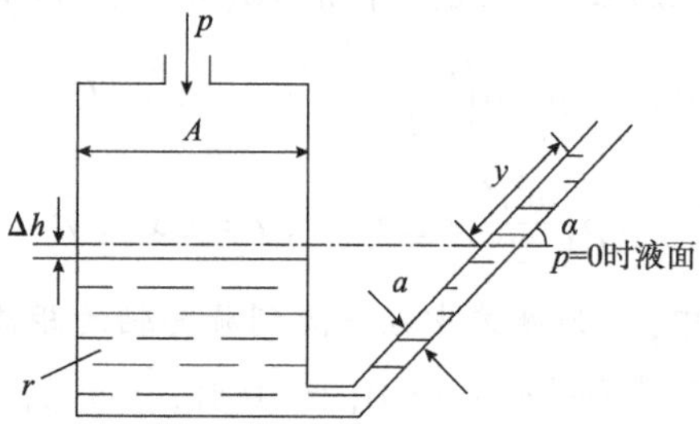

图 2-17　习题 2-3 图

习题 2-4　U 型管压力计是历史最悠久的测量压强的仪器。它在用于真空测量中属于绝对真空计，可作为真空计量标准，如图 2-18 所示。它是由两根测量管构成，通过测量管内工作液柱的高度差 h，即可计算出待测压力 p 的值。液柱的一侧需用抽真空等方法使其上的压力 p_0 比起待测压力 p 来可以忽略不计，这种压力计的精度和测量下限主要取决于如何测准液柱面的高度差 h 和测量 h 的精度以及工作液体的密度。测量 h 的方法很多，如直接用刻度尺测量，用测高仪、点接触测微计及光学干涉法等，其中干涉法的精度最高。工作液体最早采用的是汞，而在真空测量中为向低压量程扩展，也常用饱和蒸气压低且密度和黏度小的油类。这种压力计可测量低、中真空。

如图 2-19 所示，在一密闭容器内装有水及油，密度分别为 ρ_w 和 ρ_o，油层高度为 h_1，容器底部装有水银液柱压力计，读数为 R，水银面与液面的高度差为 h_2，试导出容器上方空间的压力 p 与读数 R 的关系式。

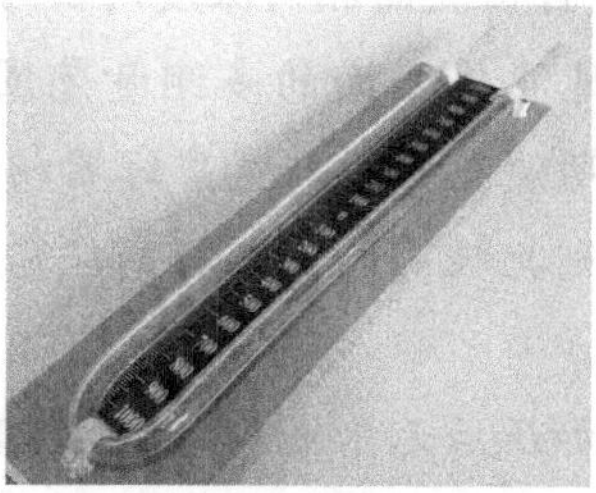

图 2-18　U 型管压力计

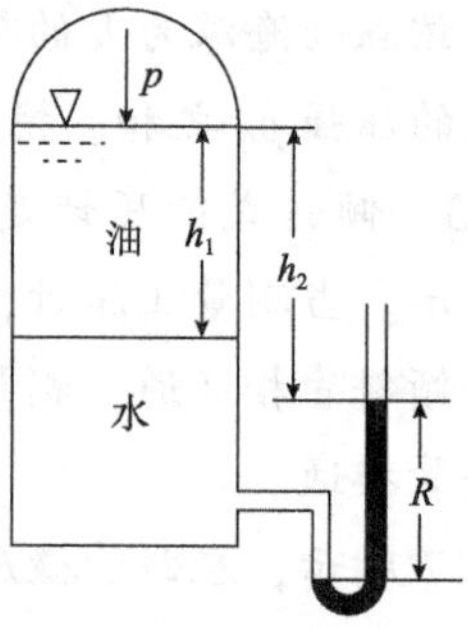

图 2-19　习题 2-4 图

解：选取压力计中水银最低液面为等压面，则 $p+\rho_o gh_1+\rho_w g(h_2+R-h_1)=\rho_H gR$

得：$p=\rho_H gR-\rho_o gh_1-\rho_w g(h_2+R-h_1)$

习题 2-5　U 型管压力计还可以用来计算液面深度，油罐内装有相对密度为 0.7 的汽油，为测定油面高度，利用连通器原理，把 U 形管内装上相对密度为 1.26 的甘油，一端接通油罐顶部空间，一端接压气管。同时，压力管的另一支引入油罐底以上的0.4m处，压气后，当液面有气逸出时，根据U形管内油面高度差$\Delta h=0.7$m来计算油罐内的油深H。

解：如图2-20所示，选取U形管中甘油最低液面为等压面，由气体各点压力相等，可知油罐底以上0.4m处的油压即为压力管中气体压力，则：

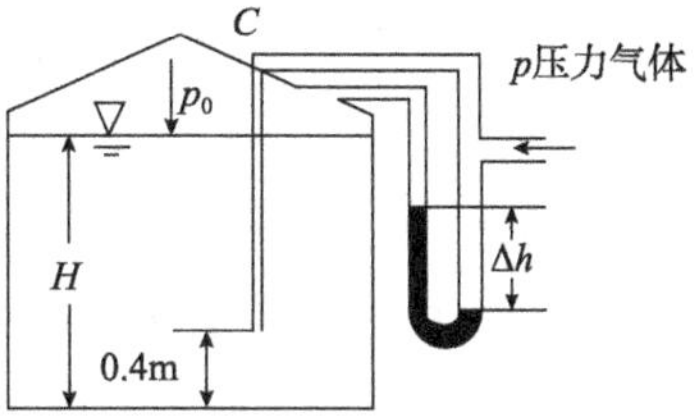

图2-20 习题2-5图

$$p_0+\rho_{go}g\Delta h=p_0+\rho_o g(H-0.4)$$

得：

$$H=\frac{\rho_{go}\Delta h}{\rho_o}+0.4=\frac{1.26\times 0.7}{0.7}+0.4=1.66\text{m}$$

习题2-6 储油罐(见图2-21)是一种储存油品的容器，是油库的主要设施，在管道运输中是输油管的油源接口。按建筑特点可分为地上油罐、地下油罐和山洞油罐。转运油库、分配油库及企业附属油库一般宜选用地上油罐，而具有战略意义的储备油库及军用油库常选用山洞油罐、地下油罐和半地下油罐。按材质可分为非金属油罐和金属油罐两大类。非金属油罐包括钢筋混凝土油罐以及用于军队野战油库的耐油橡胶软体油罐、玻璃钢油罐和塑料油罐等。金属油罐按形状又可分为立式圆柱形、卧式圆柱形和球形等三种。金属油罐因造价低、不易渗漏、施工方便、维护容易而得到广泛使用。

某储油罐中盛有密度为960kg/m³的重油，如图2-22所示，油面最高时离罐底9.5m，油面上方与大气相通。在罐侧壁的下部有一直径为760mm的孔，其中心距罐底1000mm，孔盖用14mm的钢制螺钉紧固。若螺钉材料的工作压力为39.5×10^6Pa，问至少需要几个螺钉？

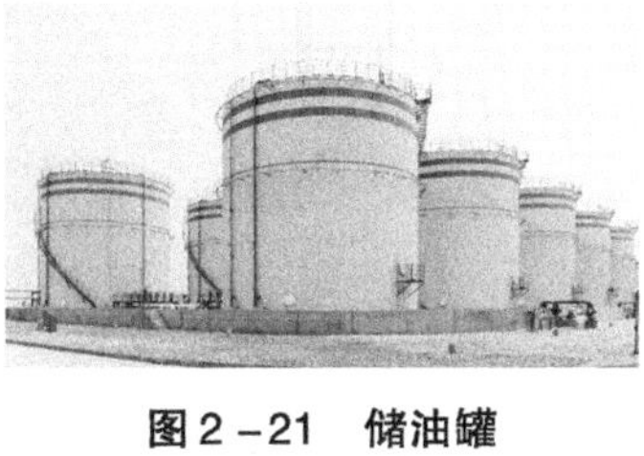
图2-21 储油罐

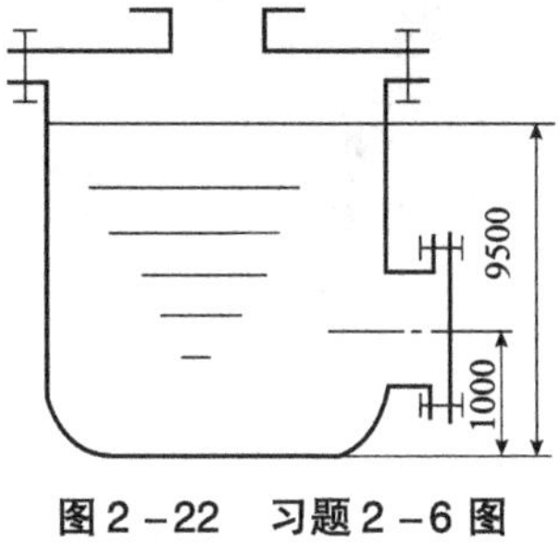

图2-22 习题2-6图

解：由流体静力学方程，距罐底1000mm处的流体表压为：

$$p=\rho gh=960\times 9.81\times(9.5-1.0)=79968\text{Pa}$$

作用在孔盖上的总力为：

$$F=pA=79968\times\frac{\pi}{4}\times 0.76^2=3.6\times 10^4\text{N}$$

每个螺钉所受力为：

$$F' = 39.5 \times 10^6 \times \frac{\pi}{4} \times 0.014^2 = 6.07 \times 10^3 \text{N}$$

因此

$$n = \frac{F}{F'} = \frac{3.6 \times 10^4}{6.07 \times 10^3} = 5.93 \approx 6 \text{ 个}$$

习题2-7 流化床反应器(见图2-23)是指气体在由固体物料和催化剂构成的沸腾床层内进行化学反应的设备，又称“沸腾床反应器”。气体在一定的流速范围内，将堆成一定厚度(床层)的催化剂和物料的固体细粒强烈搅动，使之像沸腾的液体一样并具有液体的一些特性，如对器壁有流体压力的作用、能溢流和具有黏度等，此种操作状况称为“流化床”。反应器上部有扩大段，内装旋风分离器，用以回收被气体带走的催化剂；底部设置原料进口管和气体分布板；中部为反应段，装有冷却水管和导向挡板，用以控制反应温度和改善气固接触条件。

图2-24为流化床反应器，上装有两个U形管压差计。读数分别为$R_1 = 500\text{mm}$，$R_2 = 80\text{mm}$，指示液为水银。为防止水银蒸气向空间扩散，于右侧的U形管与大气连通的玻璃管内灌入一段水，其高度$R_3 = 100\text{mm}$。试求A、B两点的表压力。

图2-23 流化床反应器

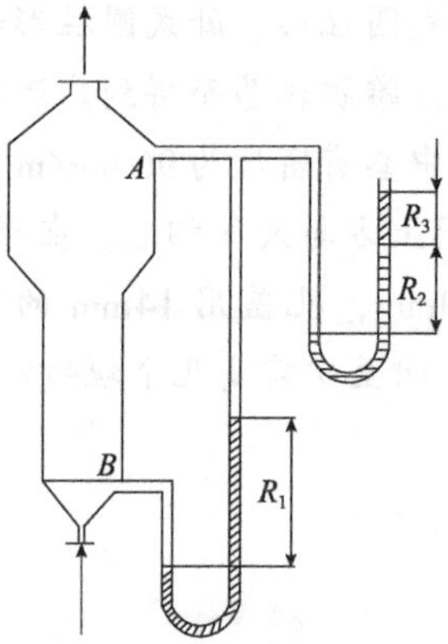

图2-24 习题2-7图

解：

(1)A点的压力：

$$p_A = \rho_w g R_3 + \rho_{\text{Hg}} g R_2 = 1000 \times 9.8 \times 0.1 + 13600 \times 9.8 \times 0.08 = 1.16 \times 10^4 \text{Pa}$$

(2)B点的压力：

$$p_B = p_A + \rho_{\text{Hg}} g R_1 = 1.16 \times 10^4 + 13600 \times 9.8 \times 0.5 = 7.82 \times 10^4 \text{Pa}$$

习题2-8 如图2-25所示为圆筒形容器，筒径为d，质量为m，筒内充满密度为ρ的液体，并绕轴线以ω的角速度旋转；顶盖的质量为m_1，其中心装有开口直管，当管内液面的最低点高为h时，作用在螺栓组1和2上的拉力各为多少？

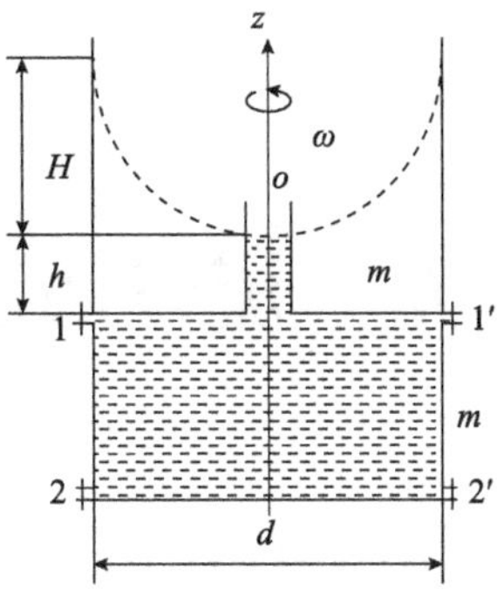

图2－25 习题2－8图

解：坐标原点选在直管中心的液面上，z 轴铅直向上。由于容器处于大气环境中，只需按计示压强进行计算。在顶盖的下表面上有 $z=-h$，得顶盖的下表面的压力为：

$$p_e=\rho\left(\frac{1}{2}\omega^2r^2+gh\right)$$

以上顶盖为研究对象，则作用在顶盖上的计示压强的合力与顶盖的重力之差便是螺栓组1受到的拉力：

$$F_1=\int_0^{\frac{d}{2}}p_e2\pi rdr-m_1g=\int_0^{\frac{d}{2}}2\pi r\rho\left(\frac{1}{2}r^2\omega^2+gh\right)\mathrm{d}r-m_1g$$

$$=\frac{\pi}{4}d^2\rho\left(\frac{d^2\omega^2}{16}+gh\right)-m_1g$$

螺栓组2受到的拉力为：

$$F_2=F_1-mg=\frac{\pi}{4}d^2\rho\left(\frac{d^2\omega^2}{16}+gh\right)-(m_1+m)g$$

第3章　流体运动学

流体运动学是研究流体运动规律的学科。

3.1　流体运动的特点

3.1.1　流体运动的特点

刚体质点运动可以用曲线运动理论来描述，其运动则可以分解为平动和转动，其运动参数如轨迹、速度、加速度、角速度和角加速度等都是时间的函数。而流体由于其具有如下特性：

①流体由无穷多质点构成，很难采用质点曲线运动理论来研究；

②在运动中流体要变形，也就是说流体微团在运动时，既有平动、转动，又有变形。

因此，研究流体运动应做以下设定：

①视流体为不连续的质点。应将流体运动以微团形式反映出来，流体微团(或称流体质点)的几何尺寸与个别分子间的距离相比是非常大的，但在宏观上与所讨论的物体大小相比，流体质点的几何尺寸都非常小，可以看作只占据空间的一个“点”，而流体微团的运动不能简单分解成平动和转动来进行整体研究，必须分析其每个几何点上流体的运动变化，其运动参数应为空间和时间的函数。

②视流体为一个连续的场。由于流体微团所占据的空间每一点都是研究对象，因此将其看成一个“场”。由于流体是连续介质，因此充满流体的空间被称为“流场”。

3.1.2　流场的概念

从数学上讲，把分布在空间某一区域内的物理量或数学函数称为场(Field)。从流体力学角度讲，如果空间区域内每一点对应一个数量值 $\varphi(x, y, z, t)$，那么它在该空间区域就构成一个数量场或标量场，如温度场、密度场等；如果在空间区域内每一点对应一个矢量值 $\boldsymbol{p}(x, y, z, t)$，那么它在该空间区域就构成一个矢量场，如速度场(Speed field)、加速度场(Acceleration field)、应力场(Stress field)等。

在空间某一速度场，可表示为：

$$\begin{cases} v_x = v_x(x, y, z, t) \\ v_y = v_y(x, y, z, t) \\ v_z = v_z(x, y, z, t) \end{cases} \tag{3-1}$$

3.1.3 流动的分类

(1)按流动与时间关系分类

稳态流动(Steady flow)：流场中各空间点流体的物理参数与时间 t 无关，即流体各物理参数的当地变化率等于零，亦称为定常流场，如图 3-1所示，速度场表示为：

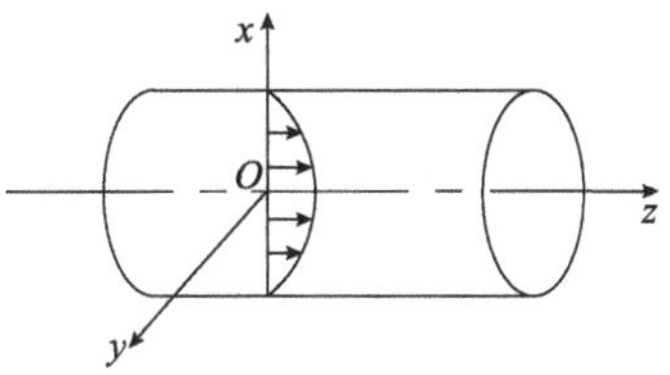

图 3-1 流体在管内的定常流动

$$\begin{cases} v_x = v_x(x, y, z) \\ v_y = v_y(x, y, z) \\ v_z = v_z(x, y, z) \end{cases} \tag{3-2}$$

或

$$\frac{\partial \boldsymbol{v}}{\partial t} = \mathbf{0} \tag{3-3}$$

非稳态流动(Unsteady flow)：物理参数与时间有关，亦称之为非定常流场(Unsteady flow field)，即 $\frac{\partial \boldsymbol{v}}{\partial t} \neq \mathbf{0}$。

(2)按流动与空间关系分类

如果流场中流体的各物理参数只是空间某一个坐标的函数，则该流场称为一维流场，对应的流动称为一维流动；如果流体的各物理参数只是空间两个坐标的函数，则该流场称为二维流场，对应的流动称为二维流动；如果流体的各物理参数是空间三个坐标的函数，则该流场为三维流场，对应流动为三维流动。

二维流动又分为平面流动与轴对称流动，对于平面定常流动则有 $\boldsymbol{v}_0 = \boldsymbol{v}(x, y)$，$\frac{\partial \boldsymbol{v}}{\partial z} = \mathbf{0}$；而对轴对称流动，采用圆柱坐标系，则有 $\boldsymbol{v} = \boldsymbol{v}(r, z)$，$\frac{\partial \boldsymbol{v}}{\partial \boldsymbol{\theta}} = \mathbf{0}$。

3.2 流体运动的描述

流体是由无穷多流体质点组成的连续介质，流体的运动便是这无穷多流体质点运动的综合。由于研究流体运动的着眼点不同，故而描述流体运动的方法分为拉格朗日法(Lagrange method)和欧拉法(Euler method)。通过研究流场中单个质点的运动规律，进而研究流体的整个运动规律的方法称为拉格朗日法；通过研究流体流过一个空间点的运动规律，进而研究流场内的流体运动规律的方法称为欧拉法。

3.2.1 拉格朗日法

拉格朗日法的基本思想是以流体质点为研究对象，是对流体质点运动过程的研究，将流体质点表示为空间坐标和时间的函数，其着眼于整个流场中各个流体质点的流动参数随时间的变化，综合流场中所有流体质点的运动状态从而得到整个流场流体的运动规律。

例如在某一时刻，某一流体质点的位置可表示为：

$$\begin{cases} x = x(a, b, c, t) \\ y = y(a, b, c, t) \\ z = z(a, b, c, t) \end{cases} \tag{3-4}$$

式中，a、b、c 为初始时刻 t_0 时某一流体质点的坐标，所以不同的流体质点有不同的 a、b、c，a、b、c 称为拉格朗日变量，是该质点不同于其他质点的标志，它不是空间坐标的函数。如果固定 a、b、c，而令 t 改变，则得到某一确定流体质点随时间的运动规律。如果固定时间 t，而令 a、b、c 改变，则得到同一时刻不同流体质点的位置分布。因此，$\boldsymbol{r} = \boldsymbol{r}(a, b, c, t_0)$ 代表 t_0 时刻 (a, b, c) 位置上的质点，而 $\boldsymbol{r} = \boldsymbol{r}(a, b, c, t_1)$ 代表 t_1 时刻原 (a, b, c) 这个质点现在的位置。

若用矢量来表示，则流体质点任意时刻的空间位置的矢径为：

$$\boldsymbol{r} = x\boldsymbol{i} + y\boldsymbol{j} + z\boldsymbol{k} = \boldsymbol{r}(a, b, c, t) \tag{3-5}$$

流体质点的速度为：

$$\begin{aligned} v_x &= v_x(a, b, c, t) = \frac{\partial x(a, b, c, t)}{\partial t} \\ v_y &= v_y(a, b, c, t) = \frac{\partial y(a, b, c, t)}{\partial t} \\ v_z &= v_z(a, b, c, t) = \frac{\partial z(a, b, c, t)}{\partial t} \end{aligned} \tag{3-6}$$

矢量形式为：

$$\boldsymbol{v} = \frac{\partial \boldsymbol{r}}{\partial t} = \frac{\partial x}{\partial t}\boldsymbol{i} + \frac{\partial y}{\partial t}\boldsymbol{j} + \frac{\partial z}{\partial t}\boldsymbol{k} = v_x\boldsymbol{i} + v_y\boldsymbol{j} + v_z\boldsymbol{k} \tag{3-7}$$

流体质点的加速度为：

$$\begin{aligned} a_x &= a_x(a, b, c, t) = \frac{\partial v_x(a, b, c, t)}{\partial t} = \frac{\partial^2 x(a, b, c, t)}{\partial t^2} \\ a_y &= a_y(a, b, c, t) = \frac{\partial v_y(a, b, c, t)}{\partial t} = \frac{\partial^2 y(a, b, c, t)}{\partial t^2} \\ a_z &= a_z(a, b, c, t) = \frac{\partial v_z(a, b, c, t)}{\partial t} = \frac{\partial^2 z(a, b, c, t)}{\partial t^2} \end{aligned} \tag{3-8}$$

矢量形式为：

$$\boldsymbol{a} = \frac{\partial \boldsymbol{v}}{\partial t} = \frac{\partial v_x}{\partial t}\boldsymbol{i} + \frac{\partial v_y}{\partial t}\boldsymbol{j} + \frac{\partial v_z}{\partial t}\boldsymbol{k} = a_x\boldsymbol{i} + a_y\boldsymbol{j} + a_z\boldsymbol{k} \tag{3-9}$$

3.2.2 欧拉法

欧拉法的基本思想是从场的观点出发对流动参数的研究，将流体的运动和物理参数直接表示为空间坐标和时间的函数，其着眼于整个流场中各空间点流动参数随时间的变化。综合流场中的所有点，便可得到整个流场流动参数的变化规律。

欧拉方法的研究对象不是流体质点，而是空间点，不同时刻经过空间同一点的流体质点是不同的。在流场中任选一固定空间作为研究对象，同一时刻该空间各点流体的速度有可能不同，即速度 $\boldsymbol{v}$ 是空间坐标(x, y, z)的函数，而对某一固定的空间点而言，不同时刻被不同流体的质点所占据，速度也不相同，即速度 $\boldsymbol{v}$ 又是时间 t 的函数，故有速度是空间坐标和时间的函数，如：$\boldsymbol{v}=\boldsymbol{v}[(x_1, y_1, z_1), t]$和 $\boldsymbol{v}=\boldsymbol{v}[(x_2, y_2, z_2), t]$表示 t 时刻在场中两个位置上的速度，或者 $\boldsymbol{v}=\boldsymbol{v}[(x_1, y_1, z_1), t_1]$和 $\boldsymbol{v}=\boldsymbol{v}[(x_1, y_1, z_1), t_2]$表示场中$(x_1, y_1, z_1)$这个位置上 t_1、t_2时刻的速度，因此：

$$\boldsymbol{v}=\boldsymbol{v}(x, y, z, t)$$

或

$$\boldsymbol{v}=v_x\boldsymbol{i}+v_y\boldsymbol{j}+v_z\boldsymbol{k} \tag{3-10}$$

其分量形式为：

$$\begin{aligned} v_x&=v_x(x, y, z, t)\\ v_y&=v_y(x, y, z, t)\\ v_z&=v_z(x, y, z, t) \end{aligned} \tag{3-11}$$

式中，x、y、z、t 称为欧拉变量，当 x、y、z 固定，t 改变时，此式代表空间中某固定点上速度随时间的变化；当 t 固定，x、y、z 改变时，它代表的是某一时刻速度在空间的分布规律。当采用欧拉法时，速度、温度、密度等物理量均表示为空间区域的场，即速度场、温度场(Temperature field)、密度场(Density field)等。

3.2.3 质点导数

流体质点的物理参数对于时间的变化率称为该质点物理量的导数，简称为质点导数(Particle derivative)，亦称为随体导数。

①在拉格朗日方法中，流体质点运动的位置，可用矢径 $\boldsymbol{r}$ 表示为：

$$\boldsymbol{r}=\boldsymbol{r}(a, b, c, t) \tag{3-12}$$

矢径函数 $\boldsymbol{r}$ 的定义区域不是场，它不是空间坐标的函数，而是质点标号 a、b、c 的函数，因此 $\boldsymbol{r}$ 同时是时间 t 和质点标号(即质点初始位置坐标 a、b、c)的函数，表示的是不同质点标号下的质点在不同时刻 t 时的位置。在求导数时要求 a、b、c 不变，即求导数是针对同一个流体质点的。因此，流体质点的速度和加速度可分别用矢径 $\boldsymbol{r}$ 对时间的一阶和二阶偏导数来表示：

$$\boldsymbol{v}=\frac{\partial \boldsymbol{r}(a, b, c, t)}{\partial t} \tag{3-13}$$

$$\boldsymbol{a}=\frac{\partial \boldsymbol{v}}{\partial t}=\frac{\partial^2 \boldsymbol{r}(a,\ b,\ c,\ t)}{\partial t^2} \tag{3-14}$$

②在欧拉方法中，由于流体的某种物理量(如 $\boldsymbol{v}$)是空间坐标 x、y、z 和时间 t 的函数，即质点随时间变化，场也随着时间变化，则：

$$\boldsymbol{v}=\boldsymbol{v}(x,\ y,\ z,\ t) \tag{3-15}$$

所以 x、y、z 可看作是流体质点的坐标，其位置随着时间变化。同时，流体质点的坐标又是时间 t 的函数，即 $x=x(t)$，$y=y(t)$，$z=z(t)$，因此，速度 $\boldsymbol{v}$ 表示成：

$$\boldsymbol{v}=\boldsymbol{v}[x(t),\ y(t),\ z(t)] \tag{3-16}$$

流体质点的加速度为：

$$\boldsymbol{a}=\frac{\mathrm{d}\boldsymbol{v}}{\mathrm{d}t}=\frac{\partial \boldsymbol{v}}{\partial t}+\frac{\partial \boldsymbol{v}}{\partial x}\frac{\mathrm{d}x}{\mathrm{d}t}+\frac{\partial \boldsymbol{v}}{\partial y}\frac{\mathrm{d}y}{\mathrm{d}t}+\frac{\partial \boldsymbol{v}}{\partial z}\frac{\mathrm{d}z}{\mathrm{d}t} \tag{a}$$

流体质点坐标(x、y、z)分别对时间的导数为该流体质点的各速度分量。

即$\frac{\mathrm{d}x}{\mathrm{d}t}=v_x$，$\frac{\mathrm{d}y}{\mathrm{d}t}=v_y$，$\frac{\mathrm{d}z}{\mathrm{d}t}=v_z$，所以

$$\begin{aligned}\boldsymbol{a}&=\frac{\partial \boldsymbol{v}}{\partial t}+v_x\frac{\partial \boldsymbol{v}}{\partial x}+v_y\frac{\partial \boldsymbol{v}}{\partial y}+v_z\frac{\partial \boldsymbol{v}}{\partial z}\\&=\left(\frac{\partial}{\partial t}+v_x\frac{\partial}{\partial x}+v_y\frac{\partial}{\partial y}+v_z\frac{\partial}{\partial z}\right)\boldsymbol{v}\\&=\left(\frac{\partial}{\partial t}+v_x\frac{\partial}{\partial x}+v_y\frac{\partial}{\partial y}+v_z\frac{\partial}{\partial z}\right)(v_x\boldsymbol{i}+v_y\boldsymbol{j}+v_z\boldsymbol{k})\\&=\left(\frac{\partial v_x}{\partial t}+v_x\frac{\partial v_x}{\partial x}+v_y\frac{\partial v_x}{\partial y}+v_z\frac{\partial v_x}{\partial z}\right)\boldsymbol{i}\\&\quad+\left(\frac{\partial v_y}{\partial t}+v_x\frac{\partial v_y}{\partial x}+v_y\frac{\partial v_y}{\partial y}+v_z\frac{\partial v_y}{\partial z}\right)\boldsymbol{j}\\&\quad+\left(\frac{\partial v_z}{\partial t}+v_x\frac{\partial v_z}{\partial x}+v_y\frac{\partial v_z}{\partial y}+v_z\frac{\partial v_z}{\partial z}\right)\boldsymbol{k}\end{aligned} \tag{b}$$

又因为加速度可表示为：

$$\begin{aligned}\boldsymbol{a}&=\frac{\mathrm{d}\boldsymbol{v}}{\mathrm{d}t}=\frac{\mathrm{d}v_x}{\mathrm{d}t}\boldsymbol{i}+\frac{\mathrm{d}v_y}{\mathrm{d}t}\boldsymbol{j}+\frac{\mathrm{d}v_z}{\mathrm{d}t}\boldsymbol{k}\\&=a_x\boldsymbol{i}+a_y\boldsymbol{j}+a_z\boldsymbol{k}\end{aligned} \tag{c}$$

式中，a_x、a_y、a_z分别为加速度 a 在 x，y，z 轴上分量。通过比较得：

$$\begin{aligned}a_x&=\frac{\mathrm{d}v_x}{\mathrm{d}t}=\frac{\partial v_x}{\partial t}+v_x\frac{\partial v_x}{\partial x}+v_y\frac{\partial v_x}{\partial y}+v_z\frac{\partial v_x}{\partial z}\\a_y&=\frac{\mathrm{d}v_y}{\mathrm{d}t}=\frac{\partial v_y}{\partial t}+v_x\frac{\partial v_y}{\partial x}+v_y\frac{\partial v_y}{\partial y}+v_z\frac{\partial v_y}{\partial z}\\a_z&=\frac{\mathrm{d}v_z}{\mathrm{d}t}=\frac{\partial v_z}{\partial t}+v_x\frac{\partial v_z}{\partial x}+v_y\frac{\partial v_z}{\partial y}+v_z\frac{\partial v_z}{\partial z}\end{aligned} \tag{3-17}$$

矢量表达式为：
$$a=\frac{\partial \boldsymbol{v}}{\partial t}+(\boldsymbol{v}\cdot\nabla)\boldsymbol{v} \tag{3-18}$$

式中$\nabla=\frac{\partial}{\partial x}\boldsymbol{i}+\frac{\partial}{\partial y}\boldsymbol{j}+\frac{\partial}{\partial z}\boldsymbol{k}$是哈密尔顿算子(Hamiltonian operator)，由此式可知，加速度 $\boldsymbol{a}$ 由两部分组成：第一部分$\frac{\partial \boldsymbol{v}}{\partial t}$称为当地加速度(Local acceleration)或称局部导数，表示速度在空间的一个固定点随时间的变化，它是由场的不定常性引起的，对于定常流动$\frac{\partial \boldsymbol{v}}{\partial t}=\boldsymbol{0}$；第二部分$(\boldsymbol{v}\cdot\nabla)\boldsymbol{v}=v_x\frac{\partial \boldsymbol{v}}{\partial x}+v_y\frac{\partial \boldsymbol{v}}{\partial y}+v_z\frac{\partial \boldsymbol{v}}{\partial z}$称为迁移加速度(Migration acceleration)，表示速度由一点移动到另一点时所发生的变化，它是由流场的不均匀性引起的，对均匀流场$(\boldsymbol{v}\cdot\nabla)\boldsymbol{v}=\boldsymbol{0}$，$\frac{\partial \boldsymbol{v}}{\partial x}$表示流体质点沿 x 方向的速度变化率，如在单位时间内移动了 v_x 的距离，则 x 方向上的速度变化率是 $v_x\frac{\partial \boldsymbol{v}}{\partial x}$。同理 $v_y\frac{\partial \boldsymbol{v}}{\partial y}$和 $v_z\frac{\partial \boldsymbol{v}}{\partial z}$分别反映了由于流体质点在 y 和 z 方向的分速度 v_y 和 v_z 所引起的速度变化率。

用欧拉法求流体的其他物理量质点导数，其一般式为 $\frac{\mathrm{d}}{\mathrm{d}t}(N)=\left(\frac{\partial}{\partial t}+\boldsymbol{v}\cdot\nabla\right)(N)$，式中 N 为流体的某种物理量，$\frac{\partial N}{\partial t}$为 N 的当地变化率，$(\boldsymbol{v}\cdot\nabla)N$ 为 N 的位移变化率。例如，对压强 p 和密度 ρ 则有：

$$\frac{\mathrm{d}p}{\mathrm{d}t}=\left(\frac{\partial}{\partial t}+\boldsymbol{v}\cdot\nabla\right)p$$
$$=\frac{\partial p}{\partial t}+v_x\frac{\partial p}{\partial x}+v_y\frac{\partial p}{\partial y}+v_z\frac{\partial p}{\partial z}$$
$$\frac{\mathrm{d}\rho}{\mathrm{d}t}=\left(\frac{\partial}{\partial t}+v\cdot\nabla\right)\rho$$
$$=\frac{\partial \rho}{\partial t}+v_x\frac{\partial \rho}{\partial x}+v_y\frac{\partial \rho}{\partial y}+v_z\frac{\partial \rho}{\partial z}$$

对于不可压缩流体，则$\frac{\partial \rho}{\partial t}=0$ 。

3.3 流场的直观表示

为了直观地表示流场，人为地引入了迹线(Pathline)、流线(Streamline)和涡线(Vortexline)的概念。

3.3.1 迹线

迹线是流体质点的运动轨迹曲线，迹线给出了同一质点，在不同时刻的空间位置和速度方向。

迹线适于拉格朗日观点，如图 3-2 所示，$M(a, b, c)$为空间中一点，此刻速度为 $\boldsymbol{v}$，M 点随时间 t 的变化空间位置发生变化。其迹线方程为：

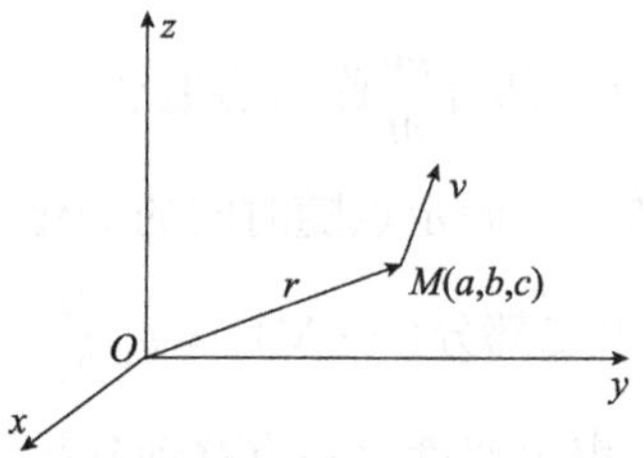

图 3-2　迹线描述

$$x = x(a, b, c, t),\ y = y(a, b, c, t),\ z = z(a, b, c, t) \tag{3-19}$$

而对于欧拉观点，其速度方程为：$v = \dfrac{\mathrm{d}r}{\mathrm{d}t}$

因为 $\boldsymbol{r} = x\boldsymbol{i} + y\boldsymbol{j} + z\boldsymbol{k}$，故有：

$$\frac{\mathrm{d}\boldsymbol{r}}{\mathrm{d}t} = \frac{\mathrm{d}x}{\mathrm{d}t}\boldsymbol{i} + \frac{\mathrm{d}y}{\mathrm{d}t}\boldsymbol{j} + \frac{\mathrm{d}z}{\mathrm{d}t}\boldsymbol{k} = v_x\boldsymbol{i} + v_y\boldsymbol{j} + v_z\boldsymbol{k}$$

所以：

$$\begin{aligned} \frac{\mathrm{d}x}{\mathrm{d}t} &= v_x(x, y, z, t) \\ \frac{\mathrm{d}y}{\mathrm{d}t} &= v_y(x, y, z, t) \\ \frac{\mathrm{d}z}{\mathrm{d}t} &= v_z(x, y, z, t) \end{aligned} \tag{3-20a}$$

其迹线方程为：

$$\frac{\mathrm{d}x}{v_x(x, y, z, t)} = \frac{\mathrm{d}y}{v_y(x, y, z, t)} = \frac{\mathrm{d}z}{v_z(x, y, z, t)} = \mathrm{d}t \tag{3-20b}$$

式中，t 是时间，x，y，z 是 t 的函数，即表示相同流体质点在不同时刻的运动轨迹，积分后在所得的表达式中消去时间 t 后，即得到迹线方程。

3.3.2　流线

流线是在同一时刻由不同流体质点所组成的曲线，它给出该时刻不同流体质点的运动方向，在每一瞬时，该曲线上各流体质点的速度总是在该点与曲线相切，即在该点的速度方向与曲线切线方向重合。流线是一假想曲线，就像磁力线一样，是利用矢量线来几何地表示一个矢量场，如图 3-3 所示。

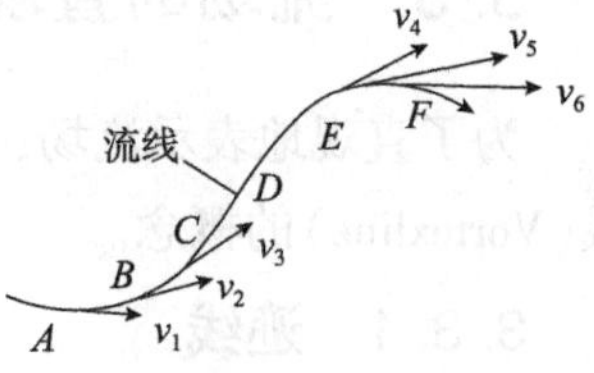

图 3-3　流线

（1）流线特征

①除了在速度为零和无穷大的那些点以外，经过空间一点只有一条流线，即流线不能相交。

②流场中每一点都有流线通过，所有的流线形成流线谱。

③稳态流动时流线的形状和位置不随时间变化，并与迹线重合，非稳态流动时流线的形状和位置是随时间变化的。

（2）流线方程

如图3－4所示，设 r 是流线上某点的位置矢径，$\boldsymbol{v}$ 是流体在该点的速度矢量，根据流线的定义，由于速度与流线相切，所以流线微元段对应的矢径增量 $\mathrm{d}\boldsymbol{r}$ 必然与该点的速度 $\boldsymbol{v}$ 平行，由于两个平行矢量的乘积为零，所以有：

$$\boldsymbol{v} \times \mathrm{d}\boldsymbol{r} = \boldsymbol{0} \tag{3-21a}$$

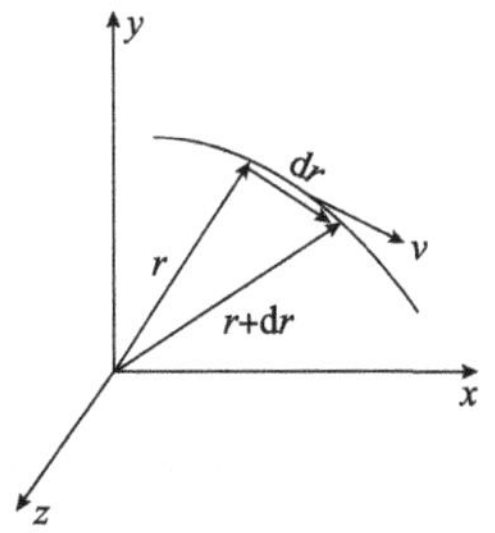

图3－4　流线上的矢径增量与质点速度

上式即为流线方程的矢量表达式。

因为：

$$\boldsymbol{v} = v_x\boldsymbol{i} + v_y\boldsymbol{j} + v_z\boldsymbol{k}$$

$$\mathrm{d}\boldsymbol{r} = \mathrm{d}x\boldsymbol{i} + \mathrm{d}y\boldsymbol{j} + \mathrm{d}z\boldsymbol{k}$$

所以有：

$$\boldsymbol{v} \times \mathrm{d}\boldsymbol{r} = \begin{vmatrix} \boldsymbol{i} & \boldsymbol{j} & \boldsymbol{k} \\ v_x & v_y & v_z \\ \mathrm{d}x & \mathrm{d}y & \mathrm{d}z \end{vmatrix} = \boldsymbol{0}$$

展开得：

$$v_x\mathrm{d}y - v_y\mathrm{d}x = 0$$

$$v_y\mathrm{d}z - v_z\mathrm{d}y = 0$$

$$v_z\mathrm{d}x - v_x\mathrm{d}z = 0$$

由此可得流线微分方程为：

$$\frac{\mathrm{d}x}{v_x} = \frac{\mathrm{d}y}{v_y} = \frac{\mathrm{d}z}{v_z} \tag{3-21b}$$

此式可写成三个方程，但其中只有两个是独立的，由于流线是对同一时刻而言的，所以在求积分时，视变量 t 为常数，对坐标变量进行积分，可得到两个曲面方程，这两个曲面的交线便是流线。

3.3.3　流线与迹线的关系

迹线和流线是两个具有不同内容和意义的曲线，主要表现在：

①它们在流场中的方程形式是相同的，但有本质的区别。

②迹线是与时间过程有关的曲线，描述的是一个流体质点在一段时间内由一点运动到另一点的轨迹。流线是流场中瞬时曲线，描述的是某一瞬时，处在该曲线上的众多流体质点的运动方向。

③迹线是同一质点在不同时刻的空间位置连成的曲线，它与拉格朗日观点相联系，而流线则是同一时刻不同质点所组成的曲线，它是与欧拉观点相联系的。

④对于定常流动，迹线和流线方程中均不含时间 t，微分方程完全相同，积分结果一样，即流线与迹线重合，且不随时间变化；对于非定常流动，流体质点总有自己确定的迹线，而通过任意一点的流线在不同时刻可能有不同的形状，因而流线不一定始终和迹线重合。

3.4 流体微团运动分析

一般来说，流体微团在运动过程中大小和形状都会发生改变。对于一个流体微团来说，如果它所有的点都具有相同的速度，即其速度梯度为零，这个流体微团只可能做平动；如果存在速度梯度，由于各个流体质点运动速度不相同，那么该微团在平动的同时还可能发生伸长旋转和变形。如图 3-5 所示，某一流体微团从 t_0 时刻的位置移动到 $t_0+\delta t$ 时刻的新位置，在平动的同时，它的体积增大了(有线变形)，发生了旋转，形状也改变了(有角变形)。整个运动和变形是同时发生的，因此可以把一个复杂的运动用平动、线变形、角变形和旋转四个简单的运动合成。

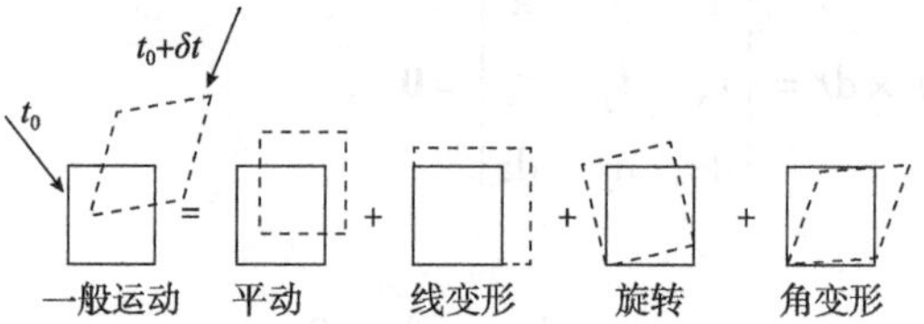

图 3-5 流体微团的运动和形变

通常在解决空间问题时，由于空间单元体各面相互垂直，互不相关，因此可先解决某一平面问题，并按同理推扩到解决其他平面问题，进而通过叠加原理解决空间问题。在平面上运动的液体微团，假定在某瞬时 t，流体微团 $ABCD$ 为矩形，如图 3-6 所示，$A(x_0, y_0)$点的速度为 $\boldsymbol{v}=v_x\boldsymbol{i}+v_y\boldsymbol{j}$，与点 A 相距微小矢径 $\mathrm{d}\boldsymbol{r}$

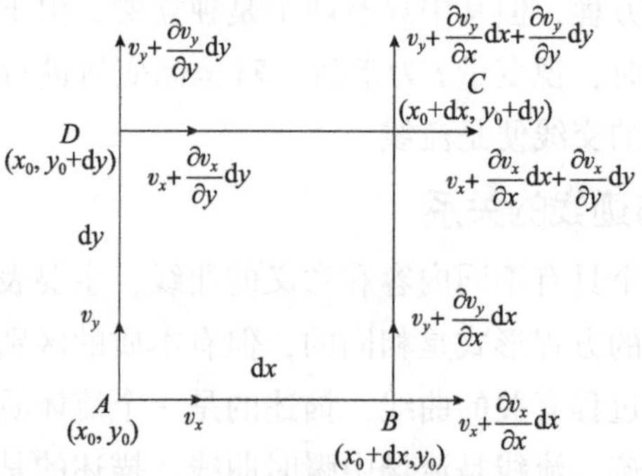

图 3-6 流体速度平面运动的速度分布

的点 $C(x_0+\mathrm{d}x,\ y_0+\mathrm{d}y)$ 的速度，可利用泰勒级数展开，并略去高于一阶的无穷小量，得：

$$v_{Cx}=v_x+\frac{\partial v_x}{\partial x}\mathrm{d}x+\frac{\partial v_x}{\partial y}\mathrm{d}y$$
$$v_{Cy}=v_y+\frac{\partial v_y}{\partial x}\mathrm{d}x+\frac{\partial v_y}{\partial y}\mathrm{d}y \tag{3-22}$$

对于 $B(x_0+\mathrm{d}x,\ y_0)$ 点的速度：

$$v_{Bx}=v_x+\frac{\partial v_x}{\partial x}\mathrm{d}x$$
$$v_{By}=v_y+\frac{\partial v_y}{\partial x}\mathrm{d}x \tag{3-23}$$

对于 $D(x_0,\ y_0+\mathrm{d}y)$ 点的速度：

$$v_{Dx}=v_x+\frac{\partial v_x}{\partial y}\mathrm{d}y$$
$$v_{Dy}=v_y+\frac{\partial v_y}{\partial y}\mathrm{d}y \tag{3-24}$$

由于微团上各点速度的差异，经过 $\mathrm{d}t$ 时间后，微团的位置与形状会发生变化。

3.4.1 平动

从图 3-7 中可知，流体微团上 A、B、C、D 各点的速度分量中均有 v_x 和 v_y 两项，将此速度分离出来(即只有 v_x、v_y 速度存在)，经过 $\mathrm{d}t$ 时间后，矩形微团 $ABCD$ 将向右，向上分别移动 $v_x\mathrm{d}t$、$v_y\mathrm{d}t$ 的距离，得其形状不变，此为平动(Translation)。即平动方程为：

$$u=v_x\mathrm{d}t$$
$$v=v_y\mathrm{d}t \tag{3-25}$$

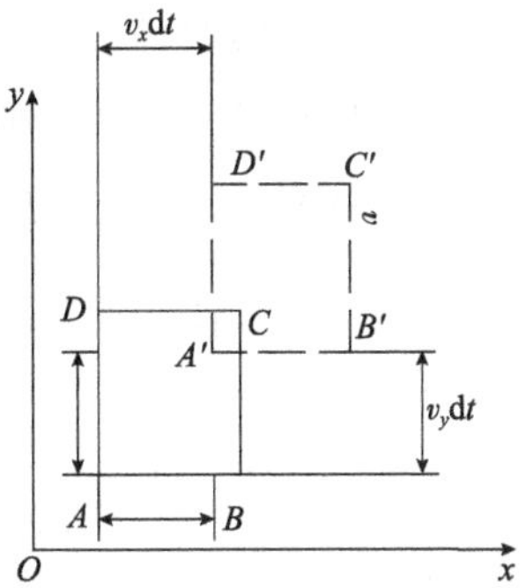

图 3-7 平动

3.4.2 线变形

如图 3-8 所示，点 B 在跟随点 A 作移动的同时，还以速度差 $\frac{\partial v_x}{\partial x}\mathrm{d}x$ 沿 x 方向对点 A 做相对运动，经 $\mathrm{d}t$ 时间，$\mathrm{d}x$ 伸长了 $\frac{\partial v_x}{\partial x}\mathrm{d}x\cdot\mathrm{d}t$。

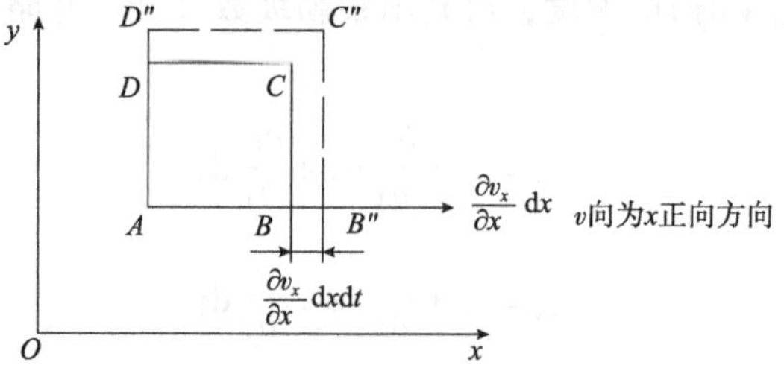

图3-8 线变形

(1)线变形速率

单位时间、单位长度的伸长(或缩短)量称为线变形速率(Line deformation rate)。在 x、y、z 方向上的线变形速率分别用 ε_{xx}、ε_{yy}、ε_{zz} 表示，则：

$$\varepsilon_{xx}=\frac{\frac{\partial v_x}{\partial x}\mathrm{d}x\mathrm{d}t}{\mathrm{d}x\mathrm{d}t}=\frac{\partial v_x}{\partial x} \tag{3-26a}$$

$$\varepsilon_{yy}=\frac{\frac{\partial v_y}{\partial y}\mathrm{d}y\mathrm{d}t}{\mathrm{d}y\mathrm{d}t}=\frac{\partial v_y}{\partial y} \tag{3-26b}$$

$$\varepsilon_{zz}=\frac{\frac{\partial v_z}{\partial z}\mathrm{d}z\mathrm{d}t}{\mathrm{d}z\mathrm{d}t}=\frac{\partial v_z}{\partial z} \tag{3-26c}$$

(2)体积膨胀速率

单位时间内流体微团单位体积的变化称为体积膨胀速率(Volume expansion rate)。若假定在 t 瞬时，流体微团的体积为 $\mathrm{d}x\mathrm{d}y\mathrm{d}z$，而在 $(t+\mathrm{d}t)$ 瞬时，由于线变形，该流体微团的体积为 $\left(\mathrm{d}x+\frac{\partial v_x}{\partial x}\mathrm{d}x\mathrm{d}t\right)\left(\mathrm{d}y+\frac{\partial v_y}{\partial y}\mathrm{d}y\mathrm{d}t\right)\left(\mathrm{d}z+\frac{\partial v_z}{\partial z}\mathrm{d}z\mathrm{d}t\right)$，当略去部分无穷小量，则体积膨胀速率为：

$$\frac{\left(\mathrm{d}x+\frac{\partial v_x}{\partial x}\mathrm{d}x\mathrm{d}t\right)\left(\mathrm{d}y+\frac{\partial v_y}{\partial y}\mathrm{d}y\mathrm{d}t\right)\left(\mathrm{d}z+\frac{\partial v_z}{\partial z}\mathrm{d}z\mathrm{d}t\right)-\mathrm{d}x\mathrm{d}y\mathrm{d}z}{\mathrm{d}x\mathrm{d}y\mathrm{d}z\mathrm{d}t}=\frac{\partial v_x}{\partial x}+\frac{\partial v_y}{\partial y}+\frac{\partial v_z}{\partial z}=\varepsilon_{xx}+\varepsilon_{yy}+\varepsilon_{zz}$$

可见，体积膨胀速率等于线变形速率之和。对于不可压缩流体，流体微团的体积不会发生变化，因此体积膨胀速率为零，即

$$\varepsilon_{xx}+\varepsilon_{yy}+\varepsilon_{zz}=\frac{\partial v_x}{\partial x}+\frac{\partial v_y}{\partial y}+\frac{\partial v_z}{\partial z}=0 \tag{3-27}$$

因此，不可压缩流体运动方程为：

$$\nabla\cdot\boldsymbol{v}=0 \tag{3-28}$$

3.4.3 角变形

如图3-9所示，B 点与 A 点在 y 方向上的速度差为 $\frac{\partial v_y}{\partial x}\mathrm{d}x$，因此 $BB'''=\frac{\partial v_y}{\partial x}$

$dxdt$，由于 dx 很小，并且令 $d\alpha$、$d\beta$ 向内变形为正（与剪应力规定一致），故有：

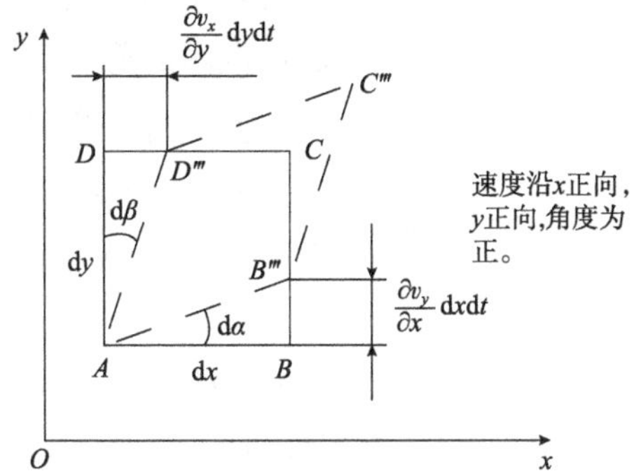

图3-9 角变形

$$d\alpha \cdot dx = \frac{\partial v_y}{\partial x}dx \cdot dt$$

$$d\alpha = \frac{\frac{\partial v_y}{\partial x}dx \cdot dt}{dx} = \frac{\partial v_y}{\partial x}dt \tag{a}$$

同理

$$d\beta = \frac{\frac{\partial v_x}{\partial y}dydt}{dy} = \frac{\partial v_x}{\partial y}dt \tag{b}$$

两条正交流体边单位时间的角度变化称为角变形速率（Angular deformation rate），两条正交流体边单位时间角度变化的平均值（即单边的角变形），称为剪切变形速率。xoy、yoz、zox 平面上的剪切变形速率分别记为 ε_{xy}、ε_{yz}、ε_{zx}。

在 xoy 平面上：

角变化：
$$d\gamma = d\alpha + d\beta = \frac{\partial v_y}{\partial x}dt + \frac{\partial v_x}{\partial y}dt \tag{3-29}$$

角变形速率：
$$\zeta = \frac{d\gamma}{dt} = \frac{\partial v_y}{\partial x} + \frac{\partial v_x}{\partial y} \tag{3-30}$$

剪切变形速率：
$$\varepsilon_{xy} = \varepsilon_{yx} = \frac{1}{2}\left(\frac{\partial v_y}{\partial x} + \frac{\partial v_x}{\partial y}\right)$$

综上，流体微团剪切变形速率为：

$$\varepsilon_{xy} = \varepsilon_{yx} = \frac{1}{2}\left(\frac{\partial v_y}{\partial x} + \frac{\partial v_x}{\partial y}\right) \tag{3-31a}$$

$$\varepsilon_{yz} = \varepsilon_{zy} = \frac{1}{2}\left(\frac{\partial v_z}{\partial y} + \frac{\partial v_y}{\partial z}\right) \tag{3-31b}$$

$$\varepsilon_{zx}=\varepsilon_{xz}=\frac{1}{2}\left(\frac{\partial v_x}{\partial z}+\frac{\partial v_z}{\partial x}\right) \quad (3-31c)$$

对于黏性流体而言，切应力会引起流体微团的剪切变形。

3.4.4 旋转

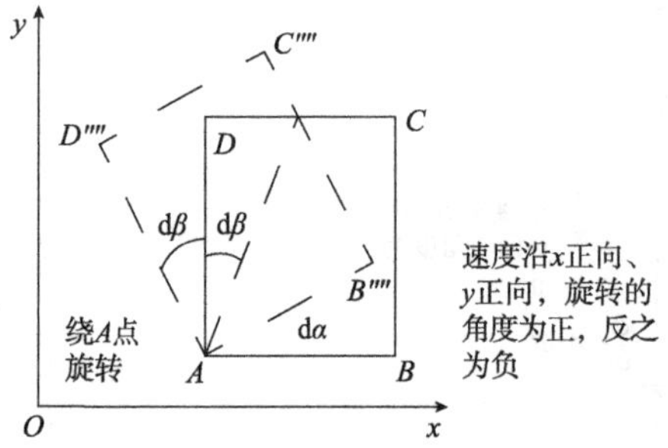

图 3-10 旋转

在旋转(Rotate)运动中，两条互相正交的微元流体边单位时间绕同一转轴旋转角度的平均值(即单边平均旋转的角度)称为流传微团的旋转角速度(Rotate angular velocity)。如图 3-10 所示，则：

$$\mathrm{d}\alpha=\frac{\partial v_y}{\partial x}\mathrm{d}t \quad (a)$$

$$\mathrm{d}\beta=-\frac{\partial v_x}{\partial y}\mathrm{d}t \quad (b)$$

流体微团绕 z 轴的旋转角速度为：

$$\omega_z=\frac{1}{2}\left(\frac{\mathrm{d}\alpha-\mathrm{d}\beta}{\mathrm{d}t}\right)=\frac{1}{2}\left(\frac{\partial v_y}{\partial x}-\frac{\partial v_x}{\partial y}\right) \quad (c)$$

若 $\mathrm{d}\alpha=-\mathrm{d}\beta$，则流体微团只发生旋转；若 $\mathrm{d}\alpha=\mathrm{d}\beta$，则流体微团只发生角变形；一般情况下 $|\mathrm{d}\alpha|\neq|\mathrm{d}\beta|$，则流体微团既会发生角变形又会发生旋转运动。

同理，流体微团绕 x 轴、y 轴、z 轴的旋转角速度为：

$$\begin{cases}\omega_x=\dfrac{1}{2}\left(\dfrac{\partial v_z}{\partial y}-\dfrac{\partial v_y}{\partial z}\right) & (3-32a)\\ \omega_y=\dfrac{1}{2}\left(\dfrac{\partial v_x}{\partial z}-\dfrac{\partial v_z}{\partial x}\right) & (3-32b)\\ \omega_z=\dfrac{1}{2}\left(\dfrac{\partial v_y}{\partial x}-\dfrac{\partial v_x}{\partial y}\right) & (3-32c)\end{cases}$$

式中，ω_x、ω_y、ω_z 是流体微团绕某一瞬时轴旋转的角速度矢量 $\boldsymbol{\omega}$ 的三个分量。

$$\begin{aligned}\boldsymbol{\omega}&=\omega_x\boldsymbol{i}+\omega_y\boldsymbol{j}+\omega_z\boldsymbol{k}\\&=\frac{1}{2}\left(\frac{\partial v_z}{\partial y}-\frac{\partial v_y}{\partial z}\right)\boldsymbol{i}+\frac{1}{2}\left(\frac{\partial v_x}{\partial z}-\frac{\partial v_z}{\partial x}\right)\boldsymbol{j}+\frac{1}{2}\left(\frac{\partial v_y}{\partial x}-\frac{\partial v_x}{\partial y}\right)\boldsymbol{k}\\&=\frac{1}{2}\begin{vmatrix}\boldsymbol{i}&\boldsymbol{j}&\boldsymbol{k}\\ \dfrac{\partial}{\partial x}&\dfrac{\partial}{\partial y}&\dfrac{\partial}{\partial z}\\ v_x&v_y&v_z\end{vmatrix}\end{aligned} \quad (3-33a)$$

根据场论表示法，上式可表示为：

$$\boldsymbol{\omega} = \frac{1}{2}rot\boldsymbol{v} = \frac{1}{2}\nabla\times\boldsymbol{v} \tag{3-33b}$$

3.5 有旋流动与无旋流动

3.5.1 涡量

(1)涡量的定义

流体速度矢量的旋度是涡量，它是描述旋涡运动的物理量，用来量度旋涡运动的强度和方向。

设有速度场 $\boldsymbol{v}$，令：

$$\boldsymbol{\Omega} = \nabla\times\boldsymbol{v} = \begin{vmatrix} \boldsymbol{i} & \boldsymbol{j} & \boldsymbol{k} \\ \frac{\partial}{\partial x} & \frac{\partial}{\partial y} & \frac{\partial}{\partial z} \\ v_x & v_y & v_z \end{vmatrix} \tag{3-34}$$

则称 $\boldsymbol{\Omega}$ 为涡量或旋度，与速度场 $\boldsymbol{v}$ 对应，$\boldsymbol{\Omega}$ 也构成一个场，称为涡量场(Vortex field)，此涡量场是一矢量场，方向符合右手定则，如图 3－11 所示。

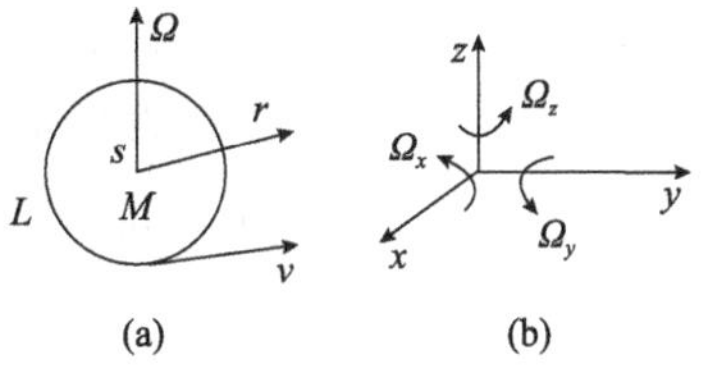

图3－11　涡量

涡量在一个截面 S 上的面积分：$\int_S \boldsymbol{\Omega}\cdot \mathrm{d}\boldsymbol{S} = \int_S \boldsymbol{\Omega}\cdot\boldsymbol{n}\mathrm{d}s$，称为 $\boldsymbol{\Omega}$ 通过该截面的涡通量，表示的是通过某个面积的涡量的总和，即表征该区域的涡强，其中 $\mathrm{d}\boldsymbol{S} = \boldsymbol{n}\mathrm{d}s = (\mathrm{d}s)_x\boldsymbol{i} + (\mathrm{d}s)_y\boldsymbol{j} + (\mathrm{d}s)_z\boldsymbol{k}$，$\boldsymbol{n}$ 是微元面 $\mathrm{d}\boldsymbol{S}$ 的法线单位矢量。

(2)涡量和旋转角速度关系

在研究流体微团运动分析中可知：

$$\boldsymbol{\omega} = \frac{1}{2}\nabla\times\boldsymbol{v}$$

因此有：

$$\boldsymbol{\Omega} = 2\boldsymbol{\omega} = \nabla\times\boldsymbol{v} = rot\boldsymbol{v} \tag{3-35a}$$

涡量同旋转角速度一样，也是点的坐标和时间的函数。在直角坐标系中 $\boldsymbol{v} = v_x\boldsymbol{i} + v_y\boldsymbol{j} + v_z\boldsymbol{k}$，则有：

$$\begin{aligned}\boldsymbol{\Omega} &= \left(\frac{\partial v_z}{\partial y} - \frac{\partial v_y}{\partial z}\right)\boldsymbol{i} + \left(\frac{\partial v_x}{\partial z} - \frac{\partial v_z}{\partial x}\right)\boldsymbol{j} + \left(\frac{\partial v_y}{\partial x} - \frac{\partial v_x}{\partial y}\right)\boldsymbol{k} \\ &= \Omega_x\boldsymbol{i} + \Omega_y\boldsymbol{j} + \Omega_z\boldsymbol{k}\end{aligned} \tag{3-35b}$$

由此可知：

$$\Omega_x = 2\omega_x = \frac{\partial v_z}{\partial y} - \frac{\partial v_y}{\partial z} \tag{3-36a}$$

$$\Omega_y = 2\omega_y = \frac{\partial v_x}{\partial z} - \frac{\partial v_z}{\partial x} \tag{3-36b}$$

$$\Omega_z = 2\omega_z = \frac{\partial v_y}{\partial x} - \frac{\partial v_x}{\partial y} \tag{3-36c}$$

(3)涡线

涡线是各流体微团的瞬时转动轴线，该曲线任一点的切线方向与流体在该点的涡量方向一致，如图 3－12 所示。

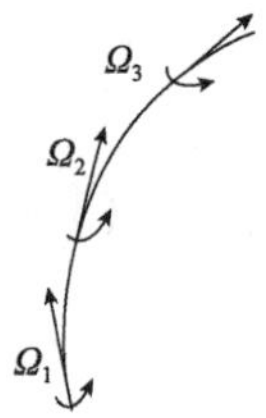

图 3－12　涡线

设 r 是流场空间中某点的矢径，$\boldsymbol{\Omega}$ 是流体在该点的涡量矢量。于是，类似于流线方程，根据涡线定义可以写出涡线方程的矢量表达式：

$$\boldsymbol{\Omega} \times \mathrm{d}\boldsymbol{r} = \boldsymbol{0} \tag{3-37a}$$

其中，$\mathrm{d}\boldsymbol{r}$ 表示沿涡线切线的矢径增量，与该点的涡量矢量 $\boldsymbol{\Omega}$ 是平行的，所以两者矢量乘积为 $\boldsymbol{0}$。

在直角坐标系中，将矢量式 $\boldsymbol{\Omega} \times \mathrm{d}\boldsymbol{r} = 0$ 展开得到涡线微分方程(Vorticity differential equation)：

$$\frac{\mathrm{d}x}{\Omega_x} = \frac{\mathrm{d}y}{\Omega_y} = \frac{\mathrm{d}z}{\Omega_z} \tag{3-37b}$$

若流动为非定常，涡线的形状和位置是随时间变化的，积分涡线微分方程时，t 作为参变量；若流动定常，涡线的形状和位置保持不变，涡线微分方程中没有时间变量 t。

3.5.2　有旋流动与无旋流动

(1)有旋流动

涡量是表明流体旋转运动的一个物理量。若流体流动中 $\boldsymbol{\Omega} \neq 0$，即 Ω_x、Ω_y、Ω_z 三个分量中只要有一个不为零，则称该流动为有旋流动(Rotational flow)，又称为旋涡运动(Vortex flow)。

根据涡量的定义，分别对 Ω_x、Ω_y、Ω_z 求偏导再相加，必然有：

$$\frac{\partial \Omega_x}{\partial x} + \frac{\partial \Omega_y}{\partial y} + \frac{\partial \Omega_z}{\partial z} = 0 \tag{3-38a}$$

或

$$\nabla \cdot \boldsymbol{\Omega} = \nabla \cdot (\nabla \times \boldsymbol{v}) = \boldsymbol{0} \tag{3-38b}$$

上式称为涡量的连续方程，它表明涡量的散度为 0，正如 $\nabla \cdot \boldsymbol{v} = \boldsymbol{0}$ 为不可压缩流体的速度连续方程一样。

(2)无旋流动

在任意时刻，若流场中速度旋度或涡量处处为 0，即：

$$\boldsymbol{\Omega} = \nabla \times \boldsymbol{v} = \mathbf{0} \tag{3-39a}$$

或

$$\Omega_x = \Omega_y = \Omega_z = 0 \tag{3-39b}$$

则该流场称为无旋流场。

实际流场的某些区域在很多情况下都非常接近于无旋流动，因此可以被简化成无旋流动(No swirl flow)来处理。无旋流动速度有势，加速度有势。

(3)有旋流动与无旋流动的特点

①从流体自旋转角度讲，在流体流动中，有旋流动的流体质点具有绕其自身轴旋转的运动。无旋流动中，每个质点都不存在绕其自身轴旋转的运动，亦即它们的涡量分量 ω_x、ω_y 及 ω_z 都等于零。

②从流体运动角度讲，一般来说，黏性流体的流动是有旋的，而理想流体的流动可能是无旋的，也可能是有旋的。流动是有旋还是无旋，是根据流体微团本身是否旋转来确定的，而不是根据流体质点的运动轨迹是否弯曲来判定的，如果流体质点只是共同绕某一轴旋转，而其本身不旋转的，则不叫涡。因此，有涡或有旋运动的必要和充分条件是流体质点必须绕自身轴旋转。

如图 3-13 所示，质点沿 x 轴向运动，其速度分布为：$v_x = ay$，$v_y = 0$，$v_z = 0$。在这种直线流动中，因不同流体层的速度有差别，其运动是有旋的。这可由直线速度分布来计算绕 z 轴的角速度分量，即：

$$\omega_z = \frac{1}{2}\left(\frac{\partial v_y}{\partial x} - \frac{\partial v_x}{\partial y}\right) = \frac{1}{2}(0 - a) = -\frac{a}{2}$$

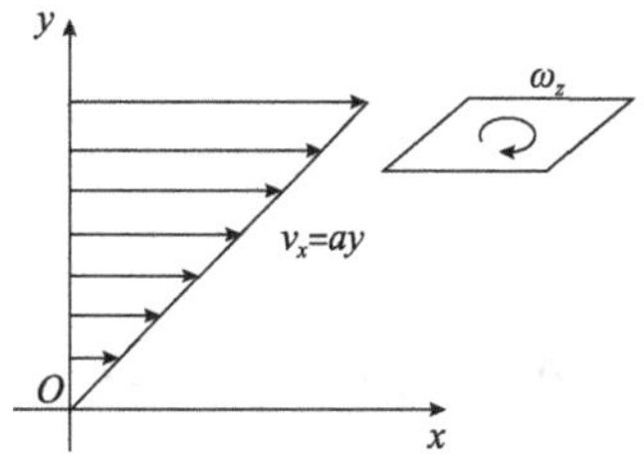

图 3-13　直线流动的有旋流动

当常数 a 为正值时，ω_z为负，对于右手螺旋法则，则表示质点沿顺时针方向旋转。

再如：一群流体质点，绕某瞬时轴像刚体一样旋转，这一群质点的运动规律与刚体转动规律相同。这群质点不但共同绕某一瞬时轴旋转，而且它们还绕自身轴旋转(即自转)，如图 3-14 所示，流场内速度分布按刚体转动规律，则为：$\boldsymbol{v} = \boldsymbol{\omega r}$。

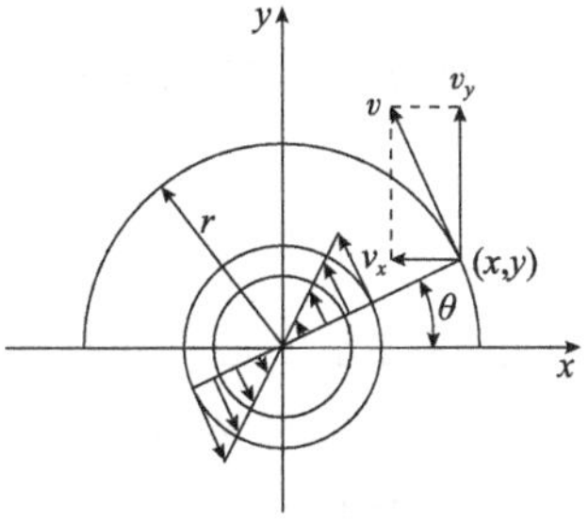

图 3-14　旋转流动

由图 3-14 可知，其分速度为：

$$v_x = -v\sin\theta = -\omega r\frac{y}{r} = -\omega y$$

$$v_y = v\cos\theta = \omega r\frac{x}{r} = \omega x$$

其角速度分量为：

$$\omega_z = \frac{1}{2}\left(\frac{\partial v_y}{\partial x} - \frac{\partial v_x}{\partial y}\right) = \frac{1}{2}[\omega - (-\omega)] = \omega$$

可见，流场中各质点均有相同的自转角速度，且与公转的角速度 ω 相等。但其不绕自身轴旋转，所以不是涡。

流体微团旋转运动而产生的涡旋，一方面涡旋的产生伴随着机械能的耗损，使其相对物体产生流体阻力或降低机械效率；另一方面，机翼依靠涡旋获得举力等。

3.6 速度环量、斯托克斯公式、高斯公式、汤姆孙定理

3.6.1 速度环量

(1)环量概念

如图 3－15 所示，在有向曲线 $\boldsymbol{l}$ 上取一弧元素 $\mathrm{d}\boldsymbol{l}$，当质点运动经过 $\mathrm{d}\boldsymbol{l}$ 时，场力 $\boldsymbol{F}$ 所做的功 $\boldsymbol{W}$ 为：

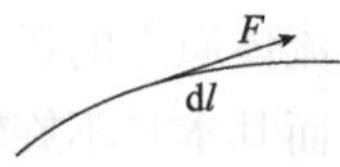

图 3－15 环量概念

$$\mathrm{d}\boldsymbol{W}=\boldsymbol{F}_{\mathrm{t}}\cdot\mathrm{d}\boldsymbol{l} \tag{3-40}$$

沿封闭曲线运转一周所做的功：

$$\boldsymbol{W}=\oint_l \boldsymbol{F}_t\mathrm{d}l=\oint_l \boldsymbol{F}\cdot\mathrm{d}\boldsymbol{l} \tag{3-41}$$

$\boldsymbol{W}$ 即为力 $\boldsymbol{F}$ 的环量。

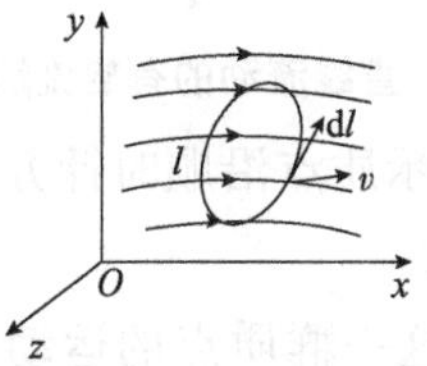

图 3－16 速度环量

(2)速度环量

在流场中任取封闭曲线 l，速度 $\boldsymbol{v}$ 沿该封闭曲线的线积分称为速度沿封闭曲线 l 的环量，简称速度环量(Speed loop)，如图 3－16 所示，速度环量用 Γ 表示，即：

$$\Gamma=\oint_l \boldsymbol{v}\cdot\mathrm{d}\boldsymbol{l}=\oint_l v_x\mathrm{d}x+v_y\mathrm{d}y+v_z\mathrm{d}z \tag{3-42}$$

式中，$\mathrm{d}\boldsymbol{l}=\mathrm{d}x\boldsymbol{i}+\mathrm{d}y\boldsymbol{j}+\mathrm{d}z\boldsymbol{k}$ 是封闭曲线 l 上的微元弧长矢量，$\boldsymbol{v}$ 是 l 上的速度矢量。速度环量的正负不仅与流场的速度方向有关，而且与积分时所去的绕行方向有关。因此规定，逆时针方向为 l 的正方向，即封闭曲线所包围的区域总在前进方向的左侧，反之为负。

3.6.2 斯托克斯公式

设 Γ 为分段光滑的空间有向闭曲线，Σ 是以 Γ 为边界的分片光滑的有向曲面，Γ 的正向与 Σ 符合右手规则，函数 $P(x, y, z)$，$Q(x, y, z)$，$R(x, y, z)$，在包含曲线 Σ 在内的一个空间区域内具有一阶连续偏导数，则有：

$$\iint_{\Sigma}\left(\frac{\partial R}{\partial y}-\frac{\partial Q}{\partial z}\right)\mathrm{d}y\mathrm{d}z+\left(\frac{\partial P}{\partial z}-\frac{\partial R}{\partial x}\right)\mathrm{d}z\mathrm{d}x+\left(\frac{\partial Q}{\partial x}-\frac{\partial P}{\partial y}\right)\mathrm{d}x\mathrm{d}y=\oint_{\Gamma}P\mathrm{d}x+Q\mathrm{d}y+R\mathrm{d}z$$

或写成：
$$\oint_{\Gamma}P\mathrm{d}x+Q\mathrm{d}y+R\mathrm{d}z=\iint_{\Sigma}\begin{vmatrix}\mathrm{d}y\mathrm{d}z & \mathrm{d}z\mathrm{d}x & \mathrm{d}x\mathrm{d}y\\ \frac{\partial}{\partial x} & \frac{\partial}{\partial y} & \frac{\partial}{\partial z}\\ P & Q & R\end{vmatrix}$$

或矢量式：
$$\oint_{\Gamma}\boldsymbol{v}\cdot\mathrm{d}\boldsymbol{l}=\iint_{\Sigma}(\nabla\times\boldsymbol{v})\cdot\mathrm{d}\boldsymbol{S}=\iint_{\Sigma}\boldsymbol{\Omega}\cdot\mathrm{d}\boldsymbol{S}\tag{3-43}$$

此式即环量与涡量的关系。

或矢量式：
$$\oint_{\Gamma}\boldsymbol{v}\cdot\mathrm{d}\boldsymbol{l}=\iint_{\Sigma}\mathrm{rot}\boldsymbol{v}\cdot\boldsymbol{n}\mathrm{d}s\tag{3-44}$$

此式即表示了环量与旋度的关系。

3.6.3　高斯公式(Gaussian formula)

设空间闭区域 $\boldsymbol{\Omega}$ 是由分片光滑的闭曲面 $\boldsymbol{\Sigma}$ 所围成，函数 $P(x, y, z)$，$Q(x, y, z)$，$R(x, y, z)$，在 $\boldsymbol{\Omega}$ 上具有一阶连续方向导数，则：

$$\oiint_{\Sigma}P\mathrm{d}y\mathrm{d}z+Q\mathrm{d}z\mathrm{d}x+R\mathrm{d}x\mathrm{d}y=\iiint_{\Omega}\left(\frac{\partial P}{\partial x}+\frac{\partial Q}{\mathrm{d}y}+\frac{\partial R}{\mathrm{d}z}\right)\mathrm{d}V$$

或矢量式
$$\oiint_{\Sigma}\boldsymbol{v}\cdot\mathrm{d}\boldsymbol{S}=\iiint_{\Omega}(\nabla\cdot\boldsymbol{v})\mathrm{d}V\tag{3-45}$$

此式即表示了通量与散度的关系。

3.6.4　汤姆孙定理

正压的理想流体在有势的质量力作用下，沿任何由流体质点组成的封闭曲线(该线在运动过程中始终由同样的流体质点组成)的速度环量不随时间变化，即

$$\frac{\mathrm{d}\Gamma}{\mathrm{d}t}=0\ 或\ \Gamma=\mathrm{const}\tag{3-46}$$

由汤姆孙定理(Thomson theorem)和斯托克斯公式(Stokes formula)可知，正压的理想流体在有势的质量力作用下，速度环量和旋涡不能自行产生，也不能自行消灭。这是由于理想流体无黏性，不存在切应力，不能传递旋转运动；既不能使不旋转的流体微团旋转，也不能使旋转的流体微团停止旋转。这样，流场中原来有旋涡和速度环量的，将保持有旋涡和速度环量，原来没有旋涡和速度环量的，就永远没有旋涡和速度环量。流场中也会出现没有速度环量但有旋涡的情况，此时旋涡是成对出现的，每对旋涡的强度相等而旋转方向相反。

题与解

习题 3－1　设流场的速度分布为

$$v_x = 4t - \frac{2y}{x^2 + y^2}$$

$$v_y = \frac{2x}{x^2 + y^2}$$

试求：(1)当地加速度。

(2)当 $t=0$ 时，过(1，1)点上流体质点的加速度。

解：(1) $$\frac{\partial v_x}{\partial t} = 4,\ \frac{\partial v_y}{\partial t} = 0$$

(2) $$a_x = \frac{dv_x}{dt} = \frac{\partial v_x}{\partial t} + v_x \frac{\partial v_x}{\partial x} + v_y \frac{\partial v_x}{\partial y}$$

$$= 4 + \left(4t - \frac{2y}{x^2 + y^2}\right)\left[\frac{4xy}{(x^2 + y^2)^2}\right] + \frac{2x}{x^2 + y^2}\left[\frac{2(y^2 - x^2)}{(x^2 + y^2)^2}\right]$$

$$a_y = \frac{dv_y}{dt} = \frac{\partial v_y}{\partial t} + v_x \frac{\partial v_y}{\partial x} + v_y \frac{\partial v_y}{\partial y}$$

$$= 0 + \left(4t - \frac{2y}{x^2 + y^2}\right)\left[\frac{2(y^2 - x^2)}{(x^2 + y^2)}\right] + \frac{2x}{x^2 + y^2}\left[\frac{-4xy}{(x^2 + y^2)^2}\right]$$

当 $t=0$，$x=1$，$y=1$ 时，有：

$$a_x = \frac{dv_x}{dt} = 4 - 1 + 0 = 3$$

$$a_y = \frac{dv_y}{dt} = 0 + 0 - 1 = -1$$

加速度 $$a = \frac{dv}{dt} = \frac{dv_x}{dt}i + \frac{dv_y}{dt}j = 3i - j$$

习题 3-2 设有一平面流场，其速度表达式是 $v_x = x + t$，$v_y = -y + t$，$v_z = 0$，求 $t=0$ 时，过(-1，-1)点的流线和迹线。

解：(1)流线的微分方程

$$\frac{dx}{x + t} = \frac{dy}{-y + t}$$

式中 t 是参数，积分得：

$$(x + t)(-y + t) = c$$

以 $t=0$ 时，$x=-1$，$y=-1$ 代入上式，可确定积分常数 $c=-1$，所以所求流线方程为：

$$xy = 1$$

这是一条双曲线，据题意所求流线应是第三象限的分支曲线。

(2)迹线应满足的方程

$$\frac{dx}{dt} = x + t,\ \frac{dy}{dt} = -y + t$$

这里 t 是自变量，以上两方程的解分别为：

$$x=c_1e^t-t-1,\ y=c_2e^{-t}+t-1$$

以 $t=0$ 时，$x=y=-1$ 代入得 $c_1=c_2=0$，消去 t 后得：

$$x+y=-2$$

这是一条直线。

习题3－3　已知流场中的速度分布为：

$$v_x=yz+t$$

$$v_y=xz-t$$

$$v_z=xy$$

(1)试问此流动是否恒定。

(2)求流体质点在通过场中(1，1，1)点时的加速度。

解：(1)由于速度场与时间 t 有关，该流动为非恒定流动。

(2)　$$a_x=\frac{\partial v_x}{\partial t}+\frac{\partial v_x}{\partial x}v_x+\frac{\partial v_x}{\partial y}v_y+\frac{\partial v_x}{\partial z}v_z=1+z(xz-t)+x(xy)$$

$$a_y=\frac{\partial v_y}{\partial t}+\frac{\partial v_y}{\partial x}v_x+\frac{\partial v_y}{\partial y}v_y+\frac{\partial v_y}{\partial z}v_z=-1+z(yz+t)+x(xy)$$

$$a_z=\frac{\partial v_z}{\partial t}+\frac{\partial v_z}{\partial x}v_x+\frac{\partial v_z}{\partial y}v_y+\frac{\partial v_z}{\partial z}v_z=y(yz+t)+x(xz-y)$$

将 $x=1$，$y=1$，$z=1$ 代入上式，得：

$$\begin{cases}a_x=3-t\\a_y=1+t\\a_z=2\end{cases}$$

习题3－4　已知二维流场的速度分布为 $v_x=-6y$，$v_y=8x$，试求绕圆 $x^2+y^2=R^2$ 的速度环量。

解：此题用极坐标求解比较方便，取坐标系如图3－17所示。坐标变换为 $x=r\cos\theta$，$y=r\sin\theta$，速度变换为 $v_r=v_x\cos\theta+v_y\sin\theta$，$v_\theta=v_y\cos\theta-v_x\sin\theta$，

则 $v_\theta=8r\cos^2\theta+6r\sin^2\theta$。

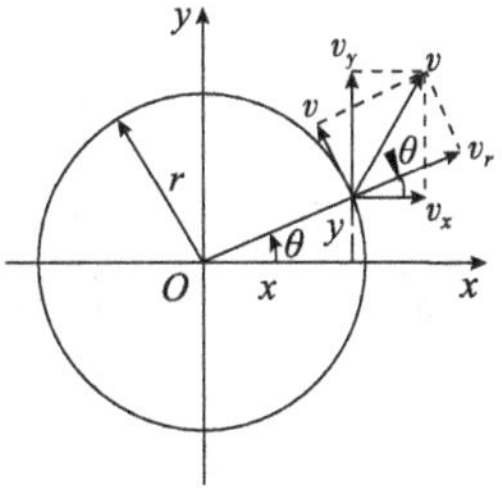

图3－17　习题3－4图

$$\Gamma=\int_0^{2\pi}(8r\cos^2\theta+6r\sin^2\theta)r\mathrm{d}\theta=2r^2\int_0^{2\pi}(4\cos^2\theta+3\sin^2\theta)\mathrm{d}\zeta$$

$$=12\pi r^2+2r^2\int_0^{2\pi}\cos^2\theta\mathrm{d}\theta=14\pi r^2$$

习题3－5　有一段收缩管如图3－18所示。已知 $u_1=8\text{m/s}$，$u_2=2\text{m/s}$，$l=1.5\text{m}$。试求点2处的迁移加速度。

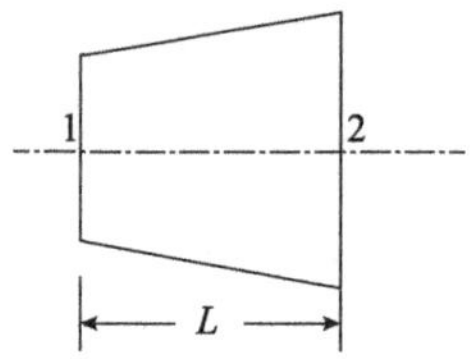

图3-18　习题3-5图

解：由已知条件可知流场的迁移加速度为：

$$a_x = u_x \frac{\partial u_x}{\partial x}$$

其中：

$$\frac{\partial u_x}{\partial x} = \frac{u_1 - u_2}{l} = \frac{6}{1.5} = 4$$

则点2处的迁移加速度为：

$$a_x = u_2 \frac{\partial u_x}{\partial x} = 2 \times 4 = 8\text{m/s}^2$$

习题3-6　给定速度场：$v = (6 + 2xy + t^2)\boldsymbol{i} - (xy^2 + 10t)\boldsymbol{j} + 25\boldsymbol{k}$。试求流体质点在位置(3，0，2)处的加速度。

解：根据质点导数定义，流体质点的加速度为：

$$a = \frac{\mathrm{d}v}{\mathrm{d}t} = \frac{\partial v}{\partial t} + \frac{\partial v}{\partial x}\frac{\mathrm{d}x}{\mathrm{d}t} + \frac{\partial v}{\partial y}\frac{\mathrm{d}y}{\mathrm{d}t} + \frac{\partial v}{\partial z}\frac{\mathrm{d}z}{\mathrm{d}t}$$

根据速度分布式有：

$$\frac{\partial v}{\partial t} = 2t\boldsymbol{i} - 10\boldsymbol{j},\ \frac{\partial v}{\partial x} = 2y\boldsymbol{i} - y^2\boldsymbol{j},\ \frac{\partial v}{\partial y} = 2x\boldsymbol{i} - 2xy\boldsymbol{j},\ \frac{\partial v}{\partial z} = 0$$

所以加速度矢量为：

$$\begin{aligned} a &= (2t\boldsymbol{i} - 10\boldsymbol{j}) + (6 + 2xy + t^2)(2y\boldsymbol{i} - y^2\boldsymbol{j}) - (xy^2 + 10t)(2x\boldsymbol{i} - 2xy\boldsymbol{j}) \\ &= -58t\boldsymbol{i} - 10\boldsymbol{j} \end{aligned}$$

习题3-7　已知速度场为 $v = xt\boldsymbol{i} + yt\boldsymbol{j} + zt\boldsymbol{k}$，温度场为 $T = At^2/(x^2 + y^2 + z^2)$，其中 A 为常数。试求：流场$(x，y，z)$点处的温度变化率和流体加速度。

解：　$\frac{\partial T}{\partial t} = \frac{2At}{(x^2 + y^2 + z^2)}$；$a_x = \frac{\partial v_x}{\partial t} = x$；$a_y = \frac{\partial v_y}{\partial t} = y$；$a_z = \frac{\partial v_z}{\partial t} = z$

习题3-8　已知平面流动的速度为 $u = \frac{B}{2\pi}\frac{y}{(x^2 + y^2)}\boldsymbol{i} + \frac{B}{2\pi}\frac{x}{(x^2 + y^2)}\boldsymbol{j}$，式中 B 为常数，求流线方程。

解：由已知条件可知平面流动的速度分量：

$$\begin{cases} u_x = \dfrac{B}{2\pi}\dfrac{y}{(x^2 + y^2)} \\ u_y = \dfrac{B}{2\pi}\dfrac{x}{(x^2 + y^2)} \end{cases}$$

代入流线微分方程中，则：

$$\frac{\mathrm{d}x}{y} = \frac{\mathrm{d}y}{x}$$

解得流线方程：

$$x^2 - y^2 = c$$

习题3-9 下列流线方程所代表的流场，哪个是有旋运动？(1)$2Axy=C$；(2)$Ax+By=C$；(3)$A\ln xy^2=C$。

解：由流线方程即为流函数的等值线方程，可得：

(1)速度分布

$$\begin{cases}u_x=\dfrac{\partial\varphi}{\partial y}=x\\u_y=-\dfrac{\partial\varphi}{\partial x}=-y\end{cases}$$

旋转角速度

$$\omega_z=\frac{1}{2}\left(\frac{\partial u_y}{\partial x}-\frac{\partial u_x}{\partial y}\right)=\frac{1}{2}(0-0)=0$$

可知

$$\boldsymbol{\omega}=\omega_x\boldsymbol{i}+\omega_y\boldsymbol{j}+\omega_z\boldsymbol{k}=0$$

故为无旋流动。

(2)速度分布

$$\begin{cases}u_x=\dfrac{\partial\varphi}{\partial y}=B\\u_y=-\dfrac{\partial\varphi}{\partial x}=-A\end{cases}$$

旋转角速度

$$\omega_z=\frac{1}{2}\left(\frac{\partial u_y}{\partial x}-\frac{\partial u_x}{\partial y}\right)=\frac{1}{2}(0-0)=0$$

可知

$$\boldsymbol{\omega}=\omega_x\boldsymbol{i}+\omega_y\boldsymbol{j}+\omega_z\boldsymbol{k}=0$$

故为无旋流动。

(3)速度分布

$$\begin{cases}u_x=\dfrac{\partial\varphi}{\partial y}=\dfrac{2}{y}\ln xy^2\\u_y=-\dfrac{\partial\varphi}{\partial x}=-\dfrac{1}{x}\ln xy^2\end{cases}$$

旋转角速度

$$\omega_z=\frac{1}{2}\left(\frac{\partial u_y}{\partial x}-\frac{\partial u_x}{\partial y}\right)=\frac{1}{2}\left[\frac{1}{x^2}(\ln xy^2-1)-\frac{2}{y^2}(2-\ln xy^2)\right]\neq0$$

可知

$$\boldsymbol{\omega}=\omega_x\boldsymbol{i}+\omega_y\boldsymbol{j}+\omega_z\boldsymbol{k}\neq0$$

故为有旋流动。

习题3-10 已知流场速度分布为 $ux=-cx$，$uy=-cy$，$uz=0$，c 为常数。

求：(1)求欧拉加速度 a；(2)流动是否有旋？(3)是否角变形？(4)求流线方程。

解：(1)由加速度公式

$$\begin{cases} a_x = u_x \dfrac{\partial u_x}{\partial x} + u_y \dfrac{\partial u_x}{\partial y} + u_z \dfrac{\partial u_x}{\partial z} = c^2 x \\ a_y = u_x \dfrac{\partial u_y}{\partial x} + u_y \dfrac{\partial u_y}{\partial y} + u_z \dfrac{\partial u_y}{\partial z} = c^2 y \\ a_z = u_x \dfrac{\partial u_z}{\partial x} + u_y \dfrac{\partial u_z}{\partial y} + u_z \dfrac{\partial u_z}{\partial z} = 0 \end{cases}$$

得：
$$a = c^2 x\boldsymbol{i} + cy^2\boldsymbol{j}$$

(2)旋转角速度

$$\begin{cases} \omega_x = \dfrac{1}{2}\left(\dfrac{\partial u_z}{\partial y} - \dfrac{\partial u_y}{\partial z}\right) = 0 \\ \omega_y = \dfrac{1}{2}\left(\dfrac{\partial u_x}{\partial z} - \dfrac{\partial u_z}{\partial x}\right) = 0 \\ \omega_z = \dfrac{1}{2}\left(\dfrac{\partial u_y}{\partial x} - \dfrac{\partial u_x}{\partial y}\right) = 0 \end{cases}$$

可知
$$\boldsymbol{\omega} = \omega_x \boldsymbol{i} + \omega_y \boldsymbol{j} + \omega_z \boldsymbol{k} = 0$$

故为无旋流动。

(3)由角变形速度公式

$$\begin{cases} \varepsilon_{xy} = \dfrac{1}{2}\left(\dfrac{\partial u_y}{\partial x} + \dfrac{\partial u_x}{\partial y}\right) = 0 \\ \varepsilon_{xz} = \dfrac{1}{2}\left(\dfrac{\partial u_x}{\partial z} + \dfrac{\partial u_z}{\partial x}\right) = 0 \\ \varepsilon_{zy} = \dfrac{1}{2}\left(\dfrac{\partial u_y}{\partial z} + \dfrac{\partial u_z}{\partial y}\right) = 0 \end{cases}$$

可知为无角变形。

(4)将速度分布代入流线微分方程，得：

$$\frac{\mathrm{d}x}{-cx} = \frac{\mathrm{d}y}{-cy}$$

解微分方程，可得流线方程：$\dfrac{x}{y} = c$

第4章　流体动力学

流体动力学是研究流体在外力作用下的运动规律，即研究作用在流体上的力与流体运动之间的关系。流体是有黏性的，在静止流体中可以不考虑黏性，但在运动流体中，由于流体间存在相对运动，因而必须考虑黏性的影响，也就是说，在研究流体动力学时，除了考虑质量力和压力的作用外，还要考虑黏性力的作用。有时为了简化，忽略黏性，而视流体为理想流体，并研究其基本运动规律。

4.1　输运公式

与研究流体质点运动的拉格朗日法和欧拉法相对应，在研究流体运动的宏观行为时，可在流场中选定部分流体即系统(System)为研究对象，也可选择确定的流场空间即控制体(Control body)为研究对象。

4.1.1　系统与控制体

(1)系统

包含着确定物质的任何集合称为系统。在流体力学中，系统指的是由确定的流体质点所组成的流体团。

系统的特点：

①系统是指从所研究的流体中取出确定质点的流体，系统始终由这些确定的流体质点组成。

②系统与周围的流体没有质量交换，并且在运动过程中系统的质量不变，即$\frac{\mathrm{d}m}{\mathrm{d}t}=0$，$m$为系统的质量。

③系统的体积和形状可以随时间改变。

④系统和外界可以有动量或能量交换。

(2)控制体

从流场中取出一固定的空间体积，该体积称为控制体(c)，控制体的边界称为控制面(Control surface)。大多数情况下，研究流体系统运动的全过程是复杂和困难的，而欧拉法着眼点又是研究流场中的固定空间或固定点，所以选择控制体研究更为方便。

控制体的特点：

①控制体的形状可根据研究的需要任意选定，一旦选定，则其相对于选定的坐标系其形状位置均不变。

②在控制面上可以存在流体的质量以及能量交换。

4.1.2 输运公式

基于“系统”的基本原理，要转换成适用于“控制体”的表达形式，就要考虑控制体的质量是变化的。因此，将基于“系统”的物理量(质量、动量和能量)守恒原理表达成适用于“控制体”的形式，就需要建立系统的物理量随时间的变化率即$\frac{dm}{dt}$、$\frac{dmv}{dt}$和$\frac{dE}{dt}$与控制体内这种物理量随时间的变化率及其经过控制面的净通量之间的关系，简单地说，基于系统的物理量之间的关系转换到基于控制体的物理量之间关系的关联式称为输运公式(Transport formula)。

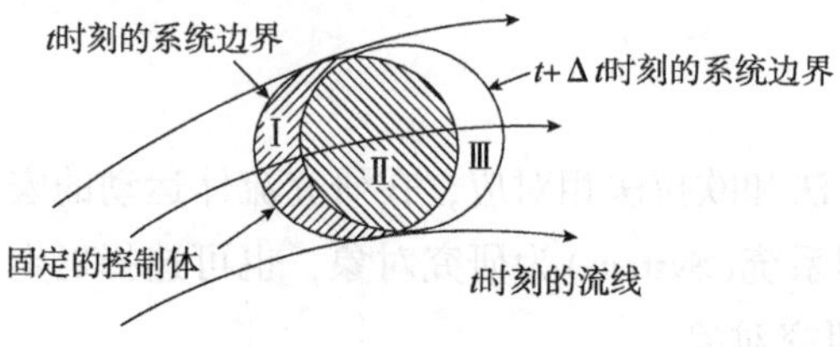

图4－1 控制体系统

在图4－1中，阴影部分为固定于流场中的控制体，将控制体所包括的流体取为所要考察的系统，统称为控制体系统。在起始时刻t，系统的边界与控制体表面相重合，系统所占据的空间(区域Ⅰ和区域Ⅱ)与控制体空间相重合。随着流体的流动，在经过Δt的时间间隔后，系统的边界移动到一个新的位置，所占据的空间变为区域Ⅱ和区域Ⅲ，但控制体空间是固定不动的，仍然是区域Ⅰ和区域Ⅱ。系统边界不变，但是一个新的系统接近于前一个系统。

着眼系统：在起始时刻t，系统的质量$m|_t$将等于该时刻区域Ⅰ和区域Ⅱ的流体质量之和，即：

$$m|_t = m_{\mathrm{I}}|_t + m_{\mathrm{II}}|_t \tag{a}$$

在$t+\Delta t$时刻，系统的质量$m|_{t+\Delta t}$则等于该时刻区域Ⅱ和区域Ⅲ的质量之和，即：

$$m|_{t+\Delta t} = m_{\mathrm{II}}|_{t+\Delta t} + m_{\mathrm{III}}|_{t+\Delta t} \tag{b}$$

根据上式及导数的定义，系统的质量变化率为：

$$\begin{aligned}\left(\frac{dm}{dt}\right)_s &= \lim_{\Delta t\to 0}\frac{m|_{t+\Delta t} - m|_t}{\Delta t} \\ &= \lim_{\Delta t\to 0}\frac{m_{\mathrm{II}}|_{t+\Delta t} + m_{\mathrm{III}}|_{t+\Delta t} - m_{\mathrm{I}}|_t - m_{\mathrm{II}}|_t}{\Delta t}\end{aligned} \tag{c}$$

着眼控制体：现引入$t+\Delta t$时刻区域Ⅰ的质量$m_{\mathrm{I}}|_{t+\Delta t}$，于是，在式(c)中同时加减$m_{\mathrm{I}}|_{t+\Delta t}$后可得：

$$\left(\frac{\mathrm{d}m}{\mathrm{d}t}\right)_s=\lim_{\Delta t\to 0}\frac{m_{\mathrm{II}}|_{t+\Delta t}+m_{\mathrm{III}}|_{t+\Delta t}-m_{\mathrm{I}}|_{t}-m_{\mathrm{II}}|_{t}+m_{\mathrm{I}}|_{t+\Delta t}-m_{\mathrm{I}}|_{t+\Delta t}}{\Delta t}$$

$$=\left(\lim_{\Delta t\to 0}\frac{m_{\mathrm{III}}|_{t+\Delta t}}{\Delta t}-\lim_{\Delta t\to 0}\frac{m_{\mathrm{I}}|_{t+\Delta t}}{\Delta t}\right)+\lim_{\Delta t\to 0}\frac{(m_{\mathrm{II}}+m_{\mathrm{I}})|_{t+\Delta t}-(m_{\mathrm{II}}+m_{\mathrm{I}})|_{t}}{\Delta t} \tag{d}$$

综上各极限项物理定义，分析式(d)可以看出：

$$\left(\frac{\mathrm{d}m}{\mathrm{d}t}\right)_s=\left(\begin{matrix}\text{输出控制体}\\\text{的质量流量}\end{matrix}-\begin{matrix}\text{输入控制体}\\\text{的质量流量}\end{matrix}+\begin{matrix}\text{控制体内的}\\\text{质量变化率}\end{matrix}\right)_c \tag{4-1}$$

（其中“输出控制体的质量流量－输入控制体的质量流量”即：控制体净输出的质量流量）

说明：①区域Ⅰ和区域Ⅱ与确定的控制体空间重合，所以 $m_{\mathrm{II}}+m_{\mathrm{I}}$ 就代表控制体空间内的流体质量 m_{CV}，故第三项极限的意义是：

$$\lim_{\Delta t\to 0}\frac{(m_{\mathrm{II}}+m_{\mathrm{I}})|_{t+\Delta t}-(m_{\mathrm{II}}+m_{\mathrm{I}})|_{t}}{\Delta t}=\frac{\partial m_{\mathrm{CV}}}{\partial t}=\text{控制体内的质量变化率}$$

②由于 $t+\Delta t$ 时刻区域Ⅲ的质量 $m_{\mathrm{III}}|_{t+\Delta t}$ 表示的是 Δt 时间内通过控制面输出控制体的流体质量，而区域Ⅰ的质量 $m_{\mathrm{I}}|_{t+\Delta t}$ 表示的是 Δt 时间内通过控制面输入控制体的流体质量，所以第一、二项极限的意义是：

$$\lim_{\Delta t\to 0}\frac{m_{\mathrm{III}}|_{t+\Delta t}}{\Delta t}-\lim_{\Delta t\to 0}\frac{m_{\mathrm{I}}|_{t+\Delta t}}{\Delta t}=\text{输出控制体的质量流量}-\text{输入控制体的质量流量}=\text{控制体净输出的质量流量}$$

类似地，针对控制体，系统动量 mv 和能量 E 的变化率可表述为：

$$\left(\frac{\mathrm{d}mv}{\mathrm{d}t}\right)_s=\left(\begin{matrix}\text{输出控制体}\\\text{的动量流量}\end{matrix}-\begin{matrix}\text{输入控制体}\\\text{的动量流量}\end{matrix}+\begin{matrix}\text{控制体内的}\\\text{动量变化率}\end{matrix}\right)_c \tag{4-2}$$

$$\left(\frac{\mathrm{d}E}{\mathrm{d}t}\right)_s=\left(\begin{matrix}\text{输出控制体}\\\text{的能量流量}\end{matrix}-\begin{matrix}\text{输入控制体}\\\text{的能量流量}\end{matrix}+\begin{matrix}\text{控制体内的}\\\text{能量变化率}\end{matrix}\right)_c \tag{4-3}$$

输运公式不仅将系统与控制体联系起来，成为由拉格朗日观点的“系统”过渡到欧拉观点的“控制体”的桥梁，而且从概念上阐明以控制体为研究对象时，系统物理量的变化来自两个方面：一是流体输出输入控制体所引起的物理量变化；二是控制体内物理量随时间的变化。

4.2 面向控制体的流体动力学积分方程

4.2.1 质量连续方程

对于系统而言，以系统为研究对象，其质量守恒方程(Mass conservation equation)为：

$$\left(\frac{\mathrm{d}m}{\mathrm{d}t}\right)_s=0 \tag{4-4}$$

对于控制体而言，以控制体为研究对象，由输运公式得质量守恒方程为：

输出控制体的质量流量 - 输入控制体的质量流量 + 控制体内的质量变化率 = 0

↓

控制体净输出的质量流量 (4-5)

(1)质量通量(Mass flux)与质量流量(Mass Flow)

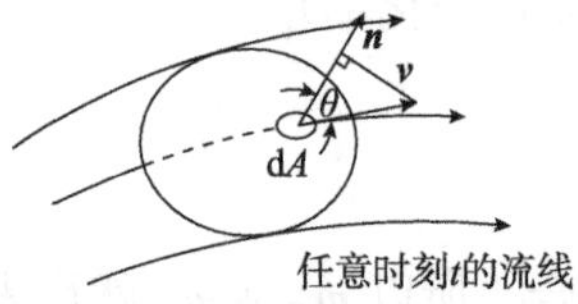

图 4-2 位于流场中的控制体

如图 4-2 所示，考虑位于流场中的任意控制体，设在控制面任意微元面积 dA 上，流体密度为 ρ，流体速度矢量 $\boldsymbol{v}$ 与微元面外法线单位矢量 $\boldsymbol{n}$ 的夹角为 θ。若以 v 表示 $\boldsymbol{v}$ 的模，则微元面上流体的法向速度为 $v\cos\theta=(\boldsymbol{v}\cdot\boldsymbol{n})$，其中$(\boldsymbol{v}\cdot\boldsymbol{n})$表示矢量 $\boldsymbol{v}$ 和 $\boldsymbol{n}$ 的点积。

质量通量(Mass flux)：单位时间内流体流过管道单位截面积的质量，$\rho v\cos\theta=\rho(\boldsymbol{v}\cdot\boldsymbol{n})$为流体流过 $\mathrm{d}A$ 单位面积的质量通量，其单位为 $\mathrm{kg/(m^2\cdot s)}$。

质量流量(Mass flow)：单位时间内流过管道任一截面的流体量称为流量，流体通过微元面 $\mathrm{d}A$ 的质量流量可表达为：$\rho(\boldsymbol{v}\cdot\boldsymbol{n})\mathrm{d}A$。

(2)控制体净输出的质量流量

质量流量 $\rho(\boldsymbol{v}\cdot\boldsymbol{n})\mathrm{d}A$ 可正可负。如果流体通过控制面输出控制体，则 $\boldsymbol{v}$ 与 $\boldsymbol{n}$ 的夹角 θ 必然小于 90°，即 $\rho(\boldsymbol{v}\cdot\boldsymbol{n})\mathrm{d}A=\rho v\cos\theta\mathrm{d}A>0$；如果流体通过控制面输入控制体，则 $\boldsymbol{v}$ 与 $\boldsymbol{n}$ 的夹角 θ 必然大于 90°，即 $\rho(\boldsymbol{v}\cdot\boldsymbol{n})\mathrm{d}A=\rho v\cos\theta\mathrm{d}A<0$。如图 4-3所示，通常情况下，控制面上总有流体输入面和输出面两个部分，所以将$\rho(\boldsymbol{v}\cdot\boldsymbol{n})\mathrm{d}A$ 沿整个控制面 CS(Control Surface)积分，得到的则是输出控制体的质量流量与输入控制体的质量流量之差，即：

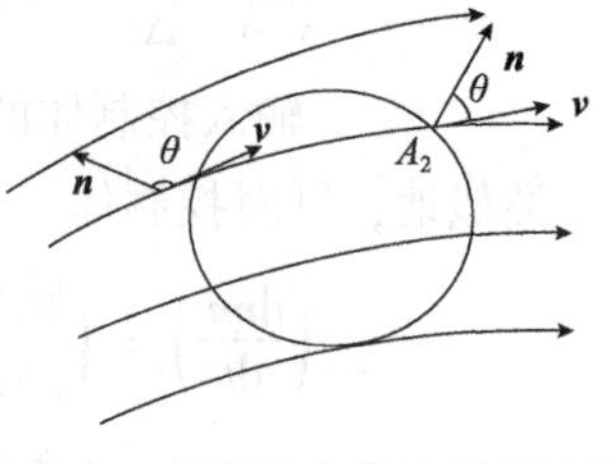

图 4-3 控制体净输出质量流量

$$\text{控制体净输出的质量流量}=\iint_{CS}\rho(\boldsymbol{v}\cdot\boldsymbol{n})\mathrm{d}A \tag{a}$$

上述积分为正，说明输出控制体的质量流量大于输入流量；上述积分为负，说明输出控制体的流量小于输入流量；上述积分为零，则意味着输出和输入控制体的流体流量相等。

(3)控制体内的质量变化率

对于控制体内密度为ρ 的任意微元体积 $\mathrm{d}V$，其质量为$\rho\mathrm{d}V$。将$\rho\mathrm{d}V$ 在整个控制体 CV(Control Volume)积分可得控制体内的瞬时总质量，然后再对时间求导可得：

$$\text{控制体内的质量变化率} = \frac{\partial}{\partial t}\iiint_{CV}\rho \mathrm{d}V \tag{b}$$

(4)质量连续方程

将上述控制体净输出的质量流量表达式和质量变化率表达式代入式(4-5)，可得控制体系统的质量守恒方程为：

$$\iint_{CS}\rho(\boldsymbol{v}\cdot\boldsymbol{n})\mathrm{d}A + \partial/\partial t\iiint_{CV}\rho \mathrm{d}A = 0 \tag{4-6}$$

此式为质量连续方程(Continuous equation of mass)。

(5)质量连续方程的简化

①用平均质量流量表示的质量连续方程

设 A_1、A_2 分别为控制面上流体的输入面和输出面。由输入面 A_1 上 $\rho(\boldsymbol{v}\cdot\boldsymbol{n})\mathrm{d}A<0$，输出面 A_2 上 $\rho(\boldsymbol{v}\cdot\boldsymbol{n})\mathrm{d}A>0$，所以，若 q_{m1}、q_{m2} 分别表示流体输入、输出控制体的平均质量流量，又可将控制体净输出的质量流量表达为：

$$\begin{aligned}\iint_{CS}\rho(\boldsymbol{v}\cdot\boldsymbol{n})\mathrm{d}A &= \iint_{A_2}\rho(\boldsymbol{v}\cdot\boldsymbol{n})\mathrm{d}A + \iint_{A_1}\rho(\boldsymbol{v}\cdot\boldsymbol{n})\mathrm{d}A \\ &= \iint_{A_2}\rho(\boldsymbol{v}\cdot\boldsymbol{n})\mathrm{d}A - \iint_{A_1}[-\rho(\boldsymbol{v}\cdot\boldsymbol{n})]\mathrm{d}A \\ &= q_{m_2} - q_{m_1}\end{aligned}$$

如果再用 m_{CV}表示控制体内的瞬时总质量，则质量守恒方程(4-5)可写成：

$$q_{m_2} - q_{m_1} + \frac{\partial m_{CV}}{\partial t} = 0 \tag{4-7}$$

上式表明：若输出的质量流量 q_{m_2}大于输入的质量流量 q_{m_1}，则控制体内的总质量必然减小，即 $\partial m_{CV}/\partial t<0$；反之亦然。

②稳态流动质量连续方程

稳态流动系统的质量守恒方程稳态流动时，流体参数均与时间无关，即 $\partial m_{CV}/\partial t<0$，因此质量守恒方程简化为：

$$q_{m_1} = q_{m_2} \tag{4-8a}$$

或

$$\rho_1 v_1 A_1 = \rho_2 v_2 A_2 \tag{4-8b}$$

即对于稳态流动系统，流体输入与输出控制体的质量流量必然相等，其中，ρ_1、v_1 为进入控制面的流体平均密度和速度，ρ_2、v_2 为输出控制面的流体平均密度和速度。

③不可压缩流体流动质量连续方程

对于不可压缩流体的稳态流动，因 ρ = const，其质量守恒方程进一步简化为：

$$v_1 A_1 = v_2 A_2 \tag{4-9}$$

即对于不可压缩流体的稳态流动，输入与输出控制的体积流量相等。

4.2.2 动量方程

在动力学方面，流体流动遵循的基本规律是牛顿第二运动定律，即动量守恒定律(The law of conservation of momentum)。该定律阐明了流体运动的变化与所受外力之间的关系，是研究流体流动、建立流体运动方程(或称动量方程)所依据的最基本的理论。

对于系统而言，以系统为研究对象，根据牛顿第二运动定律(Newton's second law)，对于质量为 m、速度为 $\boldsymbol{v}$ 的运动系统，其动量 $m\boldsymbol{v}$ 随时间的变化率就等于作用于该系统的诸力之矢量和。其矢量方程为：

$$\sum F = \left(\frac{\mathrm{d}m\boldsymbol{v}}{\mathrm{d}t}\right)_{\mathrm{s}} \tag{4-10}$$

对于控制体而言，以控制体为对象研究动量守恒时，可根据输运公式(4－2)将动量守恒方程(4－10)表述为：

作用于控制体系统诸力之矢量和 = 输出控制体的动量流量 − 输入控制体的动量流量 + 控制体内的动量变化率

其中“输出控制体的动量流量 − 输入控制体的动量流量”即：

控制体净输出的动量流量　　(4－11)

(1)动量流量

已知：动量 = 速度 × 质量，类似地则有：动量流量 = 速度 × 质量流量。动量流量是研究流体流动过程所提出的概念，因为流体源源不断地经过控制面时，其输入或输出控制体的动量只能以单位时间的动量即动量流量(Momentum flow)来计。

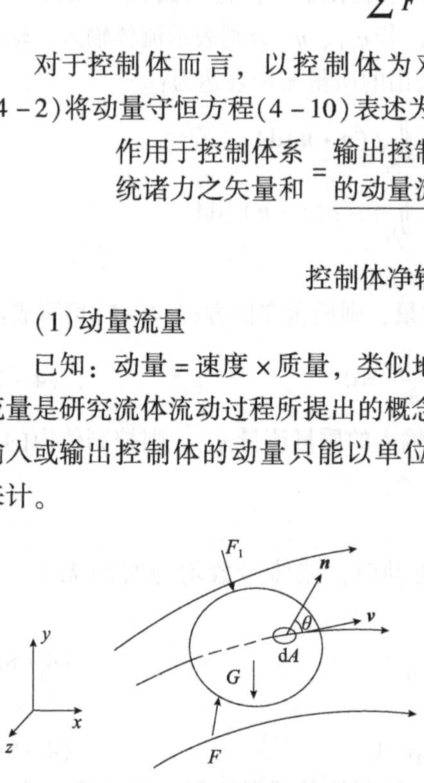

图 4－4　通过控制体的流

如图 4－4 所示，设在控制体表面的任意微元面积 dA 上，流体密度为 ρ，流体速度矢量 $\boldsymbol{v}$ 与微元面外法线单位矢量 $\boldsymbol{n}$ 的夹角为 θ。通过微元面积 dA 的质量流量为 $\rho(\boldsymbol{v}\cdot\boldsymbol{n})\mathrm{d}A$。所以根据定义，流体通过微元面积 d$A$ 的动量流量为 $\boldsymbol{v}\rho(\boldsymbol{v}\cdot\boldsymbol{n})\mathrm{d}A$。

动量流量的单位为 $\mathrm{kg\cdot m/s^2}$，动量流量 $\boldsymbol{v}\rho(\boldsymbol{v}\cdot\boldsymbol{n})\mathrm{d}A$ 是矢量，其方向与速度矢量 $\boldsymbol{v}$ 的方向相同。若将速度矢量表示为 $\boldsymbol{v} = v_x\boldsymbol{i} + v_y\boldsymbol{j} + v_z\boldsymbol{k}$，则 $\boldsymbol{v}_x\rho(\boldsymbol{v}\cdot\boldsymbol{n})\mathrm{d}A$、$\boldsymbol{v}_y\rho(\boldsymbol{v}\cdot\boldsymbol{n})\mathrm{d}A$、$\boldsymbol{v}_z\rho(\boldsymbol{v}\cdot\boldsymbol{n})\mathrm{d}A$ 就分别为单位时间内流体通过 dA 所输入或输出的 x、y、z 方向动量。

动量流量 $\boldsymbol{v}\rho(\boldsymbol{v}\cdot\boldsymbol{n})\mathrm{d}A$ 的输出输入性质由质量流量 $\rho(\boldsymbol{v}\cdot\boldsymbol{n})\mathrm{d}A$ 的正负所确定，若 $\rho(\boldsymbol{v}\cdot\boldsymbol{n})\mathrm{d}A > 0$，则 $\boldsymbol{v}\rho(\boldsymbol{v}\cdot\boldsymbol{n})\mathrm{d}A$ 表示的是输出控制体的动量流量；若

$\rho(\boldsymbol{v}\cdot\boldsymbol{n})\mathrm{d}A$，则 $\boldsymbol{v}\rho(\boldsymbol{v}\cdot\boldsymbol{n})\mathrm{d}A$ 表示的是输入控制体的动量流量。

(2)控制体净输出的动量流量

由于通常情况下控制面上总有流体的输出与输入，所以将动量流量 $\boldsymbol{v}\rho(\boldsymbol{v}\cdot\boldsymbol{n})\mathrm{d}A$ 沿整个控制面 CS 积分，则得到的是输出控制体的动量流量与输入控制体的动量流量之差，即：

$$\text{控制体净输出的动量流量} = \iint_{CS} v\rho(\boldsymbol{v}\cdot\boldsymbol{n})\mathrm{d}A \tag{a}$$

(3)控制体的动量变化率

对于控制体内密度为 ρ、速度为 v 的任意微元体积 $\mathrm{d}V$，其动量为 $v\rho\mathrm{d}V$。将 $v\rho\mathrm{d}V$ 沿整个控制体 CV 积分可得控制体内流体的瞬时动量，然后再对时间求导可得：

$$\text{控制体内的动量变化率} = \frac{\partial}{\partial t}\iiint_{CV} v\rho\mathrm{d}V \tag{b}$$

(4)动量方程

将上述控制体净输出的动量流量表达式和动量变化率表达式代入式(4－11)，可得控制体系统的动量守恒方程为：

$$\sum \boldsymbol{F} = \iint_{CS}\boldsymbol{v}\rho(\boldsymbol{v}\cdot\boldsymbol{n})\mathrm{d}A + \partial/\partial t\iiint_{CV}\boldsymbol{v}\rho\mathrm{d}V \tag{4-12}$$

式(4－12)是矢量形式的动量守恒积分方程，即动量方程(Momentum equation)。

对于 x、y、z 直角坐标系统，若用 F_x、F_y、F_z 和 $\boldsymbol{v}_x$、$\boldsymbol{v}_y$、$\boldsymbol{v}_z$ 分别表示力矢量 $\boldsymbol{F}$ 和速度矢量 $\boldsymbol{v}$ 在 x、y、z 方向的分量，则方程(4－12)在 x、y、z 方向的分量式分别为：

$$\begin{cases}\sum F_x = \iint_{CS}\boldsymbol{v}_x\rho(\boldsymbol{v}\cdot\boldsymbol{n})\mathrm{d}A + \partial/\partial t\iiint_{CV}\boldsymbol{v}_x\rho\mathrm{d}V\\ \sum F_y = \iint_{CS}\boldsymbol{v}_y\rho(\boldsymbol{v}\cdot\boldsymbol{n})\mathrm{d}A + \partial/\partial t\iiint_{CV}\boldsymbol{v}_y\rho\mathrm{d}V\\ \sum F_z = \iint_{CS}\boldsymbol{v}_z\rho(\boldsymbol{v}\cdot\boldsymbol{n})\mathrm{d}A + \partial/\partial t\iiint_{CV}\boldsymbol{v}_z\rho\mathrm{d}V\end{cases} \tag{4-13}$$

其中，在 x 方向的动量守恒方程中，$\sum F_x$ 表示作用于控制体系统诸力在 x 方向的分力之和，$v_x\rho(\boldsymbol{v}\cdot\boldsymbol{n})\mathrm{d}A$ 表示速度为 v 的流体通过微元面 $\mathrm{d}A$ 时其 x 方向动量的输出或输入流量，$\boldsymbol{v}_x\rho\mathrm{d}V$ 表示速度为 v、质量为 $\rho\mathrm{d}V$ 的微元流体所具有的 x 方向的动量。

对于 y 方向和 z 方向的动量守恒方程，亦可作类似说明。

(5)动量方程的应用

①以平均速度表示的动量方程

在动量方程的工程应用中，很多情况下不要求特别考虑流体速度在控制体进出口截面上的分布，而采用平均速度来计算进出口截面上流体的动量。设控制体进出口截面上流体的平均速度分别为 v_1 和 v_2，其 x、y、z 方向的分速度分别为 v_{1x}、v_{1y}、v_{1z}和 v_{2x}、v_{2y}、v_{2z}，并用 q_{m1}、q_{m2}表示进、出口截面的质量流量，则 x 方向动量的净输出流量可表示为：

$$\iint_{CS} v_x \rho(\boldsymbol{v} \cdot \boldsymbol{n})\mathrm{d}A = v_{2x}\iint_{A_2} \rho(\boldsymbol{v} \cdot \boldsymbol{n})\mathrm{d}A - v_{1x}\iint_{A_1} [-\rho(\boldsymbol{v} \cdot \boldsymbol{n})]\mathrm{d}A = v_{2x}q_{m2} - v_{1x}q_{m1} \tag{a}$$

于是，对 y、z 方向动量的净输出流量作类似表达后代入方程式(4－12)，可得以平均速度表示的动量守恒方程为：

$$\begin{cases} \sum F_x = v_{2x}q_{m2} - v_{1x}q_{m1} + \dfrac{\partial}{\partial t}\iiint_{CV} v_x \rho \mathrm{d}V \\ \sum F_y = v_{2y}q_{m2} - v_{1y}q_{m1} + \dfrac{\partial}{\partial t}\iiint_{CV} v_y \rho \mathrm{d}V \\ \sum F_z = v_{2z}q_{m2} - v_{1z}q_{m1} + \dfrac{\partial}{\partial t}\iiint_{CV} v_z \rho \mathrm{d}V \end{cases} \tag{4-14}$$

②稳态流动系统的动量方程

稳态流动时，流体参数均与时间无关，控制体动量随时间的变化率为零，所以，动量守恒方程简化为：

$$\begin{cases} \sum F_x = v_{2x}q_{m2} - v_{1x}q_{m_1} \\ \sum F_y = v_{2y}q_{m2} - v_{1y}q_{m_1} \\ \sum F_z = v_{2z}q_{m2} - v_{1z}q_{m_1} \end{cases} \tag{4-15}$$

由式(4－14)和式(4－15)可见，以平均速度表示的动量守恒方程不仅在形式上变得直观简明，应用上也更方便。

4.2.3 能量方程

流体流动过程不仅要遵循质量守恒和动量守恒原理，亦要遵循能量守恒原理。分析流动系统的能量转换，所依据的是热力学第一定律，即能量守恒定律(Energy conservation law)。

对于流体系统，热力学第一定律可表述为：系统从外界吸热的速率与系统对外界做功的速率之差等于系统能量的变化率。其数学表达式为：

$$Q - W = \left(\frac{\mathrm{d}E}{\mathrm{d}t}\right)_s \tag{4-16}$$

式中，Q 为单位时间内控制体系统由外界吸入的热量(吸热速率)，单位为 J/s 或 W，并规定系统从外界吸热时 Q 为正，向外界放热时 Q 为负；W 为单位时间内控制体系统对外界所做的功(做功功率)，单位为 W，并规定系统对外做功时 W

为正，外界对系统做功时 W 为负；E 为控制体系统的瞬时能量，单位为 J。

控制体系统能量守恒方程的表述根据方程和控制体系统的输运公式，可将控制体系统能量守恒方程表述为：

$$\begin{matrix}\text{控制体系统}\\ \text{由外界吸热}\\ \text{的速率}\end{matrix} - \begin{matrix}\text{控制体系统}\\ \text{对外界做功}\\ \text{的速率}\end{matrix} = \underbrace{\begin{matrix}\text{输出控制体}\\ \text{的能量流量}\end{matrix} - \begin{matrix}\text{输入控制体}\\ \text{的能量流量}\end{matrix}}_{\text{控制体净输出的能量流量}} + \begin{matrix}\text{控制体内的}\\ \text{能量变化率}\end{matrix} \qquad (4-17)$$

(1)能量流量

如图 4－5 所示的控制体系统，$\rho(\boldsymbol{v}\cdot\boldsymbol{n})\mathrm{d}A$ 表示通过微元面积 $\mathrm{d}A$ 的质量流量。所以，如果用 e 表示单位质量流体所具有的能量，则流体通过微元面积 $\mathrm{d}A$ 时的能量流量(Energy flow)为 $e\rho(\boldsymbol{v}\cdot\boldsymbol{n})\mathrm{d}A$。

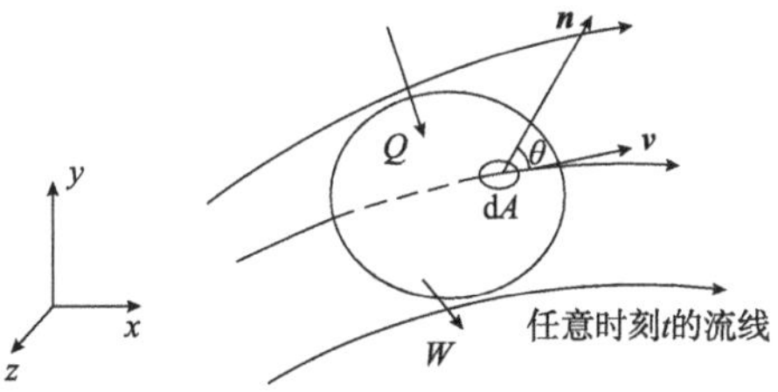

图 4－5 有能量交换的控制体系统

(2)控制体净输出的能量流量

在有流体输出的控制面上，能量流量 $e\rho(\boldsymbol{v}\cdot\boldsymbol{n})\mathrm{d}A>0$，而在有流体输入的控制面上，能量流量 $e\rho(\boldsymbol{v}\cdot\boldsymbol{n})\mathrm{d}A<0$。所以将 $e\rho(\boldsymbol{v}\cdot\boldsymbol{n})\mathrm{d}A$ 沿整个控制面 CS 积分，则得到输出控制体的能量流量与输入控制体的能量流量之差，即：

$$\text{控制体净输出的能量流量} = \iint_{CS} e\rho(\boldsymbol{v}\cdot\boldsymbol{n})\mathrm{d}A \qquad (\mathrm{a})$$

(3)控制体内的能量变化率

对于控制体内密度为 ρ 的任意微元体积 $\mathrm{d}V$，其能量为 $e\rho\mathrm{d}V$，将 $e\rho\mathrm{d}V$ 在整个控制体 CV 内积分可得控制体内流体的瞬时能量，然后再对时间求导可得：

$$\text{控制体内的能量变化率} = \frac{\partial}{\partial t}\iiint_{CV} e\rho\mathrm{d}V \qquad (\mathrm{b})$$

(4)能量方程

将上述控制体净输出的能量流量表达式和能量变化率表达式代入式(4－17)，可得控制体系统的能量守恒方程为：

$$Q - W = \iint_{CS} e\rho(\boldsymbol{v}\cdot\boldsymbol{n})\mathrm{d}A + \frac{\partial}{\partial t}\iiint_{CV} e\rho\mathrm{d}V \qquad (4-18)$$

式(4－18)是流动系统中通用的能量守恒积分方程，即能量方程(energy equation)，各项均表示单位时间的能量，即能量流量，其单位为 J/s。为便于通用能量守恒方程的实际应用，有必要对方程中涉及的做功功率 W 和单位质量流体所具有的能量 e 作进一步说明。

(5)系统做功功率 W

通常，系统做功功率 W 可分为三个部分，即：

$$W = W_s + W_\mu + W_p \tag{4-19}$$

①W_s 是轴功率(Shaft power)，即流体系统对机械设备(如透平机)做功的功率(正)或机械设备(如泵)对流体做功的功率(负)。

②W_μ 是流体系统克服控制面上的黏性力(如剪切力)做功的功率，称为黏性功率(Viscous power)。比如，流体在平板上流动并使平板移动时所作的功，就属于黏性功。对于理想流体，即黏度 $\mu=0$ 的流体，$W_\mu=0$。

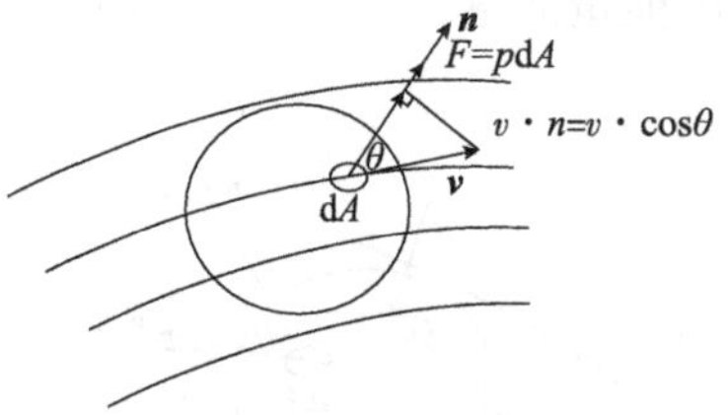

图 4－6　流动功功率

③W_p 是流体系统克服控制面上的压力 p 做功的功率，称为流动功功率(Flow power)。如图 4－6 所示，在微元面 dA 上，压力的作用力为 pdA，单位时间内流体在作用力方向(n 方向)移动的距离为 $v\cos\theta$，所以单位时间内流体所做的流动功为 $p\mathrm{d}Av\cos\theta = p(\boldsymbol{v}\cdot\boldsymbol{n})\mathrm{d}A$。其中，在有流体输出的控制面上，流动功功率 $p(\boldsymbol{v}\cdot\boldsymbol{n})\mathrm{d}A>0$，表示系统流体推动外界流体流动，系统对外做功；在有流体输入的控制面上，流动功功率 $p(\boldsymbol{v}\cdot\boldsymbol{n})\mathrm{d}A<0$，表示外界流体推动系统流体流动，系统获得流动功。因此，将 $p(\boldsymbol{v}\cdot\boldsymbol{n})\mathrm{d}A$ 沿整个控制面 CS 积分，则得到控制体系统净输出的流动功功率，即：

$$W_p = \iint_{CS} p(\boldsymbol{v}\cdot\boldsymbol{n})\mathrm{d}A \tag{4-20}$$

(6)能量方程的其他表达方式

①引入功：在对做功方式进行分类后，能量守恒方程式(4－18)可表达为：

$$Q - W_s = \iint_{CS}\left(e+\frac{p}{\rho}\right)\rho(\boldsymbol{v}\cdot\boldsymbol{n})\mathrm{d}A + \frac{\partial}{\partial t}\iiint_{CV} e\rho\mathrm{d}V + W_\mu \tag{4-21}$$

②引入内能：对于一般工程问题，单位质量流体所具有的能量 e 通常涉及的是内能 u、动能 $v^2/2$ 和位能 gz，故 e 可表示为：

$$e = u + \frac{v^2}{2} + gz \tag{a}$$

于是，能量守恒方程可表达为：

$$Q - W_s = \iint_{CS}\left(u+\frac{v^2}{2}+gz+\frac{p}{\rho}\right)\rho(\boldsymbol{v}\cdot\boldsymbol{n})\mathrm{d}A + \frac{\partial}{\partial t}\iiint_{CV}\left(u+\frac{v^2}{2}+gz\right)\rho\mathrm{d}V + W_\mu \tag{4-22}$$

③引入焓：焓具有能量量纲，与内能有关，是一状态函数，与变化的途径无关。一定质量的物质按定压可逆过程由一种状态变为另一种状态，焓的增量便等于在此过程中吸入的热量。所以焓是一个状态量，焓变是一个过程量。引入焓的定义式：$h=u+p/\rho$，可得能量守恒方程为：

$$Q - W_s = \iint_{CS}\left(h + \frac{v^2}{2} + gz\right)\rho(\boldsymbol{v}\cdot\boldsymbol{n})\,\mathrm{d}A + \frac{\partial}{\partial t}\iiint_{CV}\left(u + \frac{v^2}{2} + gz\right)\rho\,\mathrm{d}V + W_\mu \tag{4-23}$$

4.2.4 伯努利方程及其应用

(1)伯努利方程的导出

由能量守恒方程导出伯努利方程(Bernoulli equation)。

根据能量守恒方程:

$$Q - W_s = \iint_{CS}\left(h + \frac{v^2}{2} + gz\right)\rho(\boldsymbol{v}\cdot\boldsymbol{n})\,\mathrm{d}A + \frac{\partial}{\partial t}\iiint_{CV}\left(u + \frac{v^2}{2} + gz\right)\rho\,\mathrm{d}V + W_\mu \quad \text{(a)}$$

当:a. 无热量传递,即 $Q=0$;

b. 无轴功输出,即 $W_s=0$;

c. 流体不可压缩,即 $\rho=\text{const}$;

d. 稳态流动,即 $\partial E_{CV}/\partial t=0$;

e. 理想流体($\mu=0$),即 $W_\mu=0$;

则能量方程简化为:

$$\iint_{CS}\left(h + \frac{v^2}{2} + gz\right)\rho(\boldsymbol{v}\cdot\boldsymbol{n})\,\mathrm{d}A = 0 \quad \text{(b)}$$

考虑到 $h = u + p/\rho$,且进口截面 A_1 上 $(\boldsymbol{v}\cdot\boldsymbol{n}) = -\boldsymbol{v}$,出口截面 A_2 上 $(\boldsymbol{v}\cdot\boldsymbol{n}) = \boldsymbol{v}$,则式(b)可写成:

$$\iint_{A_2}\left(u + \frac{p}{\rho} + \frac{\boldsymbol{v}^2}{2} + gz\right)\rho\boldsymbol{v}\,\mathrm{d}A - \iint_{A_1}\left(u + \frac{p}{\rho} + \frac{\boldsymbol{v}^2}{2} + gz\right)\rho\boldsymbol{v}\,\mathrm{d}A = 0 \quad \text{(c)}$$

讨论:如图4-7所示,可以得出:

第一,对于理想不可压缩流体的稳态流动,只要进出口截面积 A_1 和 A_2 相等(等直径管段),根据稳态流动下 $\rho vA=\text{const}$,则 $\boldsymbol{v}_1 = \boldsymbol{v}_2$,说明 v 只和进出口的面积有关,而与过程截面无关,因此动能 $\boldsymbol{v}_2/2$ 也与截面无关;

第二,各点的总位能亦相同;

第三,p 为单位面积的压力,其值不依赖于面积大小,也与面积无关;

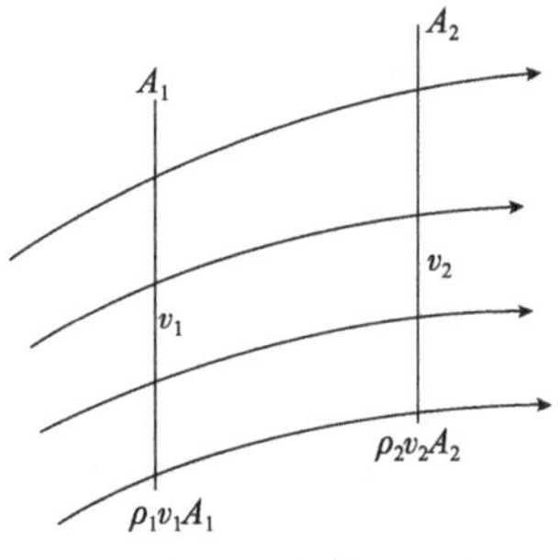

图4-7 由能量守恒推导伯努利方程

第四,由于理想流体黏度 $\mu=0$,流动过程中无黏性耗散,不会产生流体因摩擦所导致的机械能损耗而转化为热能现象,从而不会使流体温度升高;同时流体流动过程中又无热量传递。因此,流动过程必然是等温过程,流体内能只是温度的函数,内能 $u=\text{const}$。

综上所述，说明 $u+\frac{p}{\rho}+\frac{v^2}{2}+gz$ 对面积而言是一个常数。方程中被积函数与积分截面无关，可将被积函数作为常数从积分符号内提出，使方程进一步简化为：

$$\left(u+\frac{p_1}{\rho}+\frac{v_1^2}{2}+gz_1\right)\rho v_1 A_1=\left(u+\frac{p_2}{\rho}+\frac{v_2^2}{2}+gz_2\right)\rho v_2 A_2 \tag{d}$$

由于是稳态流动：$\rho v_1 A_1=\rho v_2 A_2$。所以有：

$$z_1+\frac{p_1}{\rho g}+\frac{v_1^2}{2g}=z_2+\frac{p_2}{\rho g}+\frac{v_2^2}{2g} \tag{4-24}$$

或写成
$$\Delta z+\frac{\Delta p}{\rho g}+\frac{\Delta v^2}{2g}=0$$

或写成
$$z+\frac{p}{\rho g}+\frac{v^2}{2g}=\text{const}$$

式(4-24)即为流体力学中著名的伯努利方程，是由瑞士科学家伯努利(Daiel Bernouli)于1738年首先提出的。

(2)由理想流体运动微分方程积分式导出伯努利方程

①兰姆运动微分方程简化式。

a. 流动是定常的，即：

$$\frac{\partial v_x}{\partial t}=\frac{\partial v_y}{\partial t}=\frac{\partial v_z}{\partial t}=0 \tag{a}$$

b. 质量力的势，并具有力的势函数 $-\pi(x, y, z)$，即 $\boldsymbol{f}=-\nabla\pi$，则有：

$$f_x=-\frac{\partial\pi}{\partial x},\ f_y=-\frac{\partial\pi}{\partial y},\ f_z=-\frac{\partial\pi}{\partial z} \tag{b}$$

c. 流体是正压性的，即流体的密度只与压强有关，$\rho=\rho(p)$。说明正压流场中等压面与等密度面重合，这是正压流场的一个重要性质。这时积分 $\int\frac{\mathrm{d}p}{\rho}=P_{\mathrm{f}}(p)$ 只是 p 的函数，因此称 P_{f} 为压强函数，则：

$$\frac{\partial P_{\mathrm{f}}}{\partial x}=\frac{1}{\rho}\frac{\partial p}{\partial x},\ \frac{\partial P_{\mathrm{f}}}{\partial y}=\frac{1}{\rho}\frac{\partial p}{\partial y},\ \frac{\partial P_{\mathrm{f}}}{\partial z}=\frac{1}{\rho}\frac{\partial p}{\partial z} \tag{c}$$

如果是不可压缩流体，ρ 为常数，则压强函数：

$$P_{\mathrm{f}}=\frac{1}{\rho}\int\mathrm{d}p=\frac{p}{\rho} \tag{d}$$

因此 P_{f} 为单位质量流体的压强势能。理想过程的流场是一种正压流场，因为理想过程中 $\frac{p}{\rho}=\text{const}$，在上述前提条件下，兰姆运动微分方程(Lamb motion differential equations)式可简化为：

$$\begin{cases}\frac{\partial}{\partial x}\left(\pi+\frac{v^2}{2}+P_{\mathrm{f}}\right)=-2(v_z\omega_y-v_y\omega_z)\\ \frac{\partial}{\partial y}\left(\pi+\frac{v^2}{2}+P_{\mathrm{f}}\right)=-2(v_x\omega_z-v_z\omega_x)\\ \frac{\partial}{\partial z}\left(\pi+\frac{v^2}{2}+P_{\mathrm{f}}\right)=-2(v_y\omega_x-v_x\omega_y)\end{cases} \tag{e}$$

②欧拉积分。

如果是无旋流动，$\omega_x=\omega_y=\omega_z=0$，则兰姆式可进一步简化为：

$$\begin{cases}\dfrac{\partial}{\partial x}\left(\pi+\dfrac{v^2}{2}+P_f\right)=0\\ \dfrac{\partial}{\partial y}\left(\pi+\dfrac{v^2}{2}+P_f\right)=0\\ \dfrac{\partial}{\partial z}\left(\pi+\dfrac{v^2}{2}+P_f\right)=0\end{cases} \tag{f}$$

将式(f)分别乘以流场中任一微元线段 d$\boldsymbol{s}$在三个坐标轴方向的投影 dx、dy、dz，然后再相加，则：

$$\mathrm{d}\left(\pi+\frac{v^2}{2}+P_f\right)=0 \tag{g}$$

积分式(g)得：

$$\pi+\frac{v^2}{2}+P_f=C \tag{h}$$

式(h)称为欧拉积分式(Euler integral)。其表明，对于非黏性的不可压缩流体和可压缩流体，在有势的质量力作用下作定常无旋流动时，流场中任一点的单位质量流体质量力的位势能 π、压强势能 P_f和动能 $v_2/2$ 的总和保持不变，而这三种机械能可相互转换。

③伯努利积分。

如果是有旋流动，积分时必须再加上一个限制条件，即沿流线(或涡线)积分。

对于定常流动，流线与迹线是重合的，所以沿流线下列关系式成立，即：

$$\mathrm{d}x=v_x\mathrm{d}t,\ \mathrm{d}y=v_y\mathrm{d}t,\ \mathrm{d}z=v_z\mathrm{d}t \tag{i}$$

式中 dx、dy、dz 分别为同一流线上经相邻两点之间的微元线段 d$\boldsymbol{s}$在三个坐标轴方向的投影，即 $\mathrm{d}\boldsymbol{s}=\mathrm{d}\boldsymbol{x}i=\mathrm{d}\boldsymbol{y}i=\mathrm{d}zi$。d$t$ 为流体质点在流线上移动 ds 这段距离需要的时间。将欧拉式的左边分别乘以 dx、dy、dz，右边分别乘以 $v_x\mathrm{d}t$、$v_y\mathrm{d}t$、$v_z\mathrm{d}t$，然后相加，则：

$$\frac{\partial}{\partial x}\left(\pi+\frac{v^2}{2}+P_f\right)\mathrm{d}x+\frac{\partial}{\partial y}\left(\pi+\frac{v^2}{2}+P_f\right)\mathrm{d}y+\frac{\partial}{\partial z}\left(\pi+\frac{v^2}{2}+P_f\right)\mathrm{d}z=0$$

即是一个全微分形式：　　$\mathrm{d}\left(\pi+\dfrac{v^2}{2}+P_f\right)=0$

积分上式得：

$$\pi+\frac{v^2}{2}+P_f=C(s) \tag{j}$$

式(j)称为伯努利积分式(Bernoulli integral)。

欧拉积分式和伯努利积分式表明：正压性的理想流体在有势的质量力作用下作定常有旋流动时，沿同一条流线上各点单位质量流体的位势能 π、压强势能 P_f 和动能 $v^2/2$ 之和保持不变，但这三种机械能之间可以互相转换。由于积分时加了限制条件，即沿同一条流线积分，因此在不同的流线上，积分常数 $C(s)$ 一般不等。

④伯努利方程。

如果作用在流体上的质量力只有重力，且取 z 轴垂直向上，则 $\pi = gz$；对于不可压缩均质流体，ρ 为常数，则 $P_f = \frac{p}{\rho}$。将 π 和 P_f 代入伯努利积分式或欧拉积分式，均可得：

$$z + \frac{p}{\rho g} + \frac{v^2}{2g} = 常数 \tag{4-25a}$$

或

$$z_1 + \frac{p_1}{\rho g} + \frac{v_1^2}{2g} = z_2 + \frac{p_2}{\rho g} + \frac{v_2^2}{2g} \tag{4-25b}$$

式(4-25)为伯努利方程(Bernoulli equation)。

(3)沿流线的伯努利方程

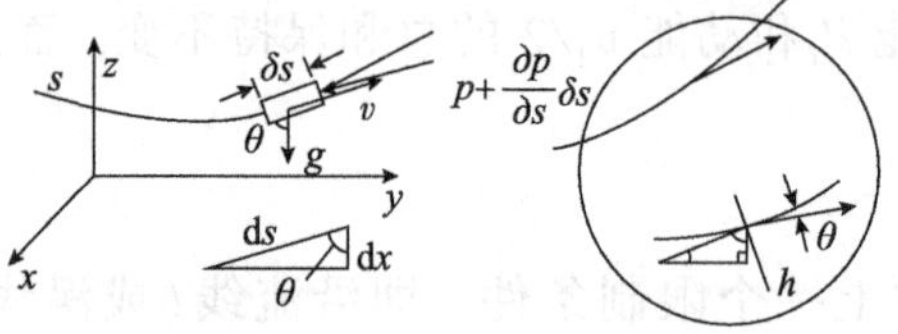

图4-8 流体伯努利方程

在无黏性重力流体的流场中，沿流线 s 取一圆柱形控制体微元，如图4-8所示，控制体微元长为 δs，端面面积为 δA；两端面上的压强分别为 p 和 $p + \frac{\partial p}{\partial s}\delta s$；重力为 $\rho g \cdot \delta A \cdot \delta s$，与流线切线方向夹角为 θ。流体微元沿切线 τ 方向的动量方程为：

$$\sum F_\tau = \frac{d(mv)}{dt} \tag{a}$$

$$-\rho g \cdot \delta A \cdot \delta s \cdot \cos\theta + p \cdot \delta A - \left(p + \frac{\partial p}{\partial s}\delta s\right)\delta A = \rho \cdot \delta A \cdot \delta s \frac{dv}{dt} \tag{b}$$

式中 v 为流体微元的速度，整理后取极限可得：

$$-g\cos\theta - \frac{1}{\rho}\frac{\partial p}{\partial s} = \frac{dv}{dt} \tag{c}$$

由几何关系：

$$\cos\theta = \frac{\partial z}{\partial s} \tag{d}$$

因为速度是位置和时间的函数，圆弧坐标 s 表示其位置，则有：

$$v = v(s,\ t) \tag{e}$$

因此沿流线 s 方向的质点导数式为：

$$\frac{\mathrm{d}v(s,\ t)}{\mathrm{d}t}=\frac{\partial v}{\partial t}+v\frac{\partial v}{\partial s} \tag{f}$$

式(c)可表示为：

$$-g\frac{\partial z}{\partial s}-\frac{1}{\rho}\frac{\partial p}{\partial s}=\frac{\partial v}{\partial t}+v\frac{\partial v}{\partial s} \tag{4-26}$$

上式为无黏性流体沿流体的运动微分方程，又称为一维欧拉运动方程。将方程沿流线积分，两边乘以 ds 并移项，因：

$$\frac{\partial z}{\partial s}\mathrm{d}s=\mathrm{d}z,\ \frac{\partial p}{\partial s}\mathrm{d}s=\mathrm{d}p,\ \frac{\partial v}{\partial s}\mathrm{d}s=\mathrm{d}v \qquad (\text{沿流线})$$

可得

$$\frac{\partial v}{\partial t}\mathrm{d}s+v\mathrm{d}v+g\mathrm{d}z+\frac{1}{\rho}\mathrm{d}p=0 \qquad (\text{沿流线})$$

将上式沿流线积分：

$$\int\frac{\partial v}{\partial t}\mathrm{d}s+\frac{v^2}{2}+gz+\int\frac{\mathrm{d}p}{\rho}=\text{常数} \qquad (\text{沿流线}) \tag{4-27}$$

式(4-27)称为欧拉运动方程沿流线的积分方程，适合于可压缩无黏性流体沿流线的不定常运动。

对不可压缩流体的定常运动，式(4-27)可作进一步化简为：

$$\frac{v^2}{2}+gz+\frac{p}{\rho}=\text{常数} \qquad (\text{沿流线}) \tag{4-28}$$

式(4-28)称为伯努利方程。

应用伯努利方程时常采用沿流线上任两点的总机械能值相等的形式，得：

$$\frac{{v_1}^2}{2}+gz_1+\frac{p_1}{\rho}=\frac{{v_2}^2}{2}+gz_2+\frac{p_2}{\rho} \qquad (\text{沿流线}) \tag{4-29}$$

(4)伯努利方程的意义

①几何意义，从几何角度分析伯努利方程各项都具有长度量纲，即 z 为位置高度或位置水头，$\frac{p}{\rho g}$为压力高度或压力水头，$\frac{v^2}{2g}$为速度高度或速度水头。

②物理意义，从能量角度分析伯努利方程各项，它们都具有能量意义，即 z 为单位重量流体的势能，$\frac{p}{\rho g}$为单位重量流体的压力能，$\frac{v^2}{2g}$为单位重量流体的动能。

③伯努利方程的应用条件：流体是理想流体；流动是定常的；流体是不可压缩的；只有重力作用；1、2 截面处，流动必须是“渐变流”。

(5)实际流体的伯努利方程

实际流体都是有黏性的，因此在流动过程中会产生阻力，为了克服阻力维持流动，流体必然要消耗掉部分机械能，转化成热能耗散、造成不可逆损失。因此在黏性流体的流动过程中，其总机械能沿流动方向是逐渐减少的。从工程应用的角度，有必要对理想流体沿流线的伯努利方程进行扩展，建立黏性流体总流的伯努利方程。

微元流束的极限即为流线，对于实际流体沿微元流束的伯努利方程，根据式(4－29)，当理想不可压缩流体在重力场中做定常流动时，沿微元流束单位重力流体的位势能、压强势能和动能之和保持不变。设截面 1 和截面 2 是某一微元流束的两个有效截面，则：

$$z_1+\frac{p_1}{\rho g}+\frac{v_1^2}{2g}=z_2+\frac{p_2}{\rho g}+\frac{v_2^2}{2g} \tag{a}$$

其中代表三种能量之和的总水头线是一条水平直线，如图 4－9 中的虚线所示。

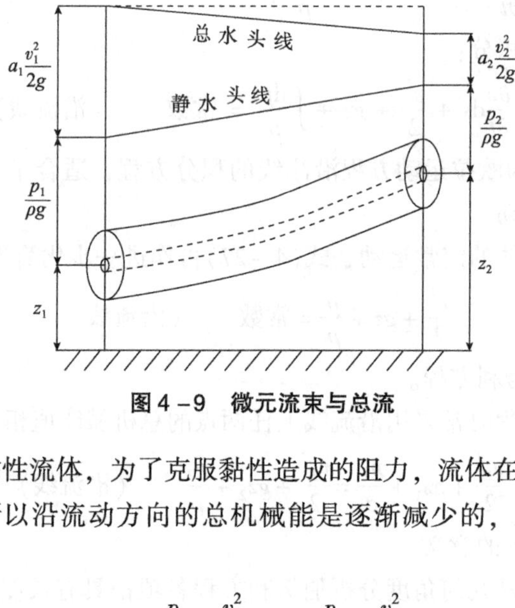

图 4－9　微元流束与总流

对于实际的黏性流体，为了克服黏性造成的阻力，流体在流动过程中将消耗掉部分机械能，所以沿流动方向的总机械能是逐渐减少的，总水头线呈下降趋势，则：

$$z_1+\frac{p_1}{\rho g}+\frac{v_1^2}{2g}>z_2+\frac{p_2}{\rho g}+\frac{v_2^2}{2g} \tag{b}$$

或

$$z_1+\frac{p_1}{\rho g}+\frac{v_1^2}{2g}=z_2+\frac{p_2}{\rho g}+\frac{v_2^2}{2g}+h_w' \tag{4-30}$$

式(4－30)即为黏性流体沿微元流束的伯努利方程。式中 h_w' 为单位重力流体沿微元流束从截面 1 流至截面 2 所消耗的总机械能，又称水头损失。

(6)伯努利方程的应用

伯努利方程在工程中的应用极其广泛，以下介绍的是几个典型例子。

①文丘里管。文丘里管(Venturi tube)一般用来测量流体通过管道时的流量。它是由截面逐渐收缩，然后再逐渐扩大的一段短管组成的，最小截面处称为喉

部，如图 4－10 所示。

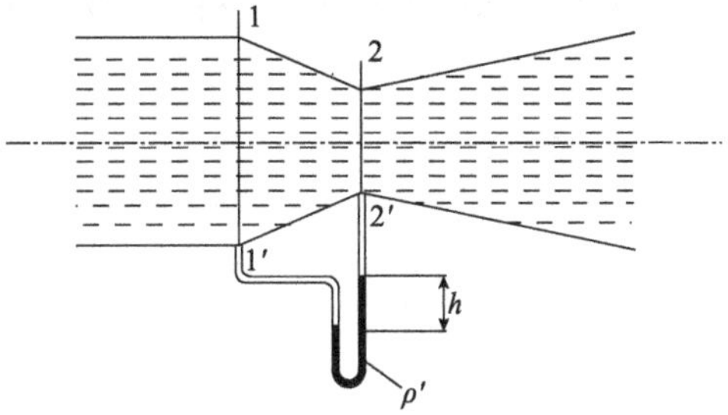

图 4－10　文丘里管

在文丘里管收缩段前的直管段截面 1 和喉部截面 2 处测量静压差，根据静压差和两个截面的面积即可计算通过管道的流量。截面 1 和截面 2 上的流速和截面积分别为 v_1、A_1 和 v_2、A_2，在这两个截面上列伯努利方程，则：

$$\frac{p_1}{\rho g}+\frac{v_1^2}{2g}=\frac{p_2}{\rho g}+\frac{v_2^2}{2g} \tag{a}$$

根据连续方程：

$$v_1A_1=v_2A_2 \tag{b}$$

则：

$$v_2=\sqrt{\frac{2(p_1-p_2)}{\rho\left[1-\left(\frac{A_2}{A_1}\right)^2\right]}} \tag{c}$$

由流体静力学可知，$p_1-p_2=(\rho'-\rho)gh$，代入上式可得：

$$v_2=\sqrt{\frac{2g(\rho'-\rho)h}{\rho\left[1-\left(\frac{A_2}{A_1}\right)^2\right]}} \tag{4-31}$$

通过文丘里管的体积流量为：

$$q_v=v_2A_2=A_2\sqrt{\frac{2g(\rho'-\rho)h}{\rho\left[1-\left(\frac{A_2}{A_1}\right)^2\right]}} \tag{4-32}$$

由于实际流体具有黏性，在流动过程中有能量损失，而且管道截面上的速度分布也不均匀，故引入修正系数 β，则：

$$q_v=\beta A_2\sqrt{\frac{2g(\rho'-\rho)h}{\rho\left[1-\left(\frac{A_2}{A_1}\right)^2\right]}} \tag{4-33}$$

其中 β 称为文丘里管的流量系数，是由实验定的。

由于收缩段的能量损失要比扩张段小得多，所以不能用扩张段的压强改变量来计算流量，以免增大误差。

②虹吸现象。虹吸(Siphon)是利用液面高度差的作用现象。将一充满液体的倒 U 形结构的管子，一端插入高位容器中，另一端插入低位容器中，容器内的液体会持续通过虹吸管从高位容器流入低位容器。如图 4－11 所示，取水槽液面 1－1′与虹吸高出口截面 2－2′为控制体进、出口截面，忽略阻力损失(包括沿程

阻力损失和局部阻力损失），根据伯努利方程有：

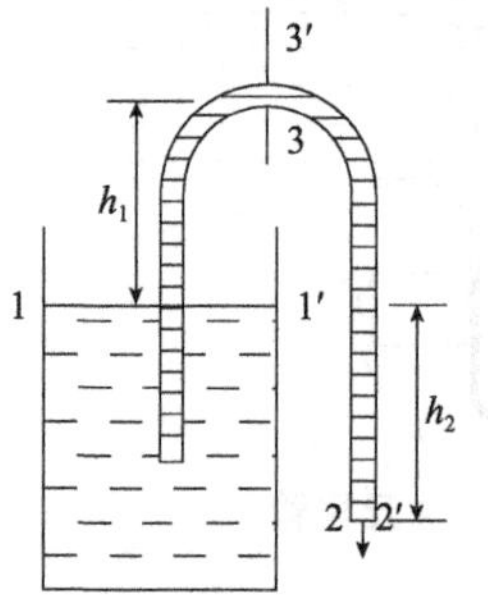

图 4－11 虹吸

$$\frac{v_1^{\ 2}}{2g}+z_1+\frac{p_1}{\rho g}=\frac{v_2^{\ 2}}{2g}+z_2+\frac{p_2}{\rho g} \tag{a}$$

因 $v_1 \ll v_2$，所以 $v_1^{\ 2}$ 忽略不计；且 $p_1 = p_2 = p_0$，$\Delta z_{12} = h_2$

因此有：
$$v_2 = \sqrt{2gh_2} \tag{b}$$

再取截面 1－1′与虹吸管顶点截面 3－3′的控制体为研究对象，忽略阻力，由伯努利方程有：

$$\frac{v_3^{\ 2}}{2g}+z_3+\frac{p_3}{\rho g}=\frac{v_1^{\ 2}}{2g}+z_1+\frac{p_1}{\rho g} \tag{c}$$

因 $v_1 \ll v_3$，$v_1^{\ 2}$ 可忽略不计，$\Delta z_{13} = h_1$，$p_1 = p_0$

根据质量守恒定理，$\rho_1 V_1 A_1 = \rho_3 V_3 A_3$ 可知，等直流管时，$v_3 = v_2$，于是：

$$p_3 = p_0 - \rho g(h_1 + h_2) \tag{4-34}$$

讨论：因为 $h_1 + h_2$ 恒大于零，所以相对压强 $\rho g(h_1 + h_2) > p_0$，故 $p_3 < 0$。证明截面 3－3′处于负压状态。

因此产生虹吸现象的实质是因为重力和分子间的黏聚力产生的。管中最高点流体在重力作用下向低位管口处移动，在管内造成负压，使高位管口的流体被吸到最高点，从而使流体源源不断地流入低位容器。

③皮托管。皮托管（Pitot tube）是测量气流总压和静压以确定气流速度的一种管状装置。

如图 4－12 所示，当流体流过皮托管前端中心 B 处时，流体速度将滞止为零，其动能转化为压力能，使 B 点总压力能增加。流体速度滞止为零的点称为驻点，此点压力为驻点压力。在 AB 流线上建立 A、B 两点的伯努利方程。

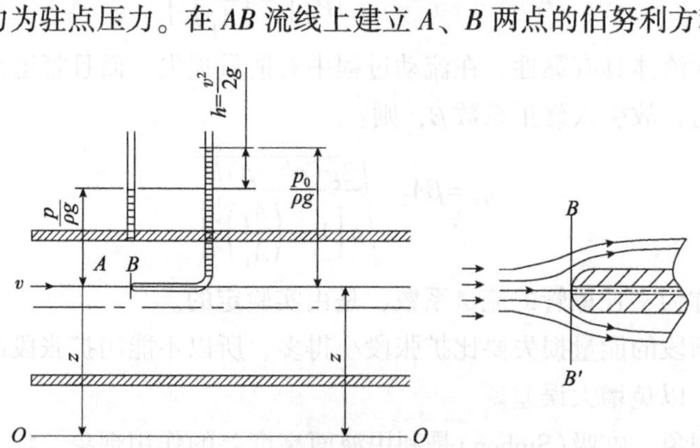

图 4－12 皮托管与静压管测量流速

无皮托管时：
$$\frac{v_A^2}{2g}+z_A+\frac{p_A}{\rho g}=\frac{v_B^2}{2g}+z_B+\frac{p_B}{\rho g} \tag{a}$$

有皮托管时：
$$\frac{v_A^2}{2g}+z_A+\frac{p_A}{\rho g}=\frac{v_{B0}^2}{2g}+z_{B0}+\frac{p_{B0}}{\rho g} \tag{b}$$

因为 $z_B=z_A$，$v_{B0}=0$，比较式(a)、式(b)得：

$$\frac{p_{B0}}{\rho g}=\frac{v_B^2}{2g}+\frac{p_B}{\rho g} \tag{4-35}$$

全压头 = 动压头 + 静压头

式(4-35)表明驻点压力高出静压力的部分就是由流动动能转化而来，这就是皮托管原理。

流量测量是石油化工工艺流程中常见的测量手段，其方法是在管道上安装节流元件(如文丘里管、孔板、喷嘴等)，然后测量其前后的压力差来确定流量。

$$z+\frac{p}{\rho g}+\frac{v^2}{2g}=z+\frac{p_0}{\rho g}+0$$

则 A 的流速为：

$$v=\sqrt{\frac{2(p_0-p)}{\rho}}=\sqrt{2gh}$$

工程上实际中使用的皮托管多与静压管组合成一体，成为皮托 - 静压管。

实际上，由于皮托 - 静压管的头部和小孔等因素的影响，测得的压差有一定偏差，故引入系数 K，则：

$$v=\sqrt{\frac{2K(p_0-p)}{\rho}}$$

式中，K 称为皮托 - 静压管的校正系数，因为 K 影响压强，故乘以压强来修正，大约在 0.98 ~ 1.05 之间。

④孔板流量计。孔板流量计(Orifice flowmeter)是节流式流量计的一种，它的主要部件是一块中间带有圆孔的圆形不锈钢板，装在需要测量流量的管道上，孔板前后有取压孔分别与差压计的两端相连接，如图 4-13 所示。

由于孔板的节流作用，流束在孔板前开始收缩，而在孔板后某一距离处才达到最小截面(缩颈)，然后又逐渐扩大到整个管道截面。由于通流截面积的减小，使得流速增大，静压强下降；同时伴随有能量损失，而且这种能量损失将随着流速的增大而增大。因此，只要测出孔板前后的静压差，即可根据伯努利方程计算出通过管道的流量。

如图 4-14 所示，可以把截面 A_1 与 A_c 处流体的流动视为与管道中心线相平行的平直流动，假设不可压缩流体在管道中做定常流动，暂不考虑流动损失，则根据连续方程和伯努利方程有：

$$v_1A_1=v_cA_c \tag{a}$$

$$\frac{p_1}{\rho g}+\frac{v_1^2}{2g}=\frac{p_c}{\rho g}+\frac{v_c^2}{2g} \tag{b}$$

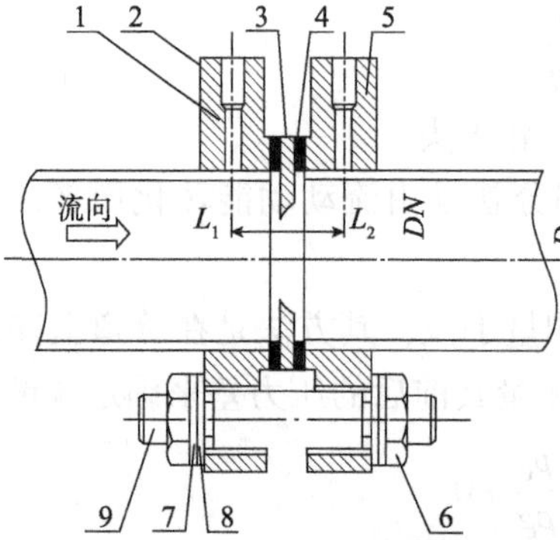

图 4-13　孔板流量计结构图

1，4—上、下游密封垫；2—上游区压法兰；
3—孔板；5—下游区压法兰；6—螺母；
7—弹簧垫圈；8—垫圈；9—双头螺柱

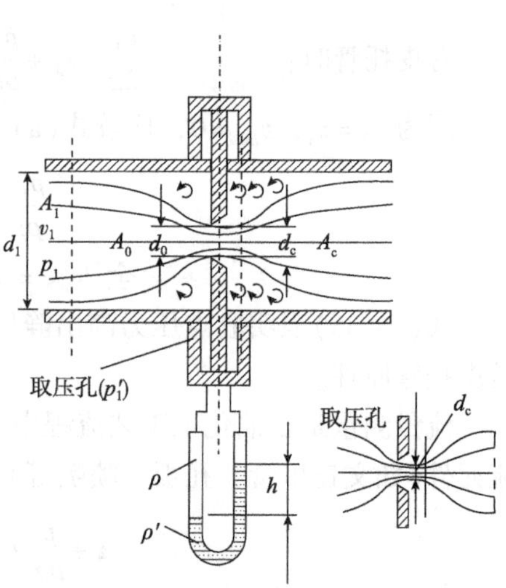

图 4-14　孔板流量计原理图

流速的最小截面积 A_c 与孔板的圆孔面积 A_0 的关系可以表示为：

$$C_c=\frac{A_c}{A_0} \tag{c}$$

式中，C_c 为流体的收缩系数。

又令：

$$m=\frac{A_0}{A_1} \tag{d}$$

将式(a)、式(c)、式(d)代入式(b)，整理后可得：

$$v_c=\sqrt{\frac{1}{1-C_c^2m^2}}\sqrt{\frac{2}{\rho}(p_1-p_c)} \tag{e}$$

当用实际测得的 p_1' 和 p_2' 去代替上式中的 p_1 和 p_c 时，应加修正系数 ζ，即：

$$p_1-p_c=\zeta^2(p_1'-p_2'),\ \zeta^2=\frac{p_1-p_c}{p_1'-p_2'} \tag{f}$$

$$p_1'+\rho gh=p_2'+\rho' gh,\ 则\ p_1'-p_2'=(\rho'-\rho)gh \tag{g}$$

因此：

$$v_c=\frac{\zeta}{\sqrt{1-C_c^2m^2}}\sqrt{\frac{2(p_1'-p_2')}{\rho}}=\frac{\zeta}{\sqrt{1-C_c^2m^2}}\sqrt{\frac{2g(\rho'-\rho)h}{\rho}} \tag{h}$$

由于：

a. 实际上孔板流量计的取压位置并不在截面 A_1 与 A_c 处，而是在靠近孔板的两侧，而且流体流过孔板时有能量损失，因此实际测得的压强 p_1' 和 p_2' 与截面 A_1 和 A_c 处的压强 p_1 和 p_c 有所不同。

b. 考虑到管壁粗糙与孔板圆孔边缘不尖锐度等因素的影响，则：

$$q_v = v_c A_c = \frac{C_c \zeta}{\sqrt{1 - C_c^2 m^2}} A_0 \sqrt{\frac{2g(\rho' - \rho)h}{\rho}} \tag{i}$$

令

$$\alpha = \frac{C_c \zeta}{\sqrt{1 - C_c^2 m^2}} \tag{j}$$

则：

$$q_v = \alpha A_0 \sqrt{\frac{2g(\rho' - \rho)h}{\rho}} \tag{4-36}$$

式中 α 称为孔板的流量系数，可由实验测出，标准孔板的流量系数 α 可查表。

4.3　流体动力学微分方程(Fluid dynamics differential equation)

用控制体方法所建立的积分方程，主要描述的是流体运动的宏观特性，即流体流动过程中总质量、总动量和总能量的总体变化，并未涉及控制体内部点的流动状况。要描述流场参数如速度、压力、切应力等的详细分布，必须着眼于流场中的点(微元体)所建立的流体流动微分方程。微分方程所给出的流场分布信息，不仅能提示宏观流动现象的内在机理，而且是确定最大速度、流动阻力、壁面应力等工程实用参数所必需的。积分方程在于反映流动过程中流体总质量、总动量和总能量的变化。微分方程在于获得流场分布的详细信息以揭示宏观流动现象的内在规律。

4.3.1　连续方程

连续方程(Continuous equation)是基于质量守恒原理，是流动流体质量守恒的数学描述，与基于控制体建立的质量守恒积分方程相对应，是基于流场中的点(微元体)所建立的质量守恒微分方程。

(1)基于欧拉法推导的连续方程

在流场内取一个固定不动的平行六面体微元控制体，其边长分别为 dx、dy、dz。设六面体中心坐标为 $M(x, y, z)$，并假定流体在 M 点的密度为 ρ，速度为 v，并且 x，y，z 轴的分量分别为 v_x、v_y、v_z，如图 4-15 所示。

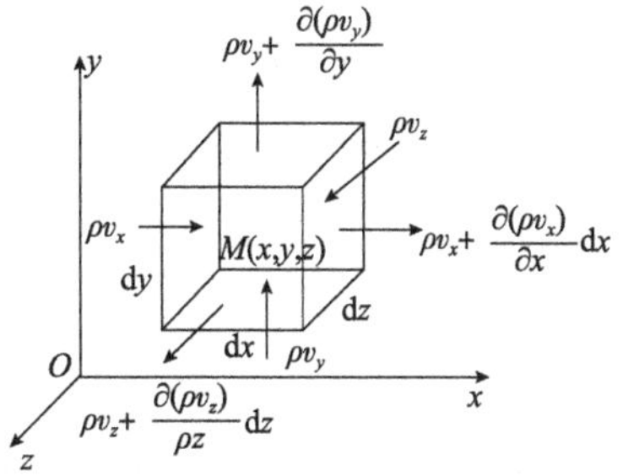

图 4-15　流体微元体

由于流体是连续不断地流进流出控制体，并且流体作为连续介质充满流动空间。控制体的体积固定不变，故根据质量守恒原理应有：

$$\begin{matrix}\text{单位时间内流出}\\\text{控制体的流体质量}\end{matrix} - \begin{matrix}\text{单位时间内流入}\\\text{控制体的流体质量}\end{matrix} = \begin{matrix}\text{单位时间内控制体内}\\\text{流体质量的变化}\end{matrix}$$

如图4-15所示，把所有的流向都分解到x，y，z三个方向六个垂直面上。先考虑x方向的问题，在六面体中心通过垂直于x轴方向的单位面积的质量流量(流通量)为ρv_x，运用泰勒级数展开并略去高阶无穷小量，则通过微元控制体左、右两表面的相应值分别为ρv_x和$\rho v_x+\frac{\partial(\rho v_x)}{\partial x}\mathrm{d}x$。

在x轴方向上，单位时间内流入控制体的流体质量为$\rho v_x\mathrm{d}y\mathrm{d}z$，单位时间内流出控制体的流体质量为$\left[\rho v_x+\frac{\partial(\rho v_x)}{\partial x}\mathrm{d}x\right]\mathrm{d}y\mathrm{d}z$，两者差为$\frac{\partial}{\partial x}(\rho v_x)\mathrm{d}x\mathrm{d}y\mathrm{d}z$。

同理，在y轴方向，z轴方向流出与流入流体质量差分别为$\frac{\partial}{\partial y}(\rho v_y)\mathrm{d}x\mathrm{d}y\mathrm{d}z$和$\frac{\partial}{\partial z}(\rho v_z)\mathrm{d}x\mathrm{d}y\mathrm{d}z$。

则单位时间内，流出与流入控制体的流体总质量之差：

$$\left[\frac{\partial(\rho v_x)}{\partial x}+\frac{\partial(\rho v_y)}{\partial y}+\frac{\partial(\rho v_z)}{\partial z}\right]\mathrm{d}x\mathrm{d}y\mathrm{d}z。$$

再者，由于流体是作为连续介质充满整个控制体内，而控制体的体积又是固定不变的，所以流出与流入控制体的质量之差只可能引起控制体内流体密度的变化，从而引起控制体内流体的质量发生变化。单位时间内由于控制体内流体的密度变化而引起的质量变化为$\frac{\partial\rho}{\partial t}\mathrm{d}x\mathrm{d}y\mathrm{d}z$。

根据质量守恒定律，必有：

$\frac{\mathrm{d}m}{\mathrm{d}t}=0$，即：

$$\left[\frac{\partial(\rho v_x)}{\partial x}+\frac{\partial(\rho v_y)}{\partial y}+\frac{\partial(\rho v_z)}{\partial z}\right]\mathrm{d}x\mathrm{d}y\mathrm{d}z+\frac{\partial\rho}{\partial t}\mathrm{d}x\mathrm{d}y\mathrm{d}z=0$$

上式中，当流出控制体的流体质量多于流入的流体质量时，控制体内流体的密度降低，$\frac{\partial\rho}{\partial t}$为负，反之为正。

整理简化得：

$$\frac{\partial\rho}{\partial t}+\frac{\partial(\rho v_x)}{\partial x}+\frac{\partial(\rho v_y)}{\partial y}+\frac{\partial(\rho v_z)}{\partial z}=0 \tag{4-37}$$

式(4-37)即为流体流动微分形式的连续方程，简称连续方程。

(2)基于拉格朗日法推导的连续方程

从流场中任取一流体微团，它由同一些流体质点所组成，质量为δm，体积为δV，该流体微团的空间位置、大小和形状随时间不断改变，但它的质量δm保持不变，如图 4－16 所示。

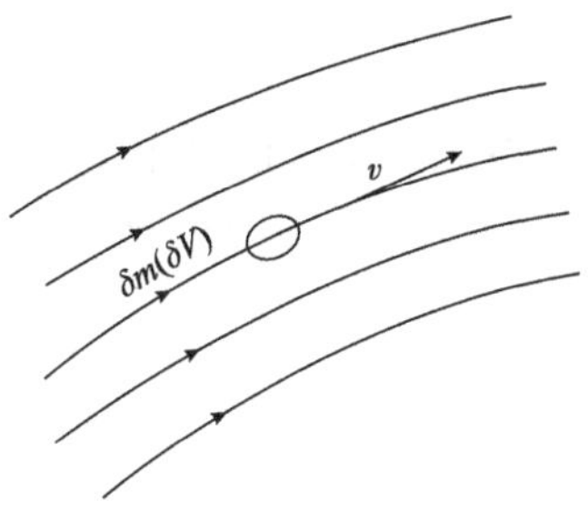

图 4－16 拉格朗日连续方程

即： $$\frac{\mathrm{d}}{\mathrm{d}t}\delta m=0 \tag{a}$$

又因为： $$\delta m=\rho\delta V \tag{b}$$

所以： $$\frac{\mathrm{d}}{\mathrm{d}t}(\rho\delta V)=0 \tag{c}$$

展开得： $$\delta V\frac{\mathrm{d}\rho}{\mathrm{d}t}+\rho\frac{\mathrm{d}(\delta V)}{\mathrm{d}t}=0 \tag{d}$$

$$\frac{1}{\rho}\frac{\mathrm{d}\rho}{\mathrm{d}t}+\frac{1}{\delta V}\frac{\mathrm{d}(\delta V)}{\mathrm{d}t}=0 \tag{e}$$

式中 $\frac{1}{\delta V}\frac{\mathrm{d}(\delta V)}{\mathrm{d}t}$ 表示单位体积流体微团的膨胀（收缩）率，由流体微团运动和变形可得：

$$\frac{1}{\delta V}\frac{\mathrm{d}(\delta V)}{\mathrm{d}t}=\frac{\partial v_x}{\partial x}+\frac{\partial v_y}{\partial y}+\frac{\partial v_z}{\partial z} \tag{f}$$

所以得连续方程：

$$\frac{1}{\rho}\frac{\mathrm{d}\rho}{\mathrm{d}t}+\frac{\partial v_x}{\partial x}+\frac{\partial v_y}{\partial y}+\frac{\partial v_z}{\partial z}=0 \tag{4-38}$$

（3）连续方程的矢量形式

式（4－38）的矢量式为：

$$\frac{\partial\rho}{\partial t}+\rho\nabla\cdot\boldsymbol{v}=0 \tag{4-39}$$

式中 $\rho\boldsymbol{v}=\rho v_x\boldsymbol{i}+\rho v_y\boldsymbol{j}+\rho v_z\boldsymbol{k}$ 可看作流过单位面积的质量流量，它的散度 $\nabla\cdot(\rho\boldsymbol{v})=\frac{\partial(\rho v_x)}{\partial x}+\frac{\partial(\rho v_y)}{\partial y}+\frac{\partial(\rho v_z)}{\partial z}$ 表示单位体积控制体的质量流量，$\boldsymbol{v}$ 可看作流过单位面积的体积流量，速度散度 $\nabla\cdot\boldsymbol{v}$ 则表示单位体积的流体在单位时间内的体积增量，通常称为体变形率。

（4）连续方程性质

①连续方程实质上是质量守恒定律在流体力学中的应用。所以，任何不满足连续方程的流动是不可能存在的。

②在推导过程中不涉及流体的受力情况，故连续方程是一个运动方程。

③连续方程是流体力学的基本方程之一，它适用于可压缩和不可压缩流体，也适用于定常流动和非定常流动，还适用于理想流体和黏性流体。

（5）几种简化形式

①定常流动。

$\frac{\partial\rho}{\partial t}=0$，则简化为：

$$\frac{\partial(\rho v_x)}{\partial x}+\frac{\partial(\rho v_y)}{\partial y}+\frac{\partial(\rho v_z)}{\partial z}=0 \tag{4-40}$$

②不可压缩均质流体。

$\rho=\text{const}$，则简化为：

$$\frac{\partial v_x}{\partial x}+\frac{\partial v_y}{\partial y}+\frac{\partial v_z}{\partial z}=0 \tag{4-41a}$$

或

$$\nabla\cdot\boldsymbol{v}=0 \tag{4-41b}$$

对于二维不可压缩流体则有：

$$\frac{\partial v_x}{\partial x}+\frac{\partial v_y}{\partial y}=0 \tag{4-42}$$

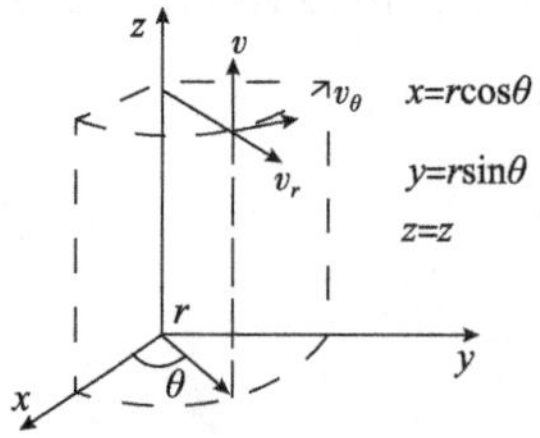

图4-17 流体伯努利方程

(6)圆柱坐标中的连续方程

对于以 r 为径向坐标、θ 为周向坐标、z 为轴向坐标的柱坐标体系，见图4-17。

其连续方程为：

$$\frac{\partial\rho}{\partial t}+\frac{1}{r}\frac{\partial}{\partial r}(\rho r v_r)+\frac{1}{r}\frac{\partial}{\partial\theta}(\rho v_\theta)+\frac{\partial}{\partial z}(\rho v_z)=0 \tag{4-43}$$

其中，v_r、v_θ、v_z 分别为 r、θ、z 坐标方向的速度分量。特别地，对于不可压缩流体，柱坐标系下的连续方程可简化为：

$$\frac{1}{r}\frac{\partial(r v_r)}{\partial r}+\frac{1}{r}\frac{\partial v_\theta}{\partial\theta}+\frac{\partial v_z}{\partial z}=0 \tag{4-44}$$

4.3.2 运动方程

运动方程(Equation of motion)是基于动量守恒定律，是流动流体动量守恒的数学描述，它与基于控制体建立的动量守恒积分方程相对应，运动方程是基于流场中的点(微元体)所建立的动量守恒微分方程，称为微分形式的动量方程或称运动方程。

(1)以应力表示的黏性流体运动方程

所谓以应力表示的运动方程就是直接根据动量守恒定律，得到的含流体应力的微分方程。

以空间微元体作为控制体为研究对象，微元体是在确定的空间点来考察流体流动时所取的一个体积为 $\mathrm{d}x\mathrm{d}y\mathrm{d}z$ 的流场空间，针对微元体的动量守恒，可写出表达式为：

作用于微元体诸力之矢量和 = 输出微元体的动量流量 − 输入微元体的动量流量 + 微元体内的动量变化率

即 $\delta\boldsymbol{F}=\dfrac{\mathrm{d}}{\mathrm{d}t}(\delta m\boldsymbol{v})$。当 δm 为常数时，则 $\delta\boldsymbol{F}=\delta m\dfrac{\mathrm{d}\boldsymbol{v}}{\mathrm{d}t}$

①作用于微元体上的力。

微元体上的力分为体积力和表面力，如图 4－18 所示。

体积力：设单位质量上的质量力在 x、y、z 方向上的分量分别为 f_x、f_y、f_z。则微元体在 x、y、z 方向上受到的体积力（微元体总体质量上的力）分别为 $f_x\rho dxdydz$、$f_y\rho dxdydz$、$f_z\rho dxdydz$。

特例：当流体只受重力场作用时，则 $f_x=0$，$f_y=0$，$f_z=-g$。

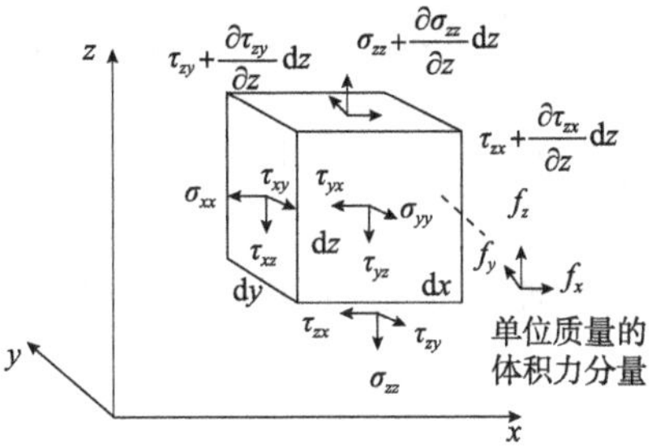

图 4－18　微元体上的力

表面力：作用于流体表面的总力，由外压力引起。微元体表面是与外界联系的界面，其单位面积上的表面力分为正应力和切应力。

作用于与 x 垂直方向微元面上的力有：σ_{xx}、τ_{xy}、τ_{xz}。

作用于与 y 垂直方向微元面上的力有：σ_{yy}、τ_{yx}、τ_{yz}。

作用于与 z 垂直方向微元面上的力有：σ_{zz}、τ_{zx}、τ_{zy}。

注：a. 下标说明，第一个下标表示应力作用面的法线方向，第二个下标表示应力的作用方向，如：τ_{yx}表示在垂直于 y 轴的表面上沿 x 方向作用的切应力。

b. 正应力正负规定，“拉为正，压为负”。

c. 切应力正负规定，流体微团表面外法线方向与坐标轴方向相同，则此面为正面；流体微团表面外法线方向与坐标轴方向相反，则此面为负面。正面上切应力方向与坐标轴方向相同为正，相反为负；负面上切应力方向与坐标轴方向相反为正，相同为负。

说明：a. 作用于每一微元面上 3 个应力，其中一个正应力 σ，两个切应力 τ，微元共有 6 个正应力，12 个切应力，由切应力互等定理知：

$$\begin{cases}\tau_{xy}=\tau_{yx}\\ \tau_{xz}=\tau_{zx}\\ \tau_{yz}=\tau_{zy}\end{cases}$$

因此，流场中任一点的 18 个应力分量中，只有 12 个是独立分量。

b. 微元体表面力的总力分量。

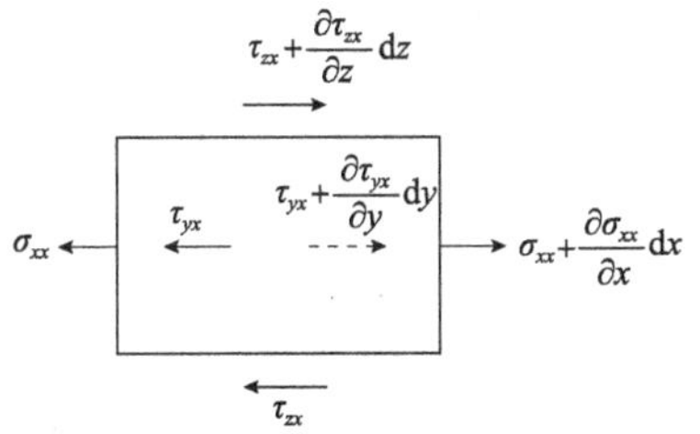

图 4－19　微元体表面力的总力分量

如图4－19所示以 x 方向为例，则微元体在 x 方向上的表面力为：

$$\left(\sigma_{xx}+\frac{\partial\sigma_{xx}}{\partial x}\mathrm{d}x-\sigma_{xx}\right)\mathrm{d}y\mathrm{d}z+\left(\tau_{zx}+\frac{\partial\tau_{zx}}{\partial z}\mathrm{d}z-\tau_{zx}\right)\mathrm{d}x\mathrm{d}y+\left(\tau_{yx}+\frac{\partial\tau_{yx}}{\partial y}\mathrm{d}y-\tau_{yx}\right)\mathrm{d}z\mathrm{d}x=\left(\frac{\partial\sigma_{xx}}{\partial x}+\frac{\partial\tau_{yx}}{\partial y}+\frac{\partial\tau_{zx}}{\partial z}\right)\mathrm{d}x\mathrm{d}y\mathrm{d}z$$

同理，微元体在 y、z 方向的表面力分别为 $\left(\frac{\partial\tau_{xy}}{\partial x}+\frac{\partial\sigma_{yy}}{\partial y}+\frac{\partial\tau_{zy}}{\partial z}\right)\mathrm{d}x\mathrm{d}y\mathrm{d}z$ 和 $\left(\frac{\partial\tau_{xz}}{\partial x}+\frac{\partial\tau_{yz}}{\partial y}+\frac{\partial\sigma_{zz}}{\partial z}\right)\mathrm{d}x\mathrm{d}y\mathrm{d}z$。

②以应力表示的运动方程。

根据牛顿第二定律，在 x 方向的运动微分方程为：

$$f_x\rho\mathrm{d}x\mathrm{d}y\mathrm{d}z+\left(\frac{\partial\sigma_{xx}}{\partial x}+\frac{\partial\tau_{yx}}{\partial y}+\frac{\partial\tau_{zx}}{\partial z}\right)\mathrm{d}x\mathrm{d}y\mathrm{d}z=\rho\mathrm{d}x\mathrm{d}y\mathrm{d}z\frac{\mathrm{d}v_x}{\mathrm{d}t}$$

简化并同理可得到：

$$\begin{cases}f_x+\dfrac{1}{\rho}\dfrac{\partial\sigma_{xx}}{\partial x}+\dfrac{1}{\rho}\left(\dfrac{\partial\tau_{yx}}{\partial y}+\dfrac{\partial\tau_{zx}}{\partial z}\right)=\dfrac{\mathrm{d}v_x}{\mathrm{d}t}\\ f_y+\dfrac{1}{\rho}\dfrac{\partial\sigma_{yy}}{\partial y}+\dfrac{1}{\rho}\left(\dfrac{\partial\tau_{zy}}{\partial z}+\dfrac{\partial\tau_{xy}}{\partial x}\right)=\dfrac{\mathrm{d}v_y}{\mathrm{d}t}\\ f_z+\dfrac{1}{\rho}\dfrac{\partial\sigma_{zz}}{\partial z}+\dfrac{1}{\rho}\left(\dfrac{\partial\tau_{xz}}{\partial x}+\dfrac{\partial\tau_{yz}}{\partial y}\right)=\dfrac{\mathrm{d}v_z}{\mathrm{d}t}\end{cases}\tag{4－45}$$

根据随体导数定义，得：$\dfrac{\mathrm{d}\boldsymbol{v}}{\mathrm{d}t}=\dfrac{\partial\boldsymbol{v}}{\partial t}+v_x\dfrac{\partial\boldsymbol{v}}{\partial x}+v_y\dfrac{\partial\boldsymbol{v}}{\partial y}+v_z\dfrac{\partial\boldsymbol{v}}{\partial z}$

则：

$$\begin{cases}\dfrac{\mathrm{d}v_x}{\mathrm{d}t}=\dfrac{\partial v_x}{\partial t}+v_x\dfrac{\partial v_x}{\partial x}+v_y\dfrac{\partial v_x}{\partial y}+v_z\dfrac{\partial v_x}{\partial z}\\ \dfrac{\mathrm{d}v_y}{\mathrm{d}t}=\dfrac{\partial v_y}{\partial t}+v_x\dfrac{\partial v_y}{\partial x}+v_y\dfrac{\partial v_y}{\partial y}+v_z\dfrac{\partial v_y}{\partial z}\\ \dfrac{\mathrm{d}v_z}{\mathrm{d}t}=\dfrac{\partial v_z}{\partial t}+v_x\dfrac{\partial v_z}{\partial x}+v_y\dfrac{\partial v_z}{\partial y}+v_z\dfrac{\partial v_z}{\partial z}\end{cases}$$

得：

$$\begin{cases}\dfrac{\partial v_x}{\partial t}+v_x\dfrac{\partial v_x}{\partial x}+v_y\dfrac{\partial v_x}{\partial y}+v_z\dfrac{\partial v_x}{\partial z}=f_x+\dfrac{1}{\rho}\left(\dfrac{\partial\sigma_{xx}}{\partial x}+\dfrac{\partial\tau_{yx}}{\partial y}+\dfrac{\partial\tau_{zx}}{\partial z}\right)\\ \dfrac{\partial v_y}{\partial t}+v_x\dfrac{\partial v_y}{\partial x}+v_y\dfrac{\partial v_y}{\partial y}+v_z\dfrac{\partial v_y}{\partial z}=f_y+\dfrac{1}{\rho}\left(\dfrac{\partial\tau_{xy}}{\partial x}+\dfrac{\partial\sigma_{yy}}{\partial y}+\dfrac{\partial\tau_{zy}}{\partial z}\right)\\ \dfrac{\partial v_z}{\partial t}+v_x\dfrac{\partial v_z}{\partial x}+v_y\dfrac{\partial v_z}{\partial y}+v_z\dfrac{\partial v_z}{\partial z}=f_z+\dfrac{1}{\rho}\left(\dfrac{\partial\tau_{xz}}{\partial x}+\dfrac{\partial\tau_{yz}}{\partial y}+\dfrac{\partial\sigma_{zz}}{\partial z}\right)\end{cases}\tag{4－46}$$

式(4－46)为以应力表示的黏性流体的运动方程。

注：a. 从式(4－46)可以看出方程具有下列关系，以 x 方向单位质量为例，加速度$\left[\dfrac{\mathrm{d}v_x}{\mathrm{d}t}\right]$＝体积力$[f_x]$＋表面力$\left[\dfrac{1}{\rho}\left(\dfrac{\partial\sigma_{xx}}{\partial x}+\dfrac{\partial\tau_{yx}}{\partial y}+\dfrac{\partial\tau_{zx}}{\partial z}\right)\right]$

b. 式(4－46)适用于牛顿流体和非牛顿流体，层流流动和湍流流动。

(2)以速度和压力表示的黏性流体运动微分方程(N－S方程)

从以应力表示的黏性流体的运动方程中可知，方程中有13个未知量，即3个速度分量，6个独立的应力分量，密度ρ及3个质量力分量。当f_x、f_y、f_z已知，对于不可压缩流体来说，ρ也是已知常数，仍有9个未知量，而只已知3个运动方程和1个连续方程，因此需要寻找补充方程。

广义的牛顿剪切定律给出了应力与应变之间的关系，又根据流体微团运动和变形可知应变与变形速率有关，因此，正压力和切应力与变形速率相关，即引入了牛顿流体本构方程。再将应力从运动方程中消去，得到由速度分量和压力表示的黏性流体运动微分方程，即纳维－斯托克斯方程(Navier－Stokes equations)，简称N－S方程。

①斯托克斯基本假设。

对于以应力表示的运动方程，要建立补充方程就要首先寻找流体应力与速度变化之间的内在联系。流体应力不是与应变的大小有关，而是与应变的速率直接相关，应变速率即单位时间的应变，包括线变形率如$\frac{\partial v_x}{\partial x}$；角变形率如$\frac{\partial v_x/\partial y+\partial v_y/\partial x}{2}$和体变形率如$\nabla \cdot v=\frac{\partial \boldsymbol{v}_x}{\partial x}+\frac{\partial \boldsymbol{v}_y}{\partial y}+\frac{\partial \boldsymbol{v}_z}{\partial z}$等。

其基本假设：

a. 流体是各向同性的，即应力与变形速率的关系在任一点的各个方向都是相同的。

b. 应力分量与变形速率呈线性关系。

c. 当变形速度为零时，切应力为零，法向应力为理想流体的压强，即$\sigma_{xx}=\sigma_{yy}=\sigma_{zz}=-p$，说明流体运动的极限状态是静止，静止时静压力为$p$，流体运动只是在静止基础上附加运动产生的力，即$p$+运动产生的力。

②应变张量(Strain tensor)。

如图4－20所示，M_0为流体微团中的一点，其速度为v_0，M为点M_0所在的流体微团邻域上的任一点，其速度为v，那么v可表示为：

$$v=v_0+\omega\times \mathrm{d}r+\varepsilon \mathrm{d}r \qquad (4-47)$$

式中，ε是应变率张量，ω为微团旋转角速度。式中第二项为流体微团像刚体一样旋转时所造成的相邻点的速度增量；第三项是因流体微团的变形而造成的相邻点的速度增量。假设流场是连续的，且速度的各阶导数存在，那么M点的速度可用泰勒级数展开，略去高阶无

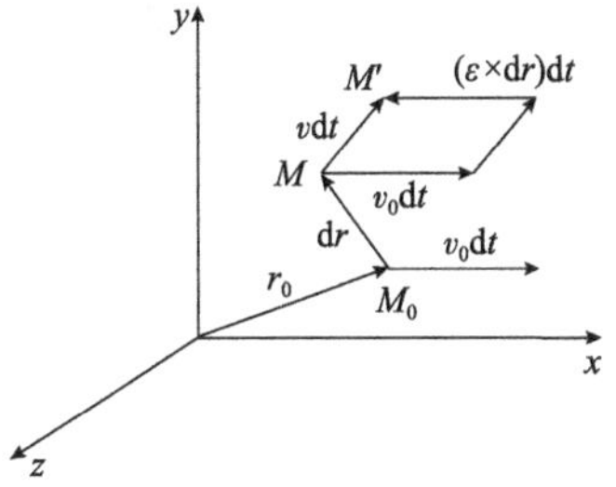

图4－20 应变张量

穷小，则在直角坐标系中(x、y、z)表示为：

$$v = v_0 + \mathrm{d}x\,\frac{\partial v}{\partial x} + \mathrm{d}y\,\frac{\partial v}{\partial y} + \mathrm{d}z\,\frac{\partial v}{\partial z} \tag{a}$$

或

$$\mathrm{d}v = v - v_0 = \mathrm{d}x\,\frac{\partial v}{\partial x} + \mathrm{d}y\,\frac{\partial v}{\partial y} + \mathrm{d}z\,\frac{\partial v}{\partial z} \tag{b}$$

则：

$$\begin{cases} \mathrm{d}v_x = \dfrac{\partial v_x}{\partial x}\mathrm{d}x + \dfrac{\partial v_x}{\partial y}\mathrm{d}y + \dfrac{\partial v_x}{\partial z}\mathrm{d}z = \mathrm{d}r \cdot \nabla v_x \\ \mathrm{d}v_y = \dfrac{\partial v_y}{\partial x}\mathrm{d}x + \dfrac{\partial v_y}{\partial y}\mathrm{d}y + \dfrac{\partial v_y}{\partial z}\mathrm{d}z = \mathrm{d}r \cdot \nabla v_y \\ \mathrm{d}v_z = \dfrac{\partial v_z}{\partial x}\mathrm{d}x + \dfrac{\partial v_z}{\partial y}\mathrm{d}y + \dfrac{\partial v_z}{\partial z}\mathrm{d}z = \mathrm{d}r \cdot \nabla v_z \end{cases} \tag{4-48a}$$

矩阵表示为：

$$\begin{bmatrix} \mathrm{d}v_x \\ \mathrm{d}v_y \\ \mathrm{d}v_z \end{bmatrix} = \begin{bmatrix} \dfrac{\partial v_x}{\partial x} & \dfrac{\partial v_x}{\partial y} & \dfrac{\partial v_x}{\partial z} \\ \dfrac{\partial v_y}{\partial x} & \dfrac{\partial v_y}{\partial y} & \dfrac{\partial v_y}{\partial z} \\ \dfrac{\partial v_z}{\partial x} & \dfrac{\partial v_z}{\partial y} & \dfrac{\partial v_z}{\partial z} \end{bmatrix} \cdot \begin{bmatrix} \mathrm{d}x \\ \mathrm{d}y \\ \mathrm{d}z \end{bmatrix} \tag{4-48b}$$

矢量表示为：

$$\mathrm{d}\boldsymbol{v} = \left[\frac{\partial \boldsymbol{v}_i}{\partial x_j}\right] \cdot \mathrm{d}\boldsymbol{r} \tag{4-48c}$$

其中 i、j 为 x、y、z 方向角标。

式中$\left[\dfrac{\partial v_i}{\partial x_j}\right]$叫作变形矩阵，可以把变形矩阵分解成一个对称矩阵和一个反对称矩阵。

$$\left[\frac{\partial v_i}{\partial x_j}\right] = \begin{bmatrix} \dfrac{\partial v_x}{\partial x} & \dfrac{1}{2}\left(\dfrac{\partial v_x}{\partial y} + \dfrac{\partial v_y}{\partial x}\right) & \dfrac{1}{2}\left(\dfrac{\partial v_x}{\partial z} + \dfrac{\partial v_z}{\partial x}\right) \\ \dfrac{1}{2}\left(\dfrac{\partial v_y}{\partial x} + \dfrac{\partial v_x}{\partial y}\right) & \dfrac{\partial v_y}{\partial y} & \dfrac{1}{2}\left(\dfrac{\partial v_y}{\partial z} + \dfrac{\partial v_z}{\partial y}\right) \\ \dfrac{1}{2}\left(\dfrac{\partial v_z}{\partial x} + \dfrac{\partial v_x}{\partial z}\right) & \dfrac{1}{2}\left(\dfrac{\partial v_z}{\partial y} + \dfrac{\partial v_y}{\partial z}\right) & \dfrac{\partial v_z}{\partial z} \end{bmatrix} +$$

$$\begin{bmatrix} 0 & \dfrac{1}{2}\left(\dfrac{\partial v_x}{\partial y} - \dfrac{\partial v_y}{\partial x}\right) & \dfrac{1}{2}\left(\dfrac{\partial v_x}{\partial z} - \dfrac{\partial v_z}{\partial x}\right) \\ \dfrac{1}{2}\left(\dfrac{\partial v_y}{\partial x} - \dfrac{\partial v_x}{\partial y}\right) & 0 & \dfrac{1}{2}\left(\dfrac{\partial v_y}{\partial z} - \dfrac{\partial v_z}{\partial x}\right) \\ \dfrac{1}{2}\left(\dfrac{\partial v_z}{\partial x} - \dfrac{\partial v_x}{\partial z}\right) & \dfrac{1}{2}\left(\dfrac{\partial v_z}{\partial y} - \dfrac{\partial v_y}{\partial z}\right) & 0 \end{bmatrix} = \begin{bmatrix} \varepsilon_{xx} & \varepsilon_{xy} & \varepsilon_{xz} \\ \varepsilon_{yx} & \varepsilon_{yy} & \varepsilon_{yz} \\ \varepsilon_{zx} & \varepsilon_{zy} & \varepsilon_{zz} \end{bmatrix} + \begin{bmatrix} 0 & -\omega_z & \omega_y \\ \omega_z & 0 & -\omega_x \\ -\omega_y & \omega_x & 0 \end{bmatrix}$$

$$\varepsilon_{xx}=\frac{\partial v_x}{\partial x},\ \varepsilon_{yy}=\frac{\partial v_y}{\partial y},\ \varepsilon_{zz}=\frac{\partial v_z}{\partial z}$$

$$\varepsilon_{xy}=\frac{1}{2}\left(\frac{\partial v_x}{\partial y}+\frac{\partial v_y}{\partial x}\right)\qquad \varepsilon_{yx}=\frac{1}{2}\left(\frac{\partial v_y}{\partial x}+\frac{\partial v_x}{\partial y}\right)$$

$$\varepsilon_{xz}=\frac{1}{2}\left(\frac{\partial v_x}{\partial z}+\frac{\partial v_z}{\partial x}\right)\qquad \varepsilon_{zx}=\frac{1}{2}\left(\frac{\partial v_z}{\partial x}+\frac{\partial v_x}{\partial z}\right)$$

$$\varepsilon_{yz}=\frac{1}{2}\left(\frac{\partial v_y}{\partial z}+\frac{\partial v_z}{\partial y}\right)\qquad \varepsilon_{zy}=\frac{1}{2}\left(\frac{\partial v_z}{\partial y}+\frac{\partial v_y}{\partial z}\right)$$

或写为：

$$\varepsilon_{ij}=\frac{1}{2}\left(\frac{\partial v_i}{\partial x_j}+\frac{\partial v_j}{\partial x_i}\right)\tag{4-49}$$

其中 ε_{ij}表示所在方向的线变形率，$\varepsilon_{ij}(i\neq j)$为角变形率。

$$\omega_x=\frac{1}{2}\left(\frac{\partial v_z}{\partial y}-\frac{\partial v_y}{\partial z}\right)$$

$$\omega_z=\frac{1}{2}\left(\frac{\partial v_y}{\partial x}-\frac{\partial v_x}{\partial y}\right)$$

$$\omega_y=\frac{1}{2}\left(\frac{\partial v_x}{\partial z}-\frac{\partial v_z}{\partial z}\right)$$

或写为：

$$\omega_k=\frac{1}{2}\left(\frac{\partial v_j}{\partial x_i}-\frac{\partial v_i}{\partial x_j}\right)\tag{4-50}$$

式中 ω_x、ω_y、ω_z 为流体微团的旋转角速度。

③应力张量(Stress tensor)。

a. 应力特点：

对于静止流体，一点处的面力与作用面外法线方向平行，但方向相反，且单位面积上作用力的大小与作用面法线方向无关，即压强 p。

对于理想流体，不论流体是静止还是流动，理想流体中的面力只有压力，且一点的压强与作用面法线的方向无关。

对于黏性流体，除了正应力以外，还有由于黏性引起的切应力。因此一个表面上的总应力一般不垂直此表面，而且在不同方向上的应力也不相等。

b. 应力张量：

在运动的黏性流体中任一点 A 处取一垂直与 z 轴的平面，则作用在该平面上 A 点的表面应力 p_A并非沿法线方向，而是倾斜方向。由此可知，任一点在 3 个相互垂直的作用面上的应力共有 9 个分量，其中 3 个正应力 σ_{xx}、σ_{yy}、σ_{zz}和 6 个切应力 τ_{xy}、τ_{xz}、τ_{yx}、τ_{yz}、τ_{zx}、τ_{zy}。

写成矩阵形式：
$$\begin{bmatrix} \sigma_{xx} & \tau_{xy} & \tau_{xz} \\ \tau_{yx} & \sigma_{yy} & \tau_{yz} \\ \tau_{zx} & \tau_{zy} & \sigma_{zz} \end{bmatrix}$$

用统一符号 σ_{ij}表示的形式：

$$\sigma_{ij} = \begin{bmatrix} \sigma_{xx} & \sigma_{xy} & \sigma_{xz} \\ \sigma_{yx} & \sigma_{yy} & \sigma_{yz} \\ \sigma_{zx} & \sigma_{zy} & \sigma_{zz} \end{bmatrix} \tag{4-51}$$

式(4－51)称为应力张量，它是二阶张量，而且是对称张量。

④切向应力与角变形速率的关系。

a. 剪应力互等定理：取一正六面体流体微团在受力情况下对 xy 平面的投影，根据达朗伯原理，作用在微元正六面体上的各力对通过六面体质心 M 且与 z 轴平行的轴的力矩之和应等于零。为此先做如下假设：一是所有法向应力的合力都与取矩的中心轴线相交，因此力矩为零；二是在切向应力(Tangential stress)中，第一个角标为 z 的力与取矩的中心轴线相交，所以它们的力矩为零。第二个角标为 z 的力，由于力的作用方向与取矩的中心轴线相平行，它们的力矩也为零；三是质量力作用在微元正六面体的质心 M，因此力矩为零；四是对于转动惯性力矩，因为它与转动惯量成正比，显然是四阶的小量，可以忽略，如图 4－21 所示。

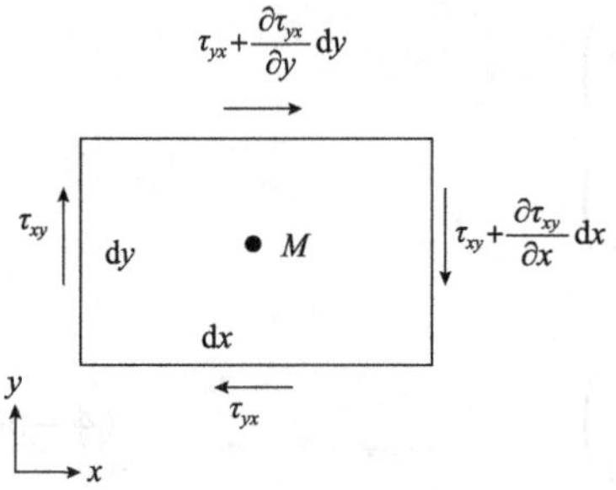

图4－21　切应力之间的关系

这样，作用在微元正六面体上所有力对过质心 M 且与 z 轴平行的轴的力矩之和为：

$$\tau_{xy}\mathrm{d}y\mathrm{d}z\,\frac{\mathrm{d}x}{2} + \left(\tau_{xy} + \frac{\partial \tau_{xy}}{\partial x}\mathrm{d}x\right)\mathrm{d}y\mathrm{d}z\,\frac{\mathrm{d}x}{2} - \tau_{yz}\mathrm{d}x\mathrm{d}z\,\frac{\mathrm{d}y}{2} - \left(\tau_{yx} + \frac{\partial \tau_{yx}}{\partial y}\mathrm{d}y\right)\mathrm{d}x\mathrm{d}z\,\frac{\mathrm{d}y}{2} = 0$$

略去四阶小量，并注意到 $\mathrm{d}x\mathrm{d}y\mathrm{d}z \neq 0$，则：

$$\begin{cases} \tau_{xy} = \tau_{yx} \\ \tau_{yz} = \tau_{zy} \\ \tau_{zx} = \tau_{xz} \end{cases}$$

因此，在黏性流体内任一点只存在三个独立的切向应力。

b. 广义牛顿内摩擦定律：根据牛顿内摩擦定律，平面平行流中两层流体之间的摩擦切应力为：

$$\tau = \mu\,\frac{\mathrm{d}v_x}{\mathrm{d}y} \tag{a}$$

式中，$\frac{\mathrm{d}v_x}{\mathrm{d}y}$为速度梯度，又等于流体微团的角变形速度，即：

$$\frac{\mathrm{d}v_x}{\mathrm{d}y}=\frac{\mathrm{d}\varphi}{\mathrm{d}t}$$

所以：

$$\tau=\mu\frac{\mathrm{d}\varphi}{\mathrm{d}t} \tag{b}$$

对于一般的 xoy 平面内的流动，流体微团运动时的角变形速度为：

$$\frac{\mathrm{d}\varphi_{xy}}{\mathrm{d}t}=\left(\frac{\partial v_y}{\partial x}+\frac{\partial v_x}{\partial y}\right)=2\varepsilon_{xy}=2\varepsilon_{yx} \tag{c}$$

假如流体的黏度是各向同性的(流体的黏度在各个方向上都相同)，则根据牛顿内摩擦定律可得：

$$\tau_{xy}=\tau_{yx}=\mu\frac{\mathrm{d}\varphi_{xy}}{\mathrm{d}t}=\mu\left(\frac{\partial v_y}{\partial x}+\frac{\partial v_x}{\partial y}\right)=2\mu\varepsilon_{xy}=2\mu\varepsilon_{yx} \tag{d}$$

将上述结论推广到三维流动，有：

$$\begin{cases}\tau_{xy}=\tau_{yx}=\mu\left(\dfrac{\partial v_y}{\partial x}+\dfrac{\partial v_x}{\partial y}\right)=2\mu\varepsilon_{xy}=2\mu\varepsilon_{yx}\\ \tau_{yz}=\tau_{zy}=\mu\left(\dfrac{\partial v_z}{\partial y}+\dfrac{\partial v_y}{\partial z}\right)=2\mu\varepsilon_{yz}=2\mu\varepsilon_{zy}\\ \tau_{zx}=\tau_{xz}=\mu\left(\dfrac{\partial v_x}{\partial_z}+\dfrac{\partial v_z}{\partial x}\right)=2\mu\varepsilon_{zx}=2\mu\varepsilon_{xz}\end{cases} \tag{4-52}$$

其中 ε_{xy}、ε_{yz}、ε_{zx}为垂直于各相应轴的平面上的剪切变形速率，此式称为广义牛顿内摩擦定律。

⑤法向应力(Normal stress)与线变形速率(Line deformation rate)的关系。

在黏性流体中，由于黏性的影响，流体微团除发生角变形产生切向应力外，同时也将发生线变形，即在流体微团的法线方向有相应的线变形速率$\frac{\partial v_x}{\partial x}$、$\frac{\partial v_y}{\partial y}$和$\frac{\partial v_z}{\partial z}$，从而使法向应力(正应力)的大小有所改变，产生附加的法向应力。

a. 流体正应力。流体正应力由两部分构成，一是流体压力 p，二是流体变形速率所产生的附加黏性正应力，以 σ_{xx}为例，$\Delta\sigma_{xx}$表示其附加黏性正应力，则：

$$\sigma_{xx}=-p+\Delta\sigma_{xx} \tag{a}$$

其中，$\Delta\sigma_{xx}$也由两部分构成，即：

$$\Delta\sigma_{xx}=2\mu\frac{\partial v_x}{\partial x}-\frac{2}{3}\mu(\nabla\cdot\boldsymbol{v}) \tag{b}$$

$\mu\frac{\partial v_x}{\partial x}$即由线变形引起的正应力，$\mu(\nabla\cdot\boldsymbol{v})$即由体变形引起的正应力。

故有：

$$\sigma_{xx} = -p + 2\mu \frac{\partial v_x}{\partial x} - \frac{2}{3}\mu(\nabla \cdot \boldsymbol{v}) \tag{4-53}$$

b. 讨论 $\Delta\sigma_{xx}$ 的意义。

假设 $v_y = v_z = 0$　　$\nabla \cdot \boldsymbol{v} = \frac{\partial v_x}{\partial x}$　　所以：$\Delta\sigma_{xx} = \frac{4}{3}\mu \frac{\partial v_x}{\partial x}$

可见，附加黏性正应力的产生是速度沿流动方向的变化所导致的，加速时 $\partial v_x/\partial x > 0$，所以 $\Delta\sigma_{xx} > 0$，减速时 $\partial v_x/\partial x < 0$，所以 $\Delta\sigma_{xx} < 0$。因为加速时同方向一前一后两流体质点产生相对运动，将处于分离趋势，流体的线变形为拉伸变形，故由此产生的附加黏性正应力为拉应力；反之，减速时同方向一前一后两流体质点将处于挤压趋势，流体的线变形为压缩变形，故由此产生的附加黏性正应力为压应力。

c. 不可压缩流体正应力与线变形之间的关系。对于不可压缩流体，根据式(4-53)可知，通过流体中某点的三个互相垂直的法向应力可表示为：

$$\begin{cases} \sigma_{xx} = p - 2\mu \frac{\partial v_x}{\partial x} \\ \sigma_{yy} = p - 2\mu \frac{\partial v_y}{\partial y} \\ \sigma_{zz} = p - 2\mu \frac{\partial v_z}{\partial z} \end{cases} \tag{4-54}$$

式中的附加法向应力之所以取负号是因为伸长的线变形运动将使法向应力随膨胀变形而减小，缩短的线变形运动将使法向应力随压缩变形而增大。

d. 正应力与压力的关系。将式(4-54)中三个正应力关系式相加，取算术平均值可得：

$$\frac{1}{3}(\sigma_{xx} + \sigma_{yy} + \sigma_{zz}) = p - \frac{2}{3}\mu\left(\frac{\partial v_x}{\partial x} + \frac{\partial v_y}{\partial y} + \frac{\partial v_z}{\partial z}\right) \tag{a}$$

如果是不可压缩流体，则：

$$\frac{1}{3}(\sigma_{xx} + \sigma_{yy} + \sigma_{zz}) = p \tag{4-55}$$

式(4-55)说明，对于不可压缩流体，虽然流动流体的三个正应力在数值上一般不等于压力值，但它们的平均值与压力大小相等，p 为理想流体的压强(静压力)。

对于不可压缩流体的一维流动，设流动方向为 x，则 $v_y = 0$，$v_z = 0$，据连续方程有 $\frac{\partial v_x}{\partial x} = 0$，所以 $\sigma_{xx} = \sigma_{yy} = \sigma_{zz} = -p$，证明不可压缩流体做一维流动时，正应力与压力的关系与流体静止情况相同，即流体中三个方向正应力的大小分别与压力相等。

⑥牛顿流体本构方程。

广义牛顿剪切定律即牛顿流体本构方程(Newtonian fluid constitutive equation),可反映流体应力与变形速率之间的关系。

$$\begin{aligned}
\sigma_{xx} &= -p + 2\mu\frac{\partial v_x}{\partial x} - \frac{2}{3}\mu\left(\frac{\partial v_x}{\partial x} + \frac{\partial v_y}{\partial y} + \frac{\partial v_z}{\partial z}\right)\\
\sigma_{yy} &= -p + 2\mu\frac{\partial v_y}{\partial y} - \frac{2}{3}\mu\left(\frac{\partial v_x}{\partial x} + \frac{\partial v_y}{\partial y} + \frac{\partial v_z}{\partial z}\right)\\
\sigma_{zz} &= -p + 2\mu\frac{\partial v_z}{\partial z} - \frac{2}{3}\mu\left(\frac{\partial v_x}{\partial x} + \frac{\partial v_y}{\partial y} + \frac{\partial v_z}{\partial z}\right)\\
\tau_{xy} &= \tau_{yx} = \mu\left(\frac{\partial v_x}{\partial y} + \frac{\partial v_y}{\partial x}\right)\\
\tau_{yz} &= \tau_{zy} = \mu\left(\frac{\partial v_y}{\partial z} + \frac{\partial v_z}{\partial y}\right)\\
\tau_{zx} &= \tau_{xz} = \mu\left(\frac{\partial v_z}{\partial x} + \frac{\partial v_x}{\partial z}\right)
\end{aligned} \tag{4-56}$$

⑦N-S 方程。

a. N-S 方程的直角坐标表示。根据以应力表示的黏性流体运动方程、连续方程、牛顿流体本构方程，代入整理得由速度分量和压力表示的黏性流体运动微分方程，即纳维-斯托克斯方程，简称 N-S 方程。

$$\begin{aligned}
\rho\frac{\mathrm{d}v_x}{\mathrm{d}t} = \rho f_x - \frac{\partial p}{\partial x} - \frac{2}{3}\frac{\partial}{\partial x}(\mu\nabla\cdot v) + 2\frac{\partial}{\partial x}\left(\mu\frac{\partial v_x}{\partial x}\right)\\
+\frac{\partial}{\partial y}\left[\mu\left(\frac{\partial v_x}{\partial y} + \frac{\partial v_y}{\partial x}\right)\right] + \frac{\partial}{\partial z}\left[\mu\left(\frac{\partial v_x}{\partial z} + \frac{\partial v_z}{\partial x}\right)\right]
\end{aligned} \tag{4-57a}$$

$$\begin{aligned}
\rho\frac{\mathrm{d}v_y}{\mathrm{d}t} = \rho f_y - \frac{\partial p}{\partial y} - \frac{2}{3}\frac{\partial}{\partial y}(\mu\nabla\cdot v) + \frac{\partial}{\partial x}\left[\mu\left(\frac{\partial v_x}{\partial y} + \frac{\partial v_y}{\partial x}\right)\right]\\
+2\frac{\partial}{\partial y}\left(\mu\frac{\partial v_y}{\partial y}\right) + \frac{\partial}{\partial z}\left[\mu\left(\frac{\partial v_y}{\partial z} + \frac{\partial v_z}{\partial y}\right)\right]
\end{aligned} \tag{4-57b}$$

$$\begin{aligned}
\rho\frac{\mathrm{d}v_z}{\mathrm{d}t} = \rho f_z - \frac{\partial p}{\partial z} - \frac{2}{3}\frac{\partial}{\partial z}(\mu\nabla\cdot v) + \frac{\partial}{\partial x}\left[\mu\left(\frac{\partial v_x}{\partial z} + \frac{\partial v_z}{\partial x}\right)\right]\\
+\frac{\partial}{\partial y}\left[\mu\left(\frac{\partial v_y}{\partial z} + \frac{\partial v_z}{\partial y}\right)\right] + 2\frac{\partial}{\partial z}\left(\mu\frac{\partial v_z}{\partial z}\right)
\end{aligned} \tag{4-57c}$$

说明：N-S 方程是现代流体力学的主干方程，是研究流体力学问题的基础。

N-S 方程的物理定义：相当于以单位体积的流体质量为基准的牛顿第二定律，即 $ma = F$，其内容与惯性力、质量力、表面力及由黏性引起的正向切应力、内摩擦力等有关。

N-S 方程对流体的密度、黏度，可压缩性未作限制，但由于引入了牛顿流体本构方程，故只适用于牛顿流体。对非牛顿流体，可采用以应力表示的运动方程。又由于本构方程是以层流条件为背景的，所以原则上 N－S 方程适用于层流流动。对于湍流，一般认为非稳态的 N－S 方程对湍流的瞬时运动仍然适用。

N－S 方程与连续方程构成微分方程组，共有 4 个方程，涉及 4 个流动参数，即 v_x、v_y、v_z 和压力 p，因此方程是封闭的，但当 ρ、μ 变化时，需寻找物性变化关系的补充方程。

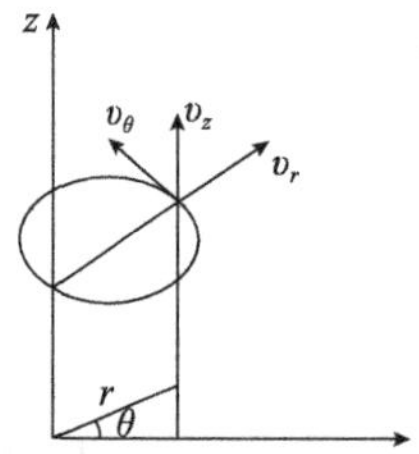

图 4－22　圆柱坐标

N－S 方程求解是很困难的，一般利用其特殊性使方程简化，并提出相关的初始条件和边界条件。

b. N－S 方程的柱坐标表示。对于以 r 为径向坐标，θ 为周向坐标，z 为轴向坐标的柱坐标体系，如图 4－22 所示，其黏性流体运动微分方程在 r、θ、z 方向的分量式为：

$$\begin{cases} r\text{ 方向：}\rho\left(\dfrac{\partial v_r}{\partial t}+v_r\dfrac{\partial v_r}{\partial r}+\dfrac{v_\theta}{r}\dfrac{\partial v_r}{\partial \theta}-\dfrac{v_\theta^2}{r}+v_z\dfrac{\partial v_r}{\partial z}\right)=\rho f_r-\dfrac{\partial p}{\partial r}+\mu\left[\dfrac{\partial}{\partial r}\left(\dfrac{1}{r}\dfrac{\partial}{\partial r}(rv_r)\right)+\dfrac{1}{r^2}\dfrac{\partial^2 v_r}{\partial \theta^2}-\dfrac{2}{r^2}\dfrac{\partial v_\theta}{\partial \theta}+\dfrac{\partial^2 v_r}{\partial z^2}\right] \\ \theta\text{ 方向：}\rho\left(\dfrac{\partial v_\theta}{\partial t}+v_r\dfrac{\partial v_\theta}{\partial r}+\dfrac{v_\theta}{r}\dfrac{\partial v_\theta}{\partial \theta}-\dfrac{v_r v_\theta}{r}+v_z\dfrac{\partial v_\theta}{\partial z}\right)=\rho f_\theta-\dfrac{1}{r}\dfrac{\partial p}{\partial \theta}+\mu\left[\dfrac{\partial}{\partial r}\left(\dfrac{1}{r}\dfrac{\partial}{\partial r}(rv_\theta)\right)+\dfrac{1}{r^2}\dfrac{\partial^2 v_\theta}{\partial \theta^2}+\dfrac{2}{r^2}\dfrac{\partial v_r}{\partial \theta}+\dfrac{\partial^2 v_\theta}{\partial z^2}\right] \\ z\text{ 方向：}\rho\left(\dfrac{\partial v_z}{\partial t}+v_r\dfrac{\partial v_z}{\partial r}+\dfrac{v_\theta}{r}\dfrac{\partial v_z}{\partial \theta}+v_z\dfrac{\partial v_z}{\partial z}\right)=\rho f_z-\dfrac{\partial p}{\partial z}+\mu\left[\dfrac{1}{r}\dfrac{\partial}{\partial r}\left(r\dfrac{\partial v_z}{\partial r}\right)+\dfrac{1}{r^2}\dfrac{\partial^2 v_z}{\partial \theta^2}+\dfrac{\partial^2 v_z}{\partial z^2}\right] \end{cases} \tag{4-58}$$

其中，$\rho=\text{const}$，$\mu=\text{const}$；v_r、v_θ、v_z 分别为 r、θ、z 坐标方向的速度分量。此外，r 方向分量式中的 $-v_\theta^2/r$ 和 θ 方向分量式中的 $-v_r v_\theta/r$ 分别是单位质量的流体受到的离心力和哥氏力（Coriolis force）。这两个力是由直角坐标转换到柱坐标时自动产生的，在分析流体所受的体积力时不要再人为地加上该力。

c. N－S 方程的矢量表示。

$$\rho\frac{\mathrm{d}\boldsymbol{v}}{\mathrm{d}t}=\rho \boldsymbol{f}-\nabla P+\frac{\mu}{3}\nabla(\nabla\cdot\boldsymbol{v})+\mu\nabla^2\boldsymbol{v} \tag{4-59}$$

式中压强梯度 $\nabla p=\dfrac{\partial p}{\partial x}\boldsymbol{i}+\dfrac{\partial p}{\partial y}\boldsymbol{j}+\dfrac{\partial p}{\partial z}\boldsymbol{k}$

⑧N－S 方程的简化。

a. 理想流体运动方程。对于理想流体由于不考虑流体的黏性，$\mu=0$，则 N－S 方程简化成：

$$\begin{cases} f_x-\dfrac{1}{\rho}\dfrac{\partial p}{\partial x}=\dfrac{\mathrm{d}v_x}{\mathrm{d}t}=\dfrac{\partial v_x}{\partial t}+v_x\dfrac{\partial v_x}{\partial x}+v_y\dfrac{\partial v_x}{\partial y}+v_z\dfrac{\partial v_x}{\partial z} \\ f_y-\dfrac{1}{\rho}\dfrac{\partial p}{\partial y}=\dfrac{\mathrm{d}v_y}{\mathrm{d}t}=\dfrac{\partial v_y}{\partial t}+v_y\dfrac{\partial v_y}{\partial x}+v_x\dfrac{\partial v_y}{\partial y}+v_z\dfrac{\partial v_y}{\partial z} \\ f_z-\dfrac{1}{\rho}\dfrac{\partial p}{\partial z}=\dfrac{\mathrm{d}v_z}{\mathrm{d}t}=\dfrac{\partial v_z}{\partial t}+v_y\dfrac{\partial v_z}{\partial x}+v_z\dfrac{\partial v_z}{\partial y}+v_z\dfrac{\partial v_z}{\partial z} \end{cases} \tag{4-60}$$

式(4－60)为理想流体的运动微分方程，又称欧拉运动微分方程（Eulerian

differential equation)。该方程对于可压缩流体和不可压缩流体的运动都是适用的，这是因为，在推导 N－S 方程时应用了不可压缩流体的连续方程$\frac{\partial v_x}{\partial x}+\frac{\partial v_y}{\partial y}+\frac{\partial v_z}{\partial z}=0$，从而将推导过程中出现的$\frac{\mu}{\rho}\frac{\partial}{\partial x}\left(\frac{\partial v_x}{\partial x}+\frac{\partial v_y}{\partial y}+\frac{\partial v_z}{\partial z}\right)$项消去。对于理想流体来说，由于$\mu=0$，该项自然被消去，而不必应用不可压缩流体的条件。

欧拉运动微分方程的矢量形式为：

$$f-\frac{1}{\rho}\nabla p=\frac{\mathrm{d}\boldsymbol{v}}{\mathrm{d}t}=\frac{\partial \boldsymbol{v}}{\partial t}+(\boldsymbol{v}\cdot\nabla)\boldsymbol{v} \tag{4-61}$$

欧拉方程柱坐标系中的表达式：

$$\begin{aligned}
&\frac{\partial v_r}{\partial t}+v_r\frac{\partial v_r}{\partial r}+v_\theta\frac{\partial v_r}{r\partial\theta}+v_z\frac{\partial v_r}{\partial z}-\frac{v_\theta^2}{r}=f_r-\frac{1}{\rho}\frac{\partial p}{\partial r}\\
&\frac{\partial v_\theta}{\partial t}+v_r\frac{\partial v_\theta}{\partial r}+\frac{v_\theta}{r}\frac{\partial v_\theta}{\partial\theta}+v_z\frac{\partial v_\theta}{\partial z}+\frac{v_r v_\theta}{r}=f_\theta-\frac{1}{\rho}\frac{\partial p}{r\partial\theta}\\
&\frac{\partial v_z}{\partial t}+v_r\frac{\partial v_z}{\partial r}+\frac{v_\theta}{r}\frac{\partial v_z}{\partial\theta}+v_z\frac{\partial v_z}{\partial z}=f_z-\frac{1}{\rho}\frac{\partial p}{\partial z}
\end{aligned} \tag{4-62}$$

对于不可压缩均质流体，ρ是常数，欧拉运动微分方程与不可压缩流体的连续方程$\frac{\partial v_x}{\partial x}+\frac{\partial v_y}{\partial y}+\frac{\partial v_z}{\partial z}=0$联立，共有四个未知数$v_x$、$v_y$、$v_z$、$p$，再加上确定的初始条件和边界条件，则该方程组理论上可以求解。对于可压缩流体，ρ是变量，欧拉运动微分方程与可压缩流体的连续方程$\frac{\partial\rho}{\partial t}+\frac{\partial(\rho v_x)}{\partial x}+\frac{\partial(\rho v_y)}{\partial y}+\frac{\partial(\rho v_z)}{\partial z}=0$联立则有五个未知数，因此必须根据具体问题补充一个方程，才能使方程组封闭。

b. 流体静力学方程。如果在 N－S 方程中令所有速度项为零，或当流体处于相对平衡或静止状态时，即$\frac{\mathrm{d}\boldsymbol{v}}{\mathrm{d}t}=0$或$\boldsymbol{v}=0$，则欧拉运动微分方程进一步简化：

$$\begin{cases}
f_x-\frac{1}{\rho}\frac{\partial p}{\partial x}=0\\
f_y-\frac{1}{\rho}\frac{\partial p}{\partial y}=0\\
f_z-\frac{1}{\rho}\frac{\partial p}{\partial z}=0
\end{cases} \tag{4-63}$$

式(4－63)为欧拉平衡微分方程(Euler equilibrium differential equation)。

c. 常黏度条件下的 N－S 方程。对于等温或温度变化较小的流动，可将黏度视为常数，即$\mu=\text{const}$，相应的 N－S 方程为：

$$\begin{cases}\dfrac{\mathrm{d}v_x}{\mathrm{d}t}=f_x-\dfrac{1}{\rho}\dfrac{\partial p}{\partial x}+\gamma\left(\dfrac{\partial^2 v_x}{\partial x^2}+\dfrac{\partial^2 v_x}{\partial y^2}+\dfrac{\partial^2 v_x}{\partial z^2}\right)+\dfrac{1}{3}\gamma\dfrac{\partial(\nabla\cdot v)}{\partial x}\\ \dfrac{\mathrm{d}v_y}{\mathrm{d}t}=f_y-\dfrac{1}{\rho}\dfrac{\partial p}{\partial y}+\gamma\left(\dfrac{\partial^2 v_y}{\partial x^2}+\dfrac{\partial^2 v_y}{\partial y^2}+\dfrac{\partial^2 v_y}{\partial z^2}\right)+\dfrac{1}{3}\gamma\dfrac{\partial(\nabla\cdot v)}{\partial y}\\ \dfrac{\mathrm{d}v_z}{\mathrm{d}t}=f_z-\dfrac{1}{\rho}\dfrac{\partial p}{\partial z}+\gamma\left(\dfrac{\partial^2 v_z}{\partial x^2}+\dfrac{\partial^2 v_z}{\partial y^2}+\dfrac{\partial^2 v_z}{\partial z^2}\right)+\dfrac{1}{3}\gamma\dfrac{\partial(\nabla\cdot v)}{\partial z}\end{cases}\tag{4-64}$$

或写成矢量形式为：

$$\frac{\mathrm{d}\boldsymbol{v}}{\mathrm{d}t}=f-\frac{1}{\rho}\nabla p+\gamma\nabla^2\boldsymbol{v}+\frac{1}{3}\gamma\nabla(\nabla\cdot\boldsymbol{v})\tag{4-65}$$

其中，$\gamma=\mu/\rho$，为运动黏度。

d. 不可压缩流体的 N－S 方程。

对于不可压缩流体，$\rho=\mathrm{const}$，且$\nabla\cdot\boldsymbol{v}=0$，如果认为流动等温或温度变化较小，将黏度也视为常数，则相应的 N－S 方程：

$$\begin{cases}\dfrac{\mathrm{d}v_x}{\mathrm{d}t}=f_x-\dfrac{1}{\rho}\dfrac{\partial p}{\partial x}+\gamma\left(\dfrac{\partial^2 v_x}{\partial x^2}+\dfrac{\partial^2 v_x}{\partial y^2}+\dfrac{\partial^2 v_x}{\partial z^2}\right)\\ \dfrac{\mathrm{d}v_y}{\mathrm{d}t}=f_y-\dfrac{1}{\rho}\dfrac{\partial p}{\partial y}+\gamma\left(\dfrac{\partial^2 v_y}{\partial x^2}+\dfrac{\partial^2 v_y}{\partial y^2}+\dfrac{\partial^2 v_y}{\partial z^2}\right)\\ \dfrac{\mathrm{d}v_z}{\mathrm{d}t}=f_z-\dfrac{1}{\rho}\dfrac{\partial p}{\partial z}+\gamma\left(\dfrac{\partial^2 v_z}{\partial x^2}+\dfrac{\partial^2 v_z}{\partial y^2}+\dfrac{\partial^2 v_z}{\partial z^2}\right)\end{cases}\tag{4-66}$$

或简写成矢量形式为：

$$\frac{\mathrm{d}\boldsymbol{v}}{\mathrm{d}t}=f-\frac{1}{\rho}\nabla p+\gamma\nabla^2\boldsymbol{v}\tag{4-67}$$

常黏度条件下不可压缩流体的 N－S 方程展开形式为：

$$\begin{cases}\dfrac{\partial v_x}{\partial t}+v_x\dfrac{\partial v_x}{\partial x}+v_y\dfrac{\partial v_x}{\partial y}+v_z\dfrac{\partial v_x}{\partial z}=f_x-\dfrac{1}{\rho}\dfrac{\partial p}{\partial x}+\gamma\left(\dfrac{\partial^2 v_x}{\partial x^2}+\dfrac{\partial^2 v_x}{\partial y^2}+\dfrac{\partial^2 v_x}{\partial z^2}\right)\\ \dfrac{\partial v_y}{\partial t}+v_x\dfrac{\partial v_y}{\partial x}+v_y\dfrac{\partial v_y}{\partial y}+v_z\dfrac{\partial v_y}{\partial z}=f_y-\dfrac{1}{\rho}\dfrac{\partial p}{\partial y}+\gamma\left(\dfrac{\partial^2 v_y}{\partial x^2}+\dfrac{\partial^2 v_y}{\partial y^2}+\dfrac{\partial^2 v_y}{\partial z^2}\right)\\ \dfrac{\partial v_z}{\partial t}+v_x\dfrac{\partial v_z}{\partial x}+v_y\dfrac{\partial v_z}{\partial y}+v_z\dfrac{\partial v_z}{\partial z}=f_z-\dfrac{1}{\rho}\dfrac{\partial p}{\partial z}+\gamma\left(\dfrac{\partial^2 v_z}{\partial x^2}+\dfrac{\partial^2 v_z}{\partial y^2}+\dfrac{\partial^2 v_z}{\partial z^2}\right)\end{cases}\tag{4-68}$$

该方程的矢量形式以及方程各项的意义如下：

$$\frac{\partial\boldsymbol{v}}{\partial t}+(\boldsymbol{v}\cdot\nabla)\boldsymbol{v}=f-\frac{1}{\rho}\nabla p+\gamma\nabla^2\boldsymbol{v}\tag{4-69}$$

非定常项	对流项	单位质量流体的体积力	单位质量流体的压力差	扩散项（黏性力项）
定常流动为0 静止流场为0	静止流场为0 蠕变流动时≈0			对静止或理想流体为0 高速非边界层问题≈0

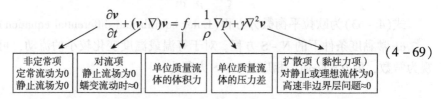

e. 兰姆运动微分方程。欧拉运动微分方程适用于理想流体的任何运动，是理想流体的基本方程，但是在该方程中只有表示平移运动的线速度 v_x、v_y、v_z，而没有表示旋转运动的角速度 ω_x、ω_y、ω_z，因此从方程中看不出来流体的运动是有旋的还是无旋的。为了解决这个问题，将欧拉运动微分方程做如下变形。

以 x 方向的欧拉运动微分方程为例，将式(4－60)第一式的右边加减 $v_y \dfrac{\partial v_y}{\partial x}$ 和 $v_z \dfrac{\partial v_z}{\partial x}$，然后重新组合，得：

$$f_x - \frac{1}{\rho}\frac{\partial p}{\partial x} = \frac{\partial v_x}{\partial t} + \left(v_x \frac{\partial v_x}{\partial x} + v_y \frac{\partial v_y}{\partial x} + v_z \frac{\partial v_z}{\partial x}\right) + v_y\left(\frac{\partial v_x}{\partial y} - \frac{\partial v_y}{\partial x}\right) + v_z\left(\frac{\partial v_x}{\partial z} - \frac{\partial v_z}{\partial x}\right)$$

$$= \frac{\partial v_x}{\partial t} + \frac{\partial}{\partial x}\left(\frac{(v_x^2 + v_y^2 + v_z^2)}{2}\right) - 2v_y\omega_z + 2v_z\omega_y$$

即：

$$\begin{cases} f_x - \dfrac{\partial}{\partial x}\left(\dfrac{v^2}{2}\right) - \dfrac{1}{\rho}\dfrac{\partial p}{\partial x} = \dfrac{\partial v_x}{\partial t} + 2(v_z\omega_y - v_y\omega_z) \\ f_y - \dfrac{\partial}{\partial y}\left(\dfrac{v^2}{2}\right) - \dfrac{1}{\rho}\dfrac{\partial p}{\partial y} = \dfrac{\partial v_y}{\partial t} + 2(v_x\omega_z - v_z\omega_x) \\ f_z - \dfrac{\partial}{\partial z}\left(\dfrac{v^2}{2}\right) - \dfrac{1}{\rho}\dfrac{\partial p}{\partial z} = \dfrac{\partial v_z}{\partial t} + 2(v_y\omega_x - v_x\omega_y) \end{cases} \tag{4-70}$$

式(4－70)称为兰姆(H. Lamb)运动微分方程。它与欧拉运动微分方程一样，适用于理想流体的任何运动。兰姆方程的优点在于，因为方程中既有线速度 v_x、v_y、v_z，也有旋转角速度 ω_x、ω_y、ω_z，所以能够从方程形式上直接看出流体运动的特性。例如，若 $\omega_x = \omega_y = \omega_z = 0$，则流体的运动是无旋的；如果其中一个旋转角速度不等于零，则流体的运动就是有旋的。当理想流体做定常无旋运动时，兰姆运动微分方程式的右侧全部为零，方程呈现极其简单的形式，便于积分求解。

矢量形式为：

$$\frac{\partial \boldsymbol{v}}{\partial t} + \nabla\left(\frac{\boldsymbol{v}^2}{2}\right) + 2(\boldsymbol{\omega} \times \boldsymbol{v}) = \boldsymbol{f} - \frac{1}{\rho}\nabla \boldsymbol{p} \tag{4-71}$$

4.4 不可压缩流体流动微分方程

不可压缩流体的一维层流流动是以典型的一维流体(狭缝流动、管内流动、降膜流动)为对象，利用动量守恒定律和牛顿剪切定理建立流体流动的微分方程。

4.4.1 建立微分方程的基本方法

(1)根据质量守恒定律建立连续方程

对一维稳态不可压缩流体的连续方程为：$\partial v_x / \partial x = 0$ (a)

(2)根据动量守恒定律建立动量方程

$$\frac{\partial}{\partial t}\iiint_{CV} \boldsymbol{v}\rho \mathrm{d}\boldsymbol{V} + \oiint_{CS} \boldsymbol{v}\rho(\boldsymbol{v} \cdot \boldsymbol{n})\mathrm{d}\boldsymbol{A} = \sum \boldsymbol{F} \tag{b}$$

[控制体内流体动量随时间变化率] + [单位时间内流出和流入控制面的液体动量之差] = [总外力]

对于定常流动，控制体内流体的动量不随时间变化，即：

$$\frac{\partial}{\partial t}\iiint_{CV} \boldsymbol{v}\rho \mathrm{d}\boldsymbol{V} = 0$$

则：

$$\oiint_{CS} \rho(\boldsymbol{v}\cdot n)\boldsymbol{v}\mathrm{d}\boldsymbol{A} = \sum \boldsymbol{F} \tag{c}$$

[输出微元体的动量流量] − [输入微元体的动量流量] = [作用于微元体的诸力之和]

(3)根据牛顿内摩擦定律，建立补充方程

$$\tau_{yx} = \mu\frac{\mathrm{d}v}{\mathrm{d}y} \tag{d}$$

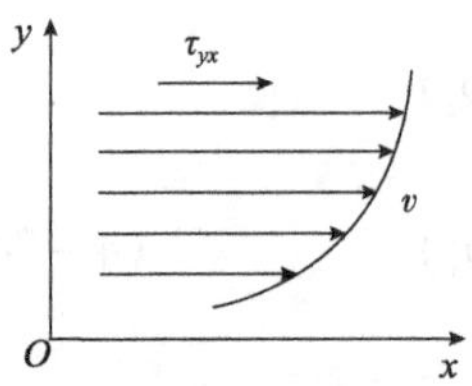

图 4－23　一维流动示意

如图 4－23 所示，其中切应力 τ_{yx} 的第一个下标 y 表示切应力所在平面的法线方向；第二个下标 x 表示切应力的作用方向。

规定若切应力所在平面的外法线与 y 轴正向一致，则指向 x 轴正向的切应力为正，反之为负。

(4)建立流体微分方程

将牛顿剪切公式代入动量方程中，可得到流体速度的微分方程。

(5)求解$\frac{\mathrm{d}v}{\mathrm{d}x}$，得到速度分布和切应力分布关系式

$$\begin{aligned} v &= f(x,\ y) + C \\ \tau &= \varphi(x,\ y) + C' \end{aligned} \tag{e}$$

(6)求积分常数 C

利用初始条件、边界条件求解。

(7)得到速度分布方程和切应力分布方程

$$\begin{aligned} v &= f(x,\ y) \\ \tau &= \varphi(x,\ y) \end{aligned} \tag{4-72}$$

4.4.2　初始条件和边界条件

(1)边界条件

边界条件(Boundary conditions)是指方程组解在流场边界上应满足的条件，边界可以是固体的，也可以是流体的；可以是运动学的、动力学的，也可以是热力学的。需按实际问题具体分析不同的边界条件，得到不同的方程。

①流动条件说明。

稳态：意味着流动过程与时间无关。

不可压缩：意味着流体密度 ρ 为常数。

一维流动：意味着流体只在一个坐标方向上流动，且流体速度的变化也只与一个空间坐标有关。如：流体只沿 x 方向流动且速度 v 只沿 y 坐标变化，一维流动中必有$\frac{\partial v}{\partial x}=0$，条件即为不可压缩流体一维稳态流动的连续性条件。

层流指平行流动的流体层之间只有分子作用。只有在层流条件下牛顿剪切定理才成立，流速较高时，流体在流动中还会有随机脉动，从而引起流体层之间的强烈扰动，这种流动状态称为湍流。

充分发展的流动是指流体速度沿流动方向没有变化的流动。当流体以速度 v 沿 x 方向流动时，如果流动是充分发展的，则必须有$\frac{\partial v}{\partial x}=0$。由此可见，不可压缩流体的一维稳态流动必然属于充分发展的流动。

②工程问题中常见的流场边界条件。

固壁－流体边界：由于流体具有黏滞性，故在与流体接触的固体壁面上，流体的速度将等于固体壁面的速度。特别地，在静止的固体壁面上，流体的速度为零，即 $v_{lw}=v_{sw}$。如果壁面不动，则 $v_{lw}=0$，$v_{sw}=0$。

液体－气体边界：气液界面上，如果两相之间相对速度较小，界面两侧流体密度和黏度相差较大，气液界面上的切应力相对于液相内的切应力很小，故通常认为液相切应力在气液界面上为零，或液相速度梯度在气液界面上为零。

即：$\tau|_{液面}\to 0$ 或$\frac{\mathrm{d}v}{\mathrm{d}y}|_{液面}=0$。

液体－液体边界：由于穿越液－液界面的速度分布或切应力分布具有连续性，故液－液界面两侧的速度或切应力相等，即 $\tau_1=\tau_2$，$v_1=v_2$。

(2)初始条件

初始条件(Initial conditions)是指方程组的解在初始瞬时($t=0$)应满足的条件，它们是初始瞬时流动参数在流场中的分布规律，即：

$$v_x=v_x(x,\ y,\ z),\ v_y=v_y(x,\ y,\ z),\ v_z=v_z(x,\ y,\ z)$$

$$p=p(x,\ y,\ z),\ \rho=\rho(x,\ y,\ z),\ T=T(x,\ y,\ z)$$

它们是研究非定常流动必不可少的定解条件，但在研究定常流动时，可不必给出。

4.4.3　典型应用

(1)管内流动

管内流动包括圆管和圆形套管内的流动。当管子与管径之比 $L/D\gg 1$ 时，可忽略管子进出口区的影响，将流动视为充分发展的一维流动，管内流动由进出口两端的压力差产生，对于非水平管，流动还受到重力影响。

由于是轴对称问题，所以可在管内取一流体圆环为研究对象，如图 4－24 所

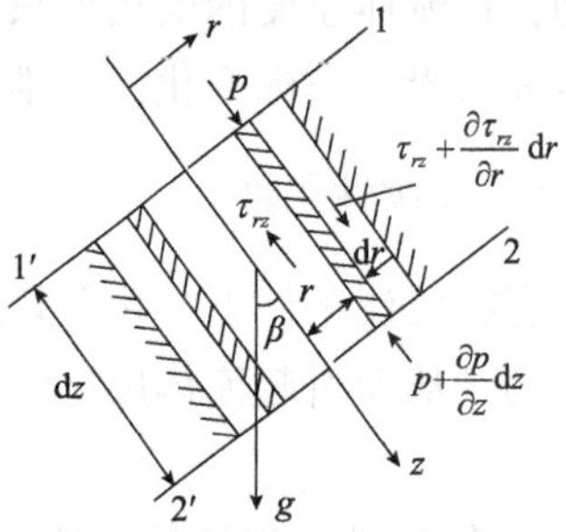

图 4－24　管内流动

示，其半径为 r，厚度为 dr，长度为 dz。

①连续方程。流动为一维不可压缩稳态流动，所以 $\frac{\partial v}{\partial z}=0$，$v$ 为 z 方向流速，$v=C$(常数)。

②受力分析。流体环受质量力和表面力作用。

质量力：$\rho g\mathrm{d}v=\rho g(2\pi r\cdot \mathrm{d}r\cdot \mathrm{d}z)$。

表面力：p、τ。

③建立数学模型。

根据动量守恒定律 $\frac{\mathrm{d}(mv)}{\mathrm{d}t}=\sum F$。

1)流动条件：

a. 不可压缩流体。

b. 只沿管轴方向流动，即一维。

c. 流动方向与 g 方向夹角为起始角 β。

d. 进、出口压力分别为 p_o、p_L，并且压力差为 $\Delta p=p_o-p_L$。

2)建立模型。

采用柱坐标系(r、θ、z)，则有：

流入微元体的动量流量：$(2\pi r\mathrm{d}r\, v_1\rho)v_1=2\pi r\mathrm{d}r\, v_1^{\ 2}\rho$。

流出微元体的动量流量：$(2\pi r\mathrm{d}r\, v_2\rho)v_2=2\pi r\mathrm{d}r\, v_2^{\ 2}\rho$。

因为是稳态流动 所以 $\frac{\partial()}{\partial t}=0$。

由连续方程得 $v=C$，所以 $v_1=v_2$，从而得出进出口动量相等。因此有 $\sum F_z=0$，即动量方程简化为力平衡方程：

$$\sum F_z=p2\pi r\mathrm{d}r-\left(p+\frac{\partial p}{\partial z}\mathrm{d}z\right)2\pi r\mathrm{d}r+\rho g2\pi r\mathrm{d}r\mathrm{d}z\cdot\cos\beta-$$

$$\tau_{rz}2\pi r\mathrm{d}z+\left(\tau_{rz}+\frac{\partial \tau_{rz}}{\partial r}\mathrm{d}r\right)2\pi(r+\mathrm{d}r)\mathrm{d}z$$

略去高阶无穷小并整理得：$\frac{\tau_{rz}}{r}+\frac{\partial \tau_{rz}}{\partial r}=\frac{\partial p}{\partial z}-\rho g\cos\beta$

两边同乘 r，则：

$$\tau_{rz}+r\frac{\partial \tau_{rz}}{\partial r}=r\left(\frac{\partial p}{\partial z}-\rho g\cos\beta\right)$$

$$\frac{\partial(r\tau_{rz})}{\partial r}=r\left(\frac{\partial p}{\partial z}-\rho g\cos\beta\right)=r\frac{\partial p^*}{\partial z} \tag{a}$$

其中：构造一个关系式 $p^*=p-\rho gz\cos\beta$。

对于 z 方向充分发展的一维流动 $\partial p^*/\partial z=\mathrm{const}$，所以可用 $-\Delta p/L$ 代替，其

中 $\Delta p^* = (p_0 - \rho g\cos\beta Z_0) - (p_L - \rho g\cos\beta Z_L)$。
式中，L 为管道长度。

④切应力方程。将式(a)积分可得切应力方程：

$$\tau_{rz} = -\frac{\Delta p^*}{L} \cdot \frac{r}{2} + \frac{c_1}{r}$$

⑤速度方程加入应力方程(牛顿内摩擦定律)得：

$$\tau_{rz} = \mu\frac{\mathrm{d}v}{\mathrm{d}r} = -\frac{\Delta p^*}{L} \cdot \frac{r}{2} + \frac{c_1}{r}$$

$$\frac{\mathrm{d}v}{\mathrm{d}r} = -\frac{\Delta p^*}{L} \cdot \frac{r}{2\mu} + \frac{c_1}{r\mu}$$

$$\int \mathrm{d}v = \int\left(-\frac{\Delta p^*}{L} \cdot \frac{r}{2\mu}\mathrm{d}r + \frac{c_1}{r\mu}\mathrm{d}r\right) + c$$

先求速度 $v = -\frac{\Delta p^*}{2\mu L} \cdot \frac{r^2}{2} + \frac{c_1}{\mu}\ln r + c_2$

⑥边界条件。

$$v|_{r=R} = 0 \qquad \frac{\mathrm{d}v}{\mathrm{d}r}\Big|_{r=0} = 0\text{（轴对称且函数连续）}$$

代入上述方程可得 $c_1 = 0$，$c_2 = (\Delta p^*/L)(p^2/4\mu)$

则：

$$\tau_{rz} = -\frac{\Delta p^*}{L} \cdot \frac{r}{2}$$

$$v = \frac{\Delta p^*}{L} \cdot \frac{R^2}{4\mu}\left[1 - \left(\frac{r}{R}\right)^2\right]$$

由上述两式可知，在圆管层流流动中，速度为抛物线分布，切应力为线性分布，如图4－25所示。

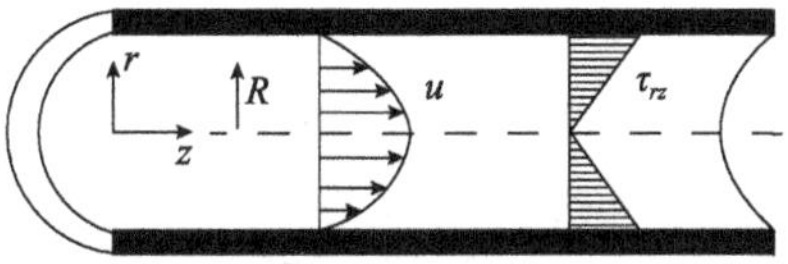

图4－25　管内层流的速度和剪应力分布

⑦最大速度。利用速度分布公式不难确定，在管道中心线上速度达到最大，即：$v_{\max} = \frac{\Delta p^*}{L}\frac{R^2}{4\mu}$。

⑧平均速度。积分方程得到平均速度为：

$$v_m = \frac{1}{\pi R^2}\int_0^R v \cdot 2\pi r\mathrm{d}r = \frac{\Delta p^*}{L}\frac{R^2}{8\mu} = \frac{v_{\max}}{2}$$

⑨体积流量。由平均速度得：

$$q_v = \pi R^2 v_m = \frac{\Delta p^*}{L}\frac{\pi R^4}{8\mu}$$

此式称为哈根－泊谡叶(Hagen－Poiseuille)方程，它表明了在管道层流流动中体积流量与导致流动的压力差和重力的关系。由于 q_V 和 Δp^* 的测定较方便，故该式可用于确定流体黏度。根据这一原理制成的黏度计称为毛细黏度计。

阻力系数将 v_m 与圆管阻力系数 λ 的定义式 $\Delta p^* = \lambda(L/D)(\rho v_m^2/2)$ 相比较，其中 $D=2R$ 为管道直径，并注意到圆管流动雷诺数(Reynolds number)的定义为 $Re=\rho v_m D/\mu$，可得圆管内充分发展层流流动的阻力系数为：

$$\lambda = \frac{64}{\rho v_m D/\mu} = \frac{64}{Re}$$

(2)狭缝流动

狭缝流动通常是指两块足够大的平行平板(板间距远小于板横向尺寸的平行平板)间的流动。由于板间距远小于板的横向尺寸(长或宽)，故可忽略端部效应即流体进出的影响，流动可视为充分发展。又由于狭缝的水力直径很小，且流体往往有较大的黏度，故雷诺数小，流动常处于层流范围。

狭缝流动的动力通常有两种：一种是进出口两端的压力差产生的流动，称为压差流；另一种是由于两壁面的相对运动产生的流动，称为剪切流。

这两种因素也可能同时存在。对于非水平平壁的狭缝流动，还将受到重力的影响。

①狭缝流动的微分方程。

如图 4－26 所示为两平壁间的流动，在平壁间，密度为 ρ 的不可压缩流体沿 x 轴方向作一维层流流动，流动方向与重力加速度 g 之间的夹角为 β。所取微元体如图 4－27 所示，垂直于 $x-y$ 平面的方向取单位厚度。

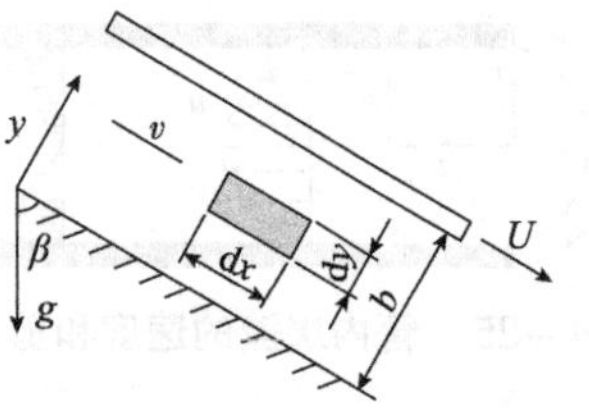

图 4－26　狭缝流动

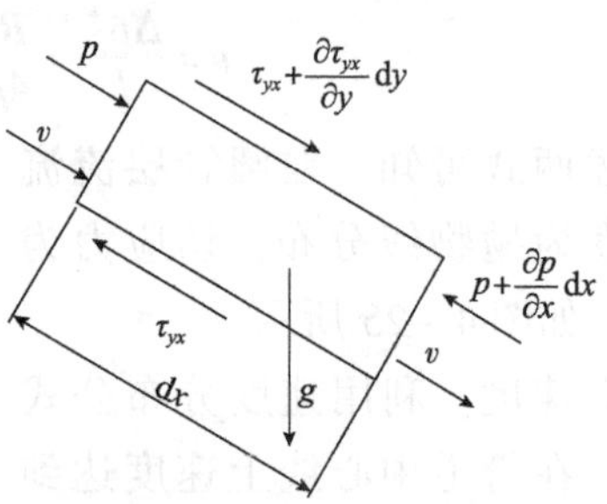

图 4－27　狭缝流动受力

由于流动是充分发展的，即 $\partial v/\partial x=0$，所以流体进入和流出微元体的速度均为 v，因此在 x 方向有：

$$\text{输入动量流量}=\rho v^2\mathrm{d}y,\ \text{输出动量流量}=\rho v^2\mathrm{d}y$$

此时动量方程简化为力的平衡方程。

微元体在 x 方向所受合力为：

$$F_x = -\tau_{yx}\mathrm{d}x + \left(\tau_{yx} + \frac{\partial \tau_{yx}}{\partial y}\mathrm{d}y\right)\mathrm{d}x + p\mathrm{d}y - \left(p + \frac{\partial p}{\partial x}\mathrm{d}x\right)\mathrm{d}y + \rho(g\cos\beta)\mathrm{d}x\mathrm{d}y$$

$$= \left(\frac{\partial \tau_{yx}}{\partial y} - \frac{\partial p}{\partial x} + \rho g\cos\beta\right)\mathrm{d}x\mathrm{d}y$$

将上述三个式子结合式(4－11)可得关于切应力的微分方程：

$$\frac{\partial \tau_{yx}}{\partial y} = \frac{\partial p}{\partial x} - \rho g\cos\beta = \frac{\partial(p - \rho gx\cos\beta)}{\partial x} = \frac{\partial p^*}{\partial x}$$

其中：

$$p^* = p - pgx\cos\beta$$

这里引用一个结论：对于 x 方向充分发展的一维流动，$\frac{\partial p^*}{\partial x} = \text{const}$，于是积分上述方程，得到切应力分布方程：

$$\tau_{yx} = \frac{\partial p^*}{\partial x}y + c_1$$

下面推导速度方程，对于牛顿流体，将一维流动条件的牛顿剪切定理 $\tau_{yx} = \mu\mathrm{d}v/\mathrm{d}y$ 代入上式，可得狭缝流动的速度微分方程：

$$\frac{\mathrm{d}v}{\mathrm{d}y} = \frac{1}{\mu}\left(\frac{\partial p^*}{\partial x}y + c_1\right)$$

积分后可得速度分布方程：

$$v = \frac{1}{\mu}\frac{\partial p^*}{\partial x}\frac{y^2}{2} + \frac{1}{\mu}c_1 y + c_2$$

②狭缝流动的剪切力与速度分布。

边界条件：一般的情况，沿流动方向存在压力差，同时上壁面以速度 U 相对于下壁面运动。边界条件为：$v|_{y=0} = 0$，$v|_{y=b} = U$

将边界条件代入上式可得：

$$c_1 = \frac{\mu U}{b} - \frac{\partial p^*}{\partial x}\frac{b}{2}，\ c_2 = 0$$

则可得有相对运动的平壁间充分发展的一维不可压缩层流流动的切应力和速度分布表达式：

$$\tau_{yx} = -\frac{1}{2}\frac{\partial p^*}{\partial x}(b - 2y) + \frac{\mu U}{b}$$

$$v = -\frac{b^2}{2\mu}\frac{\partial p^*}{\partial x}\left[\frac{y}{b} - \left(\frac{y}{b}\right)^2\right] + U\frac{y}{b}$$

利用速度公式可以得出平均速度 v_m 和沿流动方向的体积流量 q_v：

$$v_m = \frac{1}{b}\int_0^b v\mathrm{d}y = -\frac{b^2}{12\mu}\frac{\partial p^*}{\partial x} + \frac{U}{2}$$

$$q_v = \int_0^b v\mathrm{d}y = bv_m = -\frac{b^3}{12\mu}\frac{\partial p^*}{\partial x} + \frac{Ub}{2}$$

由于上述方程包含了压差、壁面运动、壁面倾斜角三个外在因素的影响，因此对于：

a. 固定壁面间的压差流，可在方程中令 $U=0$。

b. 仅由壁面运动产生的剪切流，可在方程中令 $\partial p^*/\partial x = -\rho g\cos\beta$。

c. $\beta=0$ 表示流体在垂直狭缝中间向下流动。

$\beta=\pi/2$ 表示流体在水平狭缝中间流动。

$\beta=\pi$ 表示流体在垂直狭缝中间向上流动。

③水平狭缝压差流动的流动阻力。

对于水平狭缝，由于 $\beta=\pi/2$，故有 $\partial p^*/\partial x = \partial p/\partial x = \mathrm{const}$。则可用 $-\Delta p/L$ 代替，其中 Δp 是流动方向上长度为 L 的流道的进出口压力之差，$\Delta p = p_0 - p_L$，称为压力降。由于是压差流，则两平壁固定，则有 $U=0$，水平狭缝压差流的平均速度为：

$$v_m = \frac{b^2}{12\mu}\frac{\Delta p}{L}$$

狭缝流动阻力系数 λ 的定义式：

$$\Delta p = \lambda(L/b)(\rho v_m^2/2)$$

代入上式并注意：$Re=\rho v_m b/\mu$

则得水平狭缝压差流的阻力系数：

$$\lambda = \frac{24}{\rho v_m b/\mu} = \frac{24}{Re}$$

于是水平狭缝压差流的压力降为：

$$\Delta p = \frac{24}{Re}\frac{L}{b}\rho\frac{{v_m}^2}{2}$$

(3)降膜流动

降膜流动在湿壁塔、冷凝器、蒸发器以及污水处理方面都有着广泛的应用。降膜流动是靠重力产生的，特点是液膜的一侧与大气接触，为典型的液－气边界条件；由于液膜的一侧与大气接触，故沿流动方向没有压力差。

如图 4－28 为流体在倾斜平板上的降膜流动。液膜厚度为 δ，表面与大气接触。液膜沿 x 轴方向作一维层流流动，速度为 v，y、z 方向速度为零。由于液膜厚度远小于板的横向尺寸，故可忽略端部效应，将流动视为充分发展的。微元体在 z 向为单位宽度。降膜流动受力如图 4－29 所示。

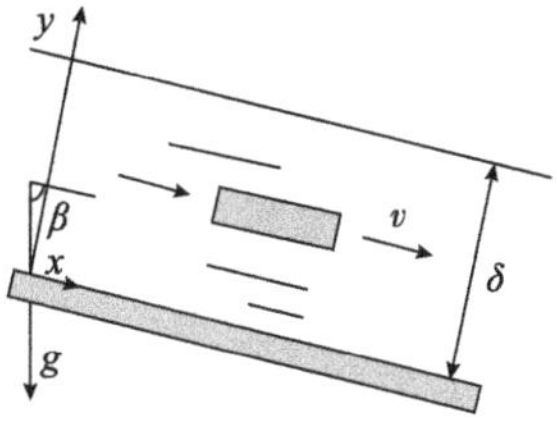

图 4-28 降膜流动

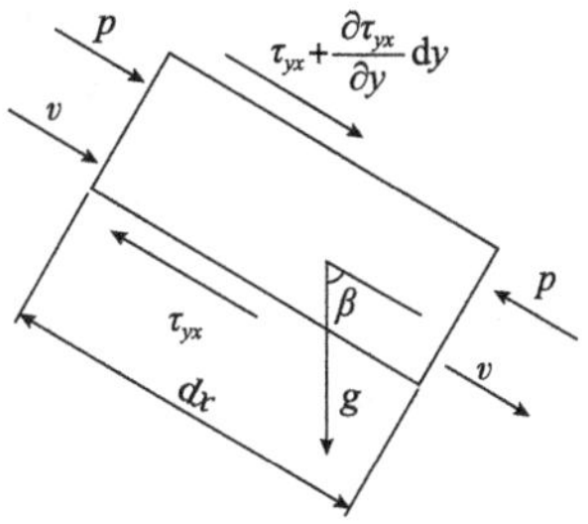

图 4-29 降膜流动受力

由于流动是充分发展的，即 $\partial v/\partial x=0$，所以进出微元体的动量流量均为 $\rho v^2 dy$。而微元体上 x 方向的受力之和为：

$$F_x=-\tau_{yx}dx+\left(\tau_{yx}+\frac{\partial \tau_{yx}}{\partial y}dy\right)dx+\rho g\cos\beta dxdy=\frac{\partial \tau_{yx}}{\partial y}dxdy+\rho g\cos\beta dxdy$$

将此式代入式(4-11)可得切应力方程：

$$\frac{\partial \tau_{yx}}{\partial y}=-\rho g\cos\beta$$

则：

$$\tau_{yx}=-\rho gy\cos\beta+c_1$$

将牛顿切应力定理代入上式可得：

$$\frac{dv}{dy}=-\frac{\rho g\cos\beta}{\mu}y+\frac{c_1}{\mu}$$

则：

$$v=-\frac{\rho g\cos\beta}{2\mu}y^2+\frac{c_1}{\mu}y+c_2$$

降膜两侧分别与固壁和大气接触，其边界条件为：

$$v|_{y=0}=0$$

$$\tau_{yx}|_{y=\delta}=\mu\frac{dv}{dy}|_{y=\delta}=0$$

代入可得积分常数：$c_2=0$，$c_1=\delta\rho g\cos\beta$，于是可得斜板降膜流动的切应力和速度分布：

$$\tau_{yx}=\rho g\delta\cos\beta\left(1-\frac{y}{\delta}\right)$$

$$v=\frac{\rho g\delta^2\cos\beta}{2\mu}\left[2\frac{y}{\delta}-\left(\frac{y}{\delta}\right)^2\right]$$

最大速度、平均速度与体积流量分别为：

$$v_{max}=v|_{y=\delta}=\frac{\rho g\delta^2\cos\beta}{2\mu}$$

$$v_m = \frac{1}{\delta}\int_0^\delta v\mathrm{d}y = \frac{\rho g\delta^2\cos\beta}{3\mu}$$

$$q_v = \delta v_m = \frac{\rho g\delta^3\cos\beta}{3\mu}$$

在工程实际中，流量 q_v 是知道的，则可用体积流量公式估算液膜的厚度。若 z 向板的总宽度为 W，总流量为 q_v'，则：

$$\delta = \sqrt{\frac{3\mu q_v'}{\rho gW\cos\beta}}$$

需要注意的是，随着平均速度和膜厚的增加以及动力黏度的减少，降膜流动会出现三种状态：一是直线型的层流流动；二是呈波纹状起伏的层流流动；三是湍流流动。

对于具有任意倾斜角的平板降膜流动，还没有统一标准来判别流态，但对于竖直平壁，可以做如下参考：

直线型层流流动：$Re<4\sim25$

波纹状层流流动：$4\sim25<Re<1000\sim2000$

湍流流动：$Re>1000\sim2000$

其中雷诺数定义为 $Re=4\delta v_m\rho/\mu$。

本节内容适用于直线型层流流动。

题与解

习题 4－1 弯头是改变管路方向的管件，如图 4－30 所示。按角度分，45°、90°及 180°三种是最常用的，另外根据工程需要还包括 60°等其他非正常角度弯头。弯头的材料有铸铁、不锈钢、合金钢、可锻铸铁、碳钢、有色金属及塑料等。与管子连接的方式有直接焊接(最常用的方式)、法兰连接、热熔连接、电熔连接、螺纹连接及承插式连接等。按照生产工艺可分为焊接弯头、冲压弯头、推制弯头、铸造弯头等。

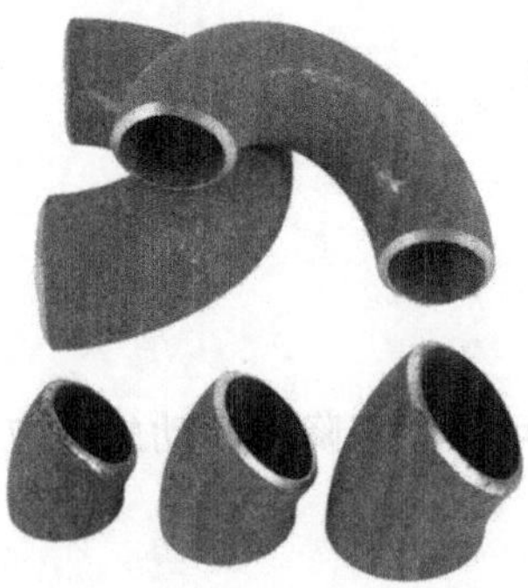

图 4－30 弯头

现有流体稳态流动，经过位于 $x-y$ 平面的弯头，如图 4－31 所示。弯头进口面面积为 A_1，流体速度 v_1 与 x 轴平行；出口截面面积为 A_2，速度 v_2 与 x 轴夹角为 β。试确定流体对弯头的作用力。

解：取 1、2 截面之间的管道空间为控制体，首先分析流体受力。流体受力分为三个部分：①进出口压力 p_1 和 p_2；②重力 G；③弯头内壁面对流体作用力的

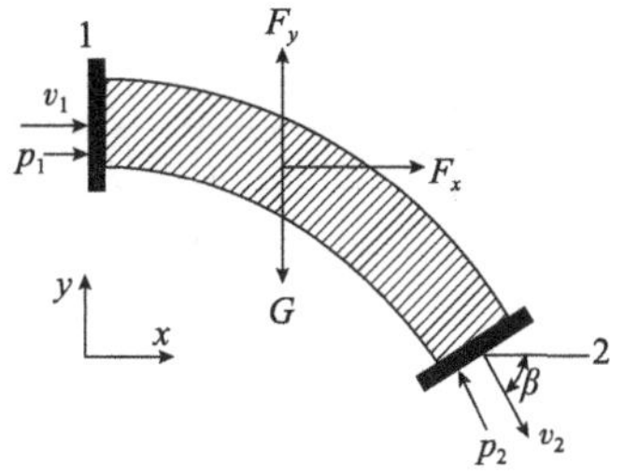

图4－31　习题4－1图

合力 F，该力是未知的。现假设壁面对流体的作用力在 x、y 方向的合力分别为 F_x 和 F_y 的反力就是流体对弯头的作用力，于是作用于流体上的力在 x、y 方向的合力分别为：

$$\sum F_x = p_1A_1 + F_x - p_2A_2\cos\beta$$

$$\sum F_y = F_y - G + p_2A_2\sin\beta$$

x、y 方向动量在出口面上的输出流量与进口面上的输入流量之差分别为：

$$v_{x_2}q_{m_2} - v_{x_1}q_{m_1} = (v_2\cos\beta)\rho_2v_2A_2 + v_1(-\rho_1v_1A_1)$$

$$v_{y_2}q_{m_2} - v_{y_1}q_{m_1} = (-v_2\sin\beta)\rho_2v_2A_2 + 0(-\rho_1v_1A_1)$$

由于流动是稳态的，所以根据式(4－15)得 x、y 方向的动量守恒方程分别为：

$$p_1A_1 + F_x - p_2A_2\cos\beta = \rho_2v_2^2A_2\cos\beta - \rho_1v_1^2A_1$$

$$F_y - G + p_2A_2\sin\beta = -\rho_2v_2^2A_2\sin\beta$$

求解上述方程得弯头对流体作用力的 x、y 分量为：

$$F_x = \rho_2v_2^2A_2\cos\beta - \rho_1v_1^2A_1 + p_2A_2\cos\beta - p_1A_1$$

$$F_y = -\rho_2v_2^2A_2\sin\beta + G - p_2A_2\sin\beta$$

于是，流体在 x、y 方向作用于弯头的力分别为 $-F_x$ 和 $-F_y$。

习题4－2　离心风机(见图4－32)是依靠输入的机械能提高气体压力并排送气体的机械，它是一种从动的流体机械。离心风机被广泛用于工厂、矿井、隧道、冷却塔、车辆、船舶和建筑物的通风、排尘和冷却，锅炉和工业炉窑的通风和引风，空气调节设备和家用电器设备中的冷却和通风，谷物的烘干和选送，风洞风源和气垫船的充气和推进等。

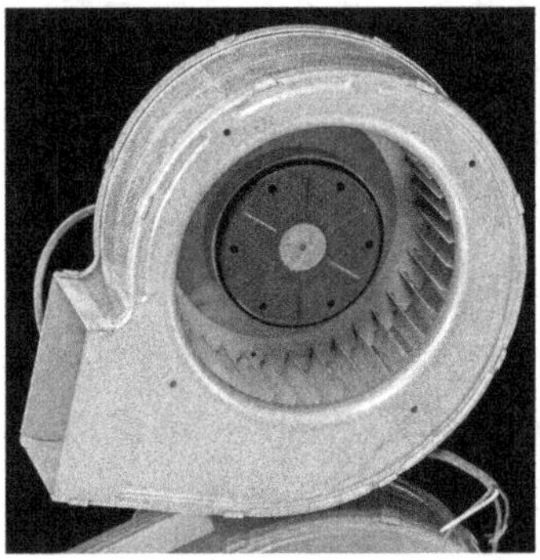

图4－32　离心风机

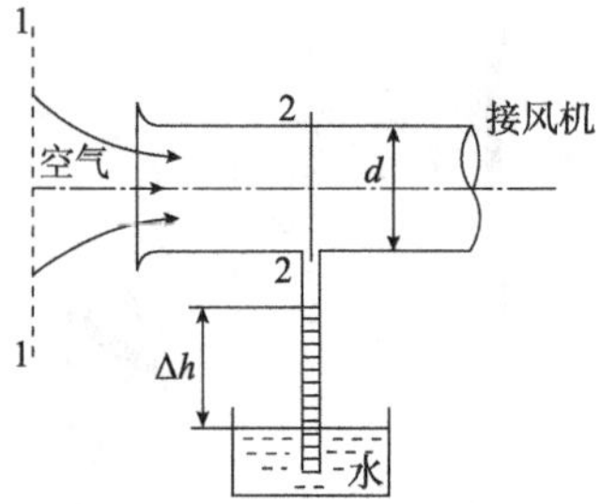

图4-33 习题4-2图

离心风机可采用集流器测量流量，如图4-33所示，已知风机吸入侧管道直径 $d=350\text{mm}$，插入水槽中的玻璃管内水的上升高度 $\Delta h=100\text{mm}$，空气的密度 $\rho_a=1.2\text{kg/m}^3$，水的密度 $\rho_w=1000\text{kg/m}^3$，不计流动损失，求离心风机吸入的空气流量。

解：选取1、2截面列伯努利方程，其中截面1距集流器足够远，则：

$$z_1+\frac{p_1}{\rho_a g}+\frac{v_1^2}{2g}=z_2+\frac{p_2}{\rho_a g}+\frac{v_2^2}{2g}$$

由于截面1的面积远远大于截面2的面积，故 $v_1\approx 0$，并且 $p_1=p_a$，截面2的压强可由测压管求出，由于 $\rho_a\ll\rho_w$，故可忽略气柱的高度，则：

$$p_2=p_a-\rho_w g\Delta h$$

将上述已知条件代入伯努利方程，则：

$$\frac{p_a}{\rho_a g}=\frac{p_a-\rho_w g\Delta h}{\rho_a g}+\frac{v_2^2}{2g}$$

$$v_2=\sqrt{2g\Delta h\frac{\rho_w}{\rho_a}}=\sqrt{2\times 9.81\times 0.1\times\frac{1000}{1.2}}=40.44\text{m/s}$$

风机的空气流量为：

$$q_v=\frac{1}{4}\pi d^2 v_2=\frac{1}{4}\times 3.14\times 0.35^2\times 40.44=3.89\text{m}^3/\text{s}$$

习题4-3 压气机(见图4-34)是燃气涡轮发动机中利用高速旋转的叶片给空气做功以提高空气压力的部件。压气机叶轮叶片的前端部分呈弯曲状称为导轮，作用是将气体无冲击地导入工作叶轮，减小气流冲击损失。小型增压器的压气机叶轮一般将导轮与工作叶轮制成一体。压气机的叶轮出口有扩压器，使气体在叶轮中获得的动能尽可能多地转化为压力。扩压器分为叶片式和缝隙式两种。压气机的外壳有气流的进口和出口。

图4-34 压气机

直径4.5cm的压气机进口断面上空气的密度为 1.2kg/m^3，平均流速5m/s。经过压缩后在直径为2.5cm的圆管中以平均流速3m/s送出，求通过压气机的质量流量和出口断面的空气密度。

解：由进气管流入压气机的质量流量为：

$$Q_m=\rho_1 v_1 A_1=1.2\times5\times\frac{\pi\times0.045^2}{4}=9.54\times10^{-3}\text{kg/s}$$

根据连续方程，流出压气机与流入压气机的质量流量应相等，故：

$$\rho_2=\frac{Q_m}{v_2 A_2}=9.54\times10^{-3}/\left(3\times\frac{\pi\times0.025^2}{4}\right)=60.48\text{kg/m}^3$$

习题4-4　射流泵(见图4-35)是利用工作流体来传递能量和质量的流体输送机械。包括射流器和工作泵。射流器由喷嘴、喉管、扩散管及吸入室等部件组成。在石油开发方面，射流泵得到了广泛应用。射流泵适用于含砂较高的油井，特别是当其用热油(水)作动力液时，可用于稠油井和结蜡井，这样可使稠油降黏和除蜡。

主要部件射流喷嘴可以简化(见图4-36)，已知0.6m直径水管中的断面平均流速为6m/s，求孔口断面和射流收缩断面E的平均流速。孔口直径0.3m，射流收缩断面直径0.24m。

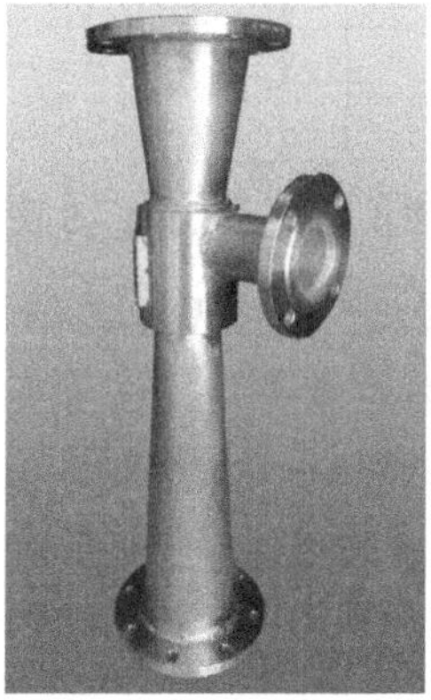

图4-35　射流泵

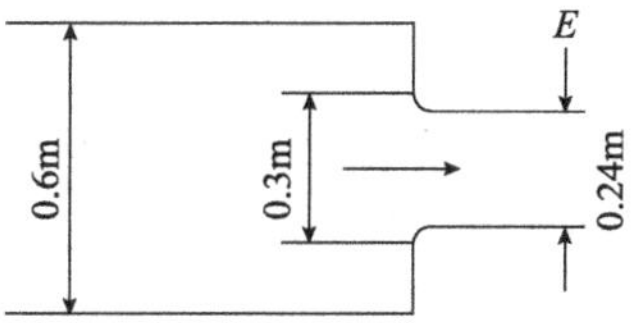

图4-36　习题4-4图

解：设水管、孔口、射流的过流断面面积和平均流速分别为A_1、A_2、A_3和v_1、v_2、v_3。

$$v_2=v_1\frac{A_1}{A_2}=v_1\left(\frac{d_1}{d_2}\right)^2=6\times\left(\frac{0.6}{0.3}\right)^2=24\text{m/s}$$

$$v_3=v_1\left(\frac{d_1}{d_3}\right)^2=6\times\left(\frac{0.6}{0.24}\right)^2=37.5\text{m/s}$$

习题4-5　离心通风机(见图4-37)属于叶轮机械的一种，广泛应用于能源、环境、航空等各个领域，是工农业生产中主要耗能设备之一。离心式通风机是除尘通风系统中四大件之一，是一种比较精密的运转机械，依靠叶轮的转动在风机内部形成负压，将外界气体吸入并经叶轮流道和蜗壳排出风机。离心式通风机主要由机壳、叶轮、机轴、集流器、排气口、轴承箱体、联轴器、皮带轮及底座等部件组成。与鼓风机的主要区别是排气压力，通风机的排气压力较小。

图4－38所示为一台离心式通风机。吸风管的直径 $D_1=200\text{mm}$，并在1－1′截图处测得真空压强 p_v 为 $500\text{mmH}_2\text{O}$，排风管直径 $D_2=300\text{mm}$，在2－2′截面处测得压强 $p_2=0.005\text{N/m}^2$，通风机的送风量 $Q=2160\text{m}^3/\text{h}$。设从1－1′截面到2－2′截面的流动能量损失 $h_w=5\text{mmH}_2\text{O}$，而两截面间的高度差 $h=1\text{m}$，当地大气压 $p_a=754\text{mmHg}$，气温 $t=15C$，水的密度 $\rho=998.98\text{kg/m}^3$。试求风机的风压 H 为多少 mmH_2O？

图4－37　通风机

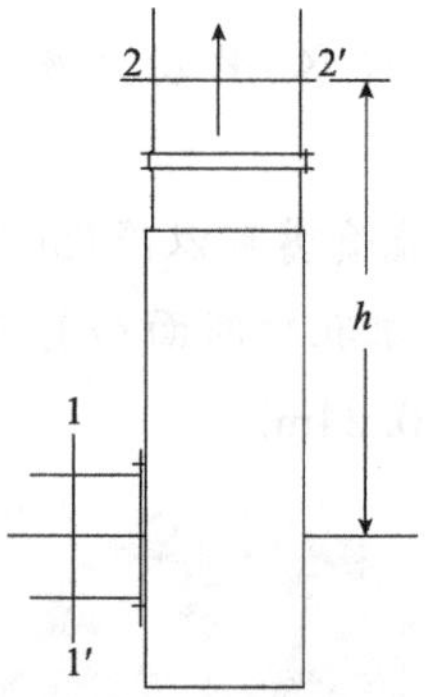

图4－38　习题4－5图

解：风机的风压或水泵的扬程 H 是流体通过叶轮之后，单位质量流体所获得的能量增量。泵用 mH_2O，风机用 mmH_2O 作为计量单位，这是工程上的习惯。

另外，总流伯努利方程是在两截面间没有能量输入或输出的情况下导出的。如果有能量输入或输出，可将能量项加在方程的左边或右边，以维持能量的收支平衡。因为伯努利方程是个能量方程，所以可以在流动的两截面间加入或提取能量。

空气的密度：

$$\rho=1.293\frac{p_a}{760}\frac{273}{T}=1.293\times\frac{754}{760}\times\frac{273}{273+15}=1.216\text{kg/m}^3$$

吸风管1－1′截面处的真空压强：

$$p_v=50\times9.81=490.5\text{N/m}^2$$

题中给出的流动能量损失用 mmH_2O(毫米水柱)这个单位。但应注意到 h_w 是单位质量流体所损失的能量即 $\frac{\text{N}\cdot\text{m}}{\text{N}}$，这里流体是空气，而 $\frac{\text{N}\cdot\text{m}}{\text{N}}=\text{m}$(米空气柱)。因此要把 mmH_2O(毫米水柱)换算成 $\frac{\text{N}\cdot\text{m}}{\text{N}}$(米空气柱)。这是个小小的问题，经常容易忽视，造成错误。现把 h_w 换算成米空气柱：

$$h_w=\frac{\rho H_2O\times0.005}{\rho}=998.98\times0.005/1.216=4.108\text{m}$$

现以吸风管轴线所在的水平面为基准面，列吸风管1－1′截面与排风管2－2′

截面的伯努利方程：

$$-\frac{p_v}{\rho g}+\frac{v_1^2}{2g}+H=h+\frac{p_2}{\rho g}+\frac{v_2^2}{2g}+h_w$$

在式中 p_v 之前加负号，因为它是负压强。式左方加上气流获得的能量 H，以维持能量收支平衡。解上式得到风机的风压：

$$H=h+h_w+\frac{p_2+p_v}{\rho g}+\frac{v_2^2-v_1^2}{2g}$$

$$=h+h_w+\frac{p_2+p_v}{\rho g}+\frac{Q_2\left(\frac{1}{D_2^4}-\frac{1}{D_1^4}\right)}{2g\left(\frac{\pi}{4}\right)^2}$$

$$=1+4.108+\frac{4905+490.5}{1.216\times9.81}+\frac{(2160/3600)^2\times[1/(0.3)^4-1/(0.2)^4]}{2\times9.81\times(0.785)^2}$$

$$=1+4.108+452.303-14.934$$

$$=442.477\ \frac{\text{N}\cdot\text{m}}{\text{N}}(\text{空气柱})$$

$$=\frac{1.216}{998.98}\times442.477=0.539\ \frac{\text{N}\cdot\text{m}}{\text{N}}(\text{水柱})$$

$$=539\text{mmH}_2\text{O}$$

习题4－6　离心泵(见图4－39)是指靠叶轮旋转时产生的离心力来输送液体的泵。离心泵是利用叶轮旋转而使水发生离心运动来工作的。水泵在启动前，必须使泵壳和吸水管内充满水，然后启动电机，使泵轴带动叶轮和水做高速旋转运动，水发生离心运动，被甩向叶轮外缘，经蜗形泵壳的流道流入水泵的压水管路。离心泵的基本构造是由6部分组成的，分别是叶轮、泵体、泵轴、轴承、密封环、填料函。

水泵从水面为大气压的水池中吸水，送到高位容器中去，如图4－40所示。高位容器内水面的表压强 $p_g=3\text{bar}$。水池和容器内的水面保持恒定，两者之间的距离 $h=30\text{m}$。整管路流动的能量损失 $h_w=5\text{mH}_2\text{O}$。设水的密度 $\rho=998.2\text{kg/m}^3$。试求水泵的扬程 H 为多少？

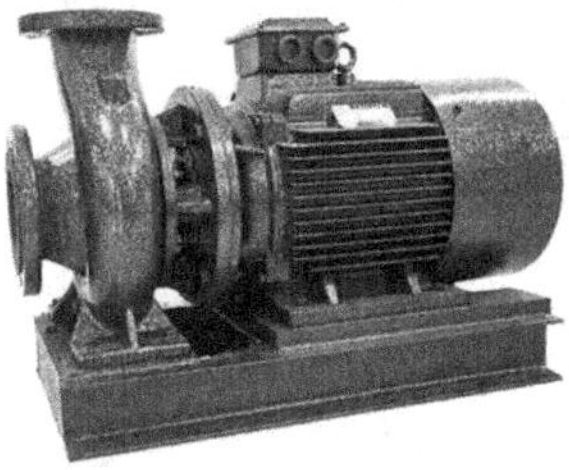

图4－39　离心泵

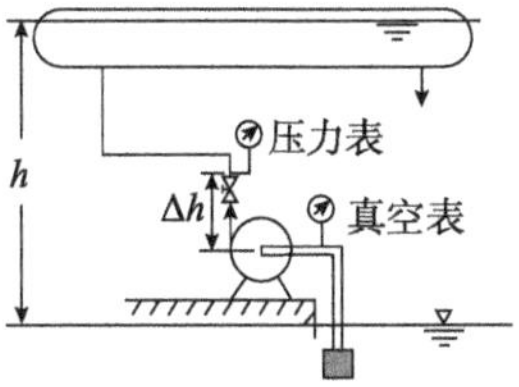

图4－40　习题4－6图

解：水泵的扬程是单位质量流体所获得的能量。以水池水面作为基准面；列水池水面与容器内水面的伯努利方程，则：

$$\frac{p_w}{\rho g}+H=h+\frac{p}{\rho g}+h_w$$

$$H=h+h_w+\frac{p-p_q}{\rho g}$$

$$=h+h_w+\frac{p_g}{\rho g}$$

$$=30+5+\frac{3\times10^6}{998.2\times9.8}=65.635\text{mH}_2\text{O}$$

习题4-7 直径 $d=100$mm 的虹吸管，位置如图4-41所示。求流量和2、3点位的压力。不计水头损失。

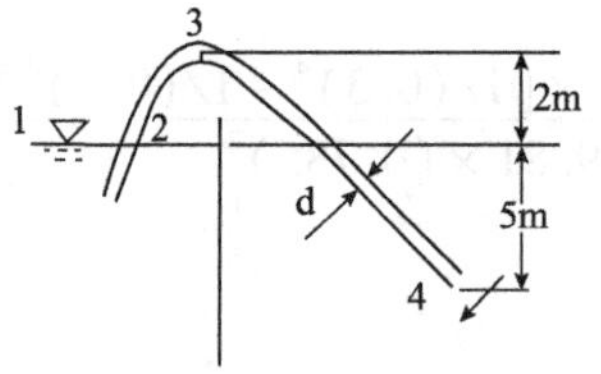

图4-41 习题4-7图

解：选取4点所在断面和1点所在断面列伯努力方程，以过4点的水平线为基准线。

$$5+0+0=0+0+\frac{v_4^2}{2\times9.8}$$

得 $v_4=9.9$m/s，则：

$$Q=\frac{\pi}{4}d^2v_4=0.078\text{m}^3/\text{s}$$

选取1、2点所在断面列伯努利方程，以过1点的水平线为基准线，则：

$$0+0+0=0+\frac{p_2}{\rho g}+\frac{v_2^2}{2g}\quad(v_2=v_4)$$

得：$p_2=-4.9\times10^4$Pa

选取1、3点所在断面列伯努利方程，以过1点的水平线为基准线，则：

$$0+0+0=2+\frac{p_3}{\rho g}+\frac{v_3^2}{2g}\quad(v_3=v_4)$$

得：$p_3=-6.86\times10^4$Pa

习题4-8 一个倒置的U形测压管(见图4-42)，上部为相对密度0.8的油，用来测定水管中点的速度。若读数 $\Delta h=200$mm，请计算管内水的流速。

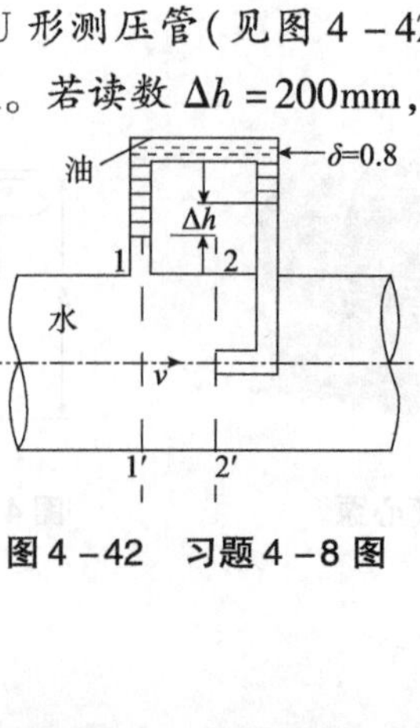

图4-42 习题4-8图

解：选取1－1′、2－2′断面列伯努利方程，以水管轴线为基准线，则：

$$0+\frac{p_1}{\rho g}+\frac{u^2}{2g}=0+\frac{p_2}{\rho g}+0$$

同时，选取U形测压管中油的最高液面为等压面，则：

$$v=\sqrt{2\frac{p_2-p_1}{\rho}}=\sqrt{2\frac{(\rho_w-\rho_o)g\Delta h}{\rho}}=0.784\mathrm{m/s}$$

习题4－9 图4－43为一文丘里管和压力计，试推导体积流量和压力计读数之间的关系式。当$z_1=z_2$时，$\rho=1000\mathrm{kg/m^3}$，$\rho H=13.6\times 103\mathrm{kg/m^3}$，$d_1=500\mathrm{mm}$，$d_2=50\mathrm{mm}$，$H=0.4\mathrm{m}$，流量系数$\alpha=0.9$时，求$Q$。

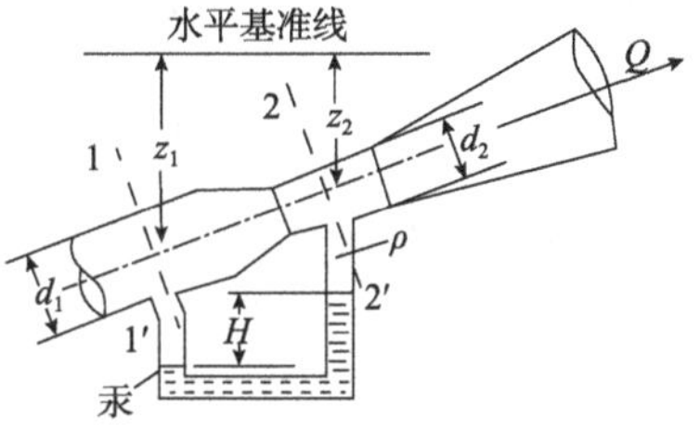

图4－43 习题4－9图

解：列1－1′、2－2′所在断面的伯努利方程、以过1－1′断面中心点的水平线为基准线。

$$0+\frac{p_1}{\rho g}+\frac{v_1^2}{2g}=z_1-z_2+\frac{p_2}{\rho g}+\frac{v_2^2}{2g}$$

选取压力计中汞的最低液面为等压面，则：

$$\frac{p_1-p_2}{\rho g}=z_1-z_2+12.6H$$

又由$v_1=\dfrac{Q}{\dfrac{\pi d_1^2}{4}}$、$v_2=\dfrac{Q}{\dfrac{\pi d_2^2}{4}}$，得：

$$Q=0.03\sqrt{H}$$

所以：$$Q_{实际}=Q\alpha=0.03\sqrt{H}\alpha=0.017\mathrm{m^3/s}$$

习题4－10 滑动轴承如图4－44所示，是一种在滑动摩擦下工作的轴承。滑动轴承工作平稳、可靠、无噪声。在液体润滑条件下，滑动表面被润滑油分开而不发生直接接触，还可以大大减小摩擦损失和表面磨损，油膜还具有一定的吸振能力，但起动摩擦阻力较大。轴被轴承支撑的部分称为轴颈，与轴颈相配的零件称为轴瓦。为了改善轴瓦表面的摩擦性质而在其内表面上浇铸的减摩材料层称为轴承衬。轴瓦和轴承衬的材料统称为滑动轴承材料。滑动轴承应用场合一般在高速轻载工况条件下。

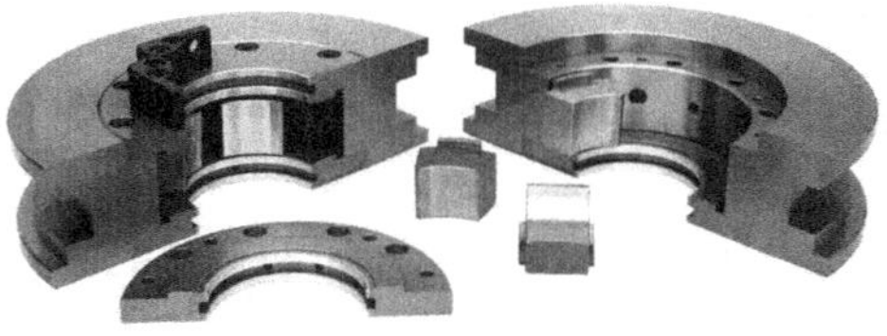
图4－44 滑动轴承

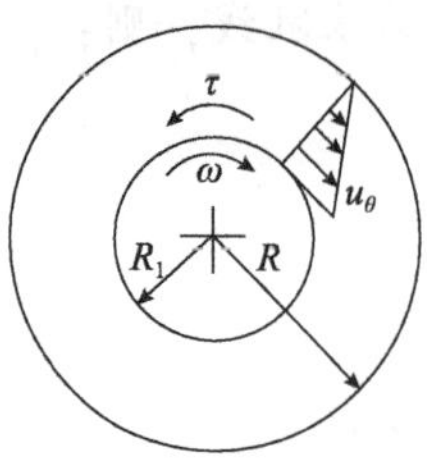

图4－45　习题4－10图

一滑动轴承尺寸如图4－45所示。轴以匀角速度ω转动，轴表面上受到的切应力为τ。轴承在轴线方向的宽度为W。设润滑油无外漏，试确定保持油温恒定所需要的散热速率为多少？

解：这是一个稳态散热问题。取R_1与R之间的润滑油空间为控制体。由于控制体无流体进出，润滑油本身也不存在轴功的输入或输出，所以根据能量方程式：

$$\dot{Q}-\dot{W}_s=\iint_{CS}\left(e+\frac{p}{\rho}\right)\rho(V\cdot n)\mathrm{d}A+\frac{\partial}{\partial}\iiint_{CV}e\rho\mathrm{d}v+\dot{W}_\mu$$

由本题条件简化得：

$$\dot{Q}=\dot{W}_\mu$$

因为流体对轴所做的摩擦功＝流体对轴的切应力×轴的表面积×轴表面的线速度，且由于流体轴表面的切应力与轴表面的线速度相反，所以：

$$\dot{W}_\mu=-\tau(2\pi R_1W)(R_1\omega)=-2\pi R_1^2W\tau\omega$$

于是有 $\dot{Q}=\dot{W}_\mu=-\tau(2\pi R_1W)(R_1\omega)=-2\pi R_1^2W\tau\omega$

其中，$\dot{W}_\mu<0$表明实际上是轴转动时通过摩擦对流体做功。摩擦功转化为热量本应该使流体温度升高，但只要采取措施使流体散热（$\dot{Q}<0$）且散热速率大小为$2\pi R_1^2W\tau\omega$，则流体温度将保持不变，从而维持稳定状态。

习题4－11　两个平行平板间充满不可压缩流体，恒定流动，平板间距为δ。假设平板尺寸无限大且下板固定，上板以匀速u_o运动，带动流体沿着y方向流动，试求解平板间的速度分布。

解：分析题意可知：

由于流动为恒定流动，所以 $u_x=\dfrac{\partial u_x}{\partial t}=\dfrac{\partial u_y}{\partial t}=\dfrac{\partial u_z}{\partial t}=0$

流体仅沿y方向流动，所以$u_x=u_z=0$

因平板在x方向无限大，所以$\dfrac{\partial u_x}{\partial x}=\dfrac{\partial u_y}{\partial x}=\dfrac{\partial u_z}{\partial x}=\dfrac{\partial p}{\partial x}=0$

根据连续方程$\dfrac{\partial u_x}{\partial x}+\dfrac{\partial u_y}{\partial y}+\dfrac{\partial u_z}{\partial z}=0$，可知$\dfrac{\partial u_y}{\partial y}=0$

由于质量力只有重力，所以$f_x=0$，$f_y=0$，$f_z=-g$

则N－S方程可简化为二维平面流动：

$$\begin{cases}-\dfrac{\partial p}{\partial y}+\mu\dfrac{\partial^2u_y}{\partial z^2}=0\\[2mm]-\rho g-\dfrac{\partial p}{\partial z}=0\end{cases}$$

由此可知，y 方向的压强梯度$\frac{\partial p}{\partial y}$与 z 无关，考虑到 $u_y=u_y(z)$，则第一式可改写成：

$$\frac{\mathrm{d}^2 u_y}{\mathrm{d}z^2}=\frac{1}{\mu}\frac{\partial p}{\partial y}$$

对 z 积分可得速度分布为：$u_y=\frac{1}{2\mu}\frac{\partial p}{\partial y}z^2+C_1 z+C_2$

将流动的边界条件 $z=0$，$u_y=0$；$z=\delta$，$u_y=u_0$ 代入速度分布可得积分常数：

$$C_1=\frac{u_0}{\delta}-\frac{1}{2\mu}\frac{\partial p}{\partial y}\delta,\ C_2=0$$

于是速度分布为：

$$u_y=\frac{u_0}{\delta}z-\frac{1}{2\mu}\frac{\partial p}{\partial y}(\delta-z)z$$

习题4－12 如图4－46所示为两个同心圆柱，圆柱高度为 h，外圆柱半径为 r_1，内圆柱半径为 r_2，分别以等角速度 ω_1 和 ω_2 绕圆心旋转，已知流体的动力黏度为 μ，试求此时圆筒间的流速分布。

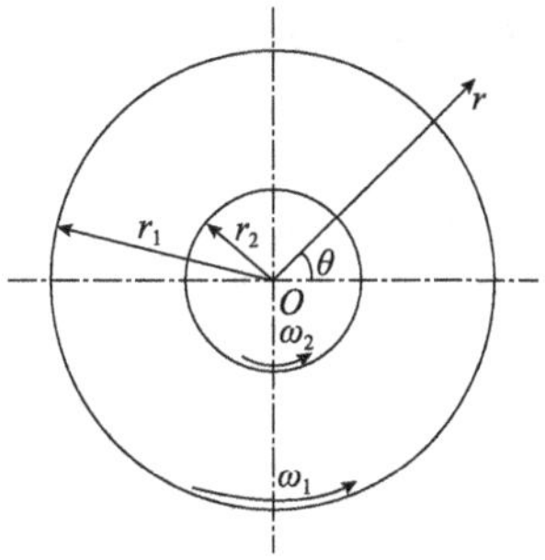

图4－46 习题4－12图

解：取圆柱坐标系，使 z 轴与圆心重合。分析题意可知：

由于流动为平面圆周运动，则：

$$u_r=u_z=0,\ \frac{\partial u_r}{\partial z}=\frac{\partial u_\theta}{\partial z}=\frac{\partial u_z}{\partial z}=0$$

由上式结合连续方程，得：

$$\frac{\partial(ru_r)}{\partial r}+\frac{\partial u_\theta}{\partial\theta}+\frac{\partial(ru_z)}{\partial z}=0$$

化简：

$$\frac{\partial u_\theta}{\partial\theta}=0$$

对于恒定流动：

$$\frac{\partial u_r}{\partial t}=\frac{\partial u_\theta}{\partial t}=\frac{\partial u_z}{\partial t}=0$$

不计质量力，故 $f_r=f_\theta=f_z=0$；

由题意可知，压强仅与半径有关，即$\frac{\partial p}{\partial\theta}=\frac{\partial p}{\partial z}=0$。

于是N－S方程可简化为：

$$r\text{ 方向：}\frac{\mathrm{d}p}{\mathrm{d}r}=\rho\frac{u_0^2}{r}$$

$$\theta\text{ 方向：}\frac{\mathrm{d}^2u_\theta}{\mathrm{d}r^2}+\frac{1}{r}\frac{\mathrm{d}u_0}{\mathrm{d}r}-\frac{u_0}{r^2}=0$$

将流动的边界条件：

$$r=r_1,\ u_\theta=r_1\omega_1$$

$$r=r_2,\ u_\theta=r_2\omega_2$$

代入简化的 N－S 方程得：

$$u_\theta=\frac{\omega_2r_1^2-\omega_2r_2^2}{r_1^2-r_2^2}r+\frac{[(\omega_2-\omega_1)r_1^2r_2^2]/(r_1^2-r_2^2)}{r}$$

习题 4－13 不可压缩黏性流体在倾斜放置的两块无限大平行平板间由上向下作定常稳定层流流动，如图 4－47 所示，试用 N－S 方程求解以下两种情况下该层流运动的流速分布规律：①上下板均固定不动；②下板固定不动，上板以匀速 U 沿流动方向作平行运动。

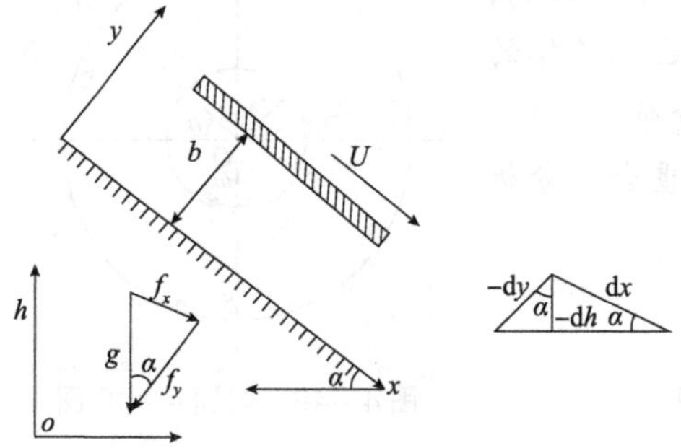

图 4－47 习题 4－13 图

解：建立直角坐标系，如图4－47所示。根据题意，该流动有如下特征：由于是定常流动，$\frac{\partial}{\partial t}=0$；由于流体沿轴 x 方向流动，y 轴垂直于平板，z 轴水平，则 $v_y=v_z=0$，$\frac{\partial}{\partial z}=0$；由于是不可压缩定常等截面流动，由连续方程可得$\frac{\partial v_x}{\partial x}=0$，即 $v_x=v_x(y)$。于是，直角坐标系下的 N－S 方程式可简化为：

$$\begin{cases}f_x-\dfrac{1}{\rho}\dfrac{\partial p}{\partial x}+\gamma\dfrac{\partial^2v_x}{\partial y^2}=0\\[2ex] f_y-\dfrac{1}{\rho}\dfrac{\partial p}{\partial y}=0\end{cases}\tag{a}$$

因为作用在流体上的质量力只有重力，则式(a)中 $f_x=g\sin\alpha=-g\frac{\partial h}{\partial x}$，$f_y=-g\cos\alpha=-g\frac{\partial h}{\partial y}$，代入式(a)可整理得：

$$\begin{cases}\mu\dfrac{\partial^2v_x}{\partial y^2}=\dfrac{\partial}{\partial x}(p+\rho gh)\\[2ex] \dfrac{\partial}{\partial y}(p+\rho gh)=0\qquad(\text{与 }y\text{ 无关})\end{cases}\tag{b}$$

由此可知 $p+\rho gh$ 只是 y 的函数，于是得：

$$\mu\frac{\mathrm{d}^2 v_x}{\mathrm{d}y^2}=\frac{\mathrm{d}}{\mathrm{d}x}(p+\rho gh) \tag{c}$$

将式(c)对 y 积分两次，得：

$$v_x=\frac{1}{2\mu}\left[\frac{\mathrm{d}}{\mathrm{d}x}(p+\rho gh)\right]y^2+C_1y+C_2 \tag{d}$$

①若上下板均固定不动，边界条件为 $y=0$，$v_x=0$；$y=b$，$v_x=0$。代入式(d)可确定积分常数 C_1 和 C_2，分别为：

$$C_1=-\frac{b}{2\mu}\frac{\mathrm{d}}{\mathrm{d}x}(p+\rho gh),\ C_2=0$$

于是得速度分布：

$$v_x=-\frac{1}{2\mu}\frac{\mathrm{d}}{\mathrm{d}x}(p+\rho gh)(b-y)y \tag{e}$$

即其速度是抛物线分布的。

②若下板不动，上板以等速 U 沿流动方向作平行运动，其边界条件为 $y=0$，$v_x=0$；$y=b$，$v_x=U$。代入式(d)，得：

$$C_1=\frac{U}{b}-\frac{b}{2\mu}\frac{\mathrm{d}}{\mathrm{d}x}(p+\rho gh),\ C_2=0$$

于是得速度分布为：

$$v_x=\frac{U}{b}y-\frac{1}{2\mu}\frac{\mathrm{d}}{\mathrm{d}x}(p+\rho gh)(b-y)y$$

习题4-14 离心沉降机有一个盛放物料的圆筒形装置称为转鼓，其装置如图4-48所示。转鼓高速旋转时，其中物料运转在一个轴对称的离心场中，物料中各相由于位置比重不同受到不同的场外力作用而分层沉淀，质量最大，颗粒最粗的分布在转鼓最外层。质量最小，颗粒最细的聚集到转鼓内层、澄清液则从机上溢流。试分析离心机转鼓内液体形状(压力、速度)数学模型

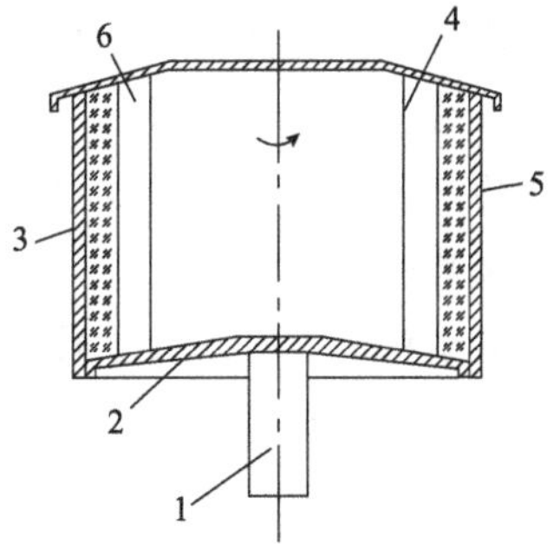

图4-48 离心沉降机
1—转鼓回转轴；2—转鼓底；3—转鼓壁；4—拦液板；5—滤渣；6—滤液

解：①离心机工作稳定时流体液面与转鼓壁面平行。

如图4-49，装有液体的转鼓容器绕垂直轴 z 以等角速度度 ω 旋转。待稳定后，液面呈现如图4-49所示的曲面。这种情况，除了重力以外，还受离心力，单位质量所受惯性力(离心力)的大小为 $\omega^2 r$，其方向与向心加速度相反。在离心机的转鼓中，离心力远大于重力，液面与鼓壁基本平行。液体中任一点单位质量流体所受的质量力为：

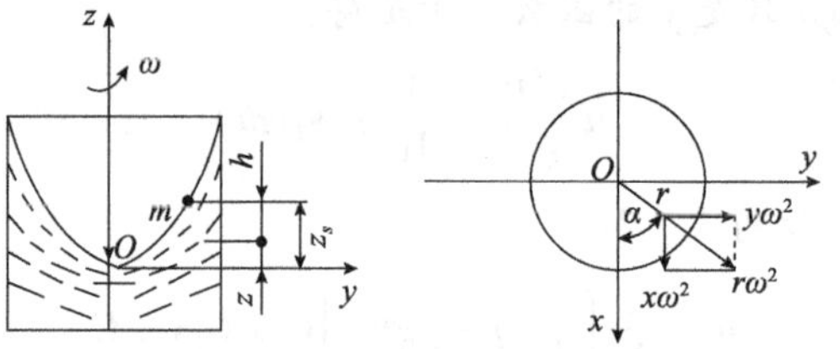

图 4-49　离心机受力图

$$f_x = \omega^2 x,\ f_y = \omega^2 y,\ f_z = -g$$

将质量力代入等压面方程(等压面方程：$f_x\mathrm{d}x + f_y\mathrm{d}y + f_z\mathrm{d}z = 0$)中，得：

$$\omega^2 x\mathrm{d}x + \omega^2 y\mathrm{d}y - g\mathrm{d}z = 0$$

积分得$\dfrac{\omega^2 x^2}{2} + \dfrac{\omega^2 y^2}{2} - gz = C$，坐标系转换 $z = \dfrac{\omega^2 r^2}{2g} + C$

随着转鼓转速的提高，转鼓底逐渐露出来，以致转鼓中间没有液体。

此时，记液面与转鼓底面的交点坐标为$(r_0,\ 0)$。代入上式得 $C = -\dfrac{\omega^2 r_0{}^2}{2g}$

将 C 代入上式，故有：$z = \dfrac{\omega^2}{2g}(r^2 - r_0{}^2)$

当 $z = h$ 时(液体表面)，令 $r = r_1$，代入上式，得：

$$h = \frac{\omega^2}{2g}(r_1{}^2 - r_0{}^2),\ r_1 = \sqrt{r_0{}^2 - \frac{2gh}{\omega^2}}$$

在离心机中，$\omega^2 \gg 2gH$，由上式可知，$r_1 = r_0$(液面达到垂直状态)，这时转鼓内流体表面变为接近和转鼓壁相平行的同心圆柱。在这种状态下，离心力大大超过重力，在设计时重力可以忽略，这样，离心机转鼓轴线在空间可以任意布置，均不影响物料在转鼓内的分布，而主要取决于结构的合理和操作的方便。

②离心机压力场。

离心机工作时，处于转鼓中的液体和固体物料层，在离心力场的作用下，将给转鼓内壁以相当大的压力，称为离心液压，离心液压的计算公式：

$$P_c = \rho\omega^2 \int_{r_1}^{R} r\mathrm{d}r = \frac{1}{2}\rho\omega^2 (R^2 - r_1{}^2)$$

式中，P_c 为离心液压，$\mathrm{N/m^2}$；ρ 为分离物料的密度，$\mathrm{kg/m^3}$；r_1 为转鼓内物料环的内表面半径，m。

③离心机内固体(悬浮液)颗粒速度场。

在分离时，球形粒子在离心力场中所受的作用力：惯性力和浮力之差与粒子所受的阻力之和为零。

$$\frac{\pi d^3}{6}\rho_s \frac{u_\tau{}^2}{R} - \frac{\pi d^3}{6}\rho \frac{u_\tau{}^2}{R} - \zeta \frac{\pi d^2}{4} \frac{\rho u_r{}^2}{2} = 0$$

式中，d 为固体颗粒直径，ρ_s 为固体颗粒密度，ρ 为液体密度，u_τ 为流体切向速度，R 为鼓壁直径，u_r 为固液相对速度，ζ 为阻力系数。

平衡时颗粒在径向上相对于流体的速度 u_r 便是此位置上的离心沉降速度。

由上式得离心沉降速度表达式：

$$u_r = \sqrt{\frac{4d(\rho_s - \rho)}{3\zeta\rho}\frac{{u_\tau}^2}{R}}$$

重力沉降速度表达式：

$$u_t = \sqrt{\frac{4d(\rho_s - \rho)}{3\zeta\rho}g}$$

其中 $\zeta = \dfrac{24}{R_e}$，$u_r = \dfrac{d^2(\rho_s - \rho)}{18\mu}\left(\dfrac{{u_\tau}^2}{R}\right)$

这两者区别在于加速度的不同，一个是 $\dfrac{{u_\tau}^2}{R}$，一个是 g。

习题 4－15 旋风分离器(见图 4－50)是利用离心沉降原理从气流中分离出固、液相杂质和粉尘微粒的设备。即被分离介质(含尘天然气)从旋风分离器进气口经过弯管进入由旋风子组件、上下隔板与筒体组成的中腔，然后从各个旋风子进气管以切线方向进入，按照螺旋形路线向器底旋转，到达底部后折向上，成为内层的上旋气流称为气芯，再从各个旋风子顶部的中央排气管排到分离器上腔，最后从排气口排出，进入输送管线。气流中所夹带的尘粒随气流旋转的过程中在离心力的作用下逐渐趋向旋风子器壁，碰到器壁后由重力作用滑向旋风子出口，最后落到旋风分离器下腔。试分析旋风分离器内部颗粒受力情况。

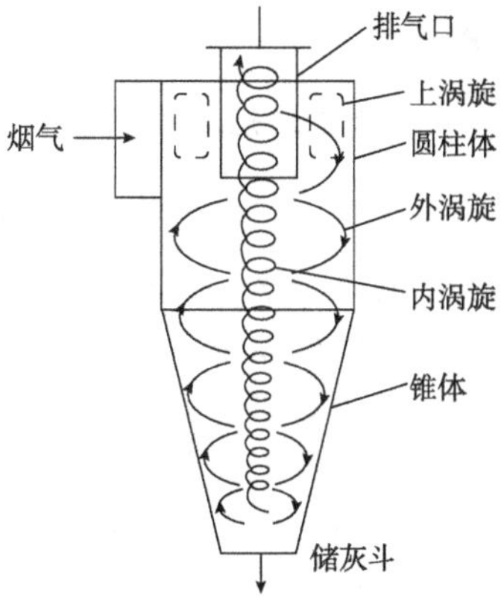

图 4－50 旋风分离器

解：在旋风分离器中，颗粒受到的离心力和空气曳力为：

$$F_D = \frac{\pi}{6}{d_p}^3\rho_p\frac{{u_r}^2}{r}$$

$$F_S = 6\pi\mu u_r d_p$$

式中，F_D 为离心力，ρ_p 为颗粒的密度，u_r 为颗粒速度，r 为旋转半径，d_p 为颗粒半径，F_S 为空气曳力，μ 为颗粒的黏度。

颗粒所受的离心力和颗粒的大小有关，即颗粒粒径 D 越大，离心力也就越大。因此，对于颗粒必然有一个临界粒径 D_c：当 $D > D_c$ 时，颗粒所受向外的力大于向内的力，颗粒将向旋风分离器外壁面移动，最终被分离；当 $D < D_c$ 时，则颗

粒会被带到中心的上升气流部分，随着气流离开旋风分离器。

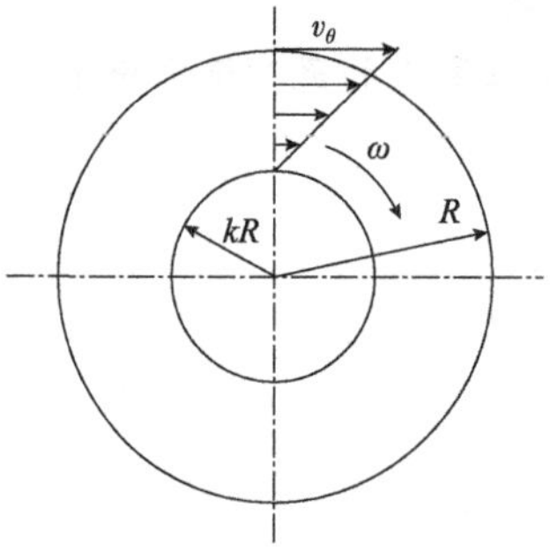

图4-51　习题4-16图

习题4-16　如图4-51是一种简化滑动轴承模型，外筒(轴承座)半径为R，内轴(轴瓦)半径为kR，$k<1$，以角速度ω转动。流体在内轴带动下流动。由于k接近于1，且流体黏度较高，故可视为层流流动。试确定转动内轴所需的力矩。

解：此题为狭缝剪切流。由于间隙远小于筒体半径，可近似认为水平狭缝中的剪切流。由狭缝流动的剪切应力分布公式：

$$\tau_{yx} = -\frac{1}{2}\frac{\partial p^*}{\partial x}(b-2y) + \frac{\mu U}{b}$$

其中壁面相对速度$U = kR\omega$，狭缝宽度$b=(1-k)R$，对于水平剪切流，$\frac{\partial p^*}{\partial x}=0$，于是可得切应力分布为：

$$\tau_{r\theta} = \frac{\mu U}{b} = \frac{k\mu\omega}{(1-k)}$$

由于壁面的切应力对流体产生的力矩等于转动所需的力矩，设接触面长L，则有：

$$M = 2\pi RL\cdot\tau_{r\theta}\big|_{r=R}\cdot R = 2\pi R^2 L\frac{k\mu\omega}{(1-k)}$$

习题4-17　板式塔是一类用于气-液或液-液系统的分级接触传质设备，由圆筒形塔体和按一定间距水平装置在塔内的若干塔板组成。广泛应用于精馏和吸收，有些类型也用于萃取，还可作为反应器用于气液相反应过程。操作时，液体在重力作用下，自上而下依次流过各层塔板，至塔底排出；气体在压力差推动下，自下而上依次穿过各层塔板，至塔顶排出。每块塔板上保持着一定高度的液层，气体通过塔板分散到液层中去，进行相际接触传质。

在某一石油精馏塔中，油品的动力黏度$\mu=0.16\text{Pa}\cdot\text{s}$，密度$\rho=800\text{kg/m}^3$，在宽度$W=500\text{mm}$的竖直壁面上做降膜流动，形成了2.5mm厚的油膜，求油的质量流量。

解：单位宽度上的体积流量为：

$$q_v = \frac{\rho g\delta^3\cos\beta}{3\mu} = \frac{800\times9.8\times0.0025^3\times\cos0}{3\times0.16} = 2.552\times10^{-4}\text{m}^3/(\text{m}\cdot\text{s})$$

总的质量流量和平均流速分别为：

$$q_m = Wq_v\rho = 0.5\times2.552\times10^{-4}\times800 = 0.102\text{kg/s}$$

$$u_\text{m} = \frac{q_v}{\delta} = \frac{2.552\times10^{-4}}{0.0025} = 0.102\text{m/s}$$

此公式仅适用于层流流态，所以需要校核雷诺数：

$$Re = \frac{4\delta u_\text{m}\rho}{\mu} = \frac{4\times0.0025\times0.102\times800}{0.16} = 5.1$$

属于层流，结果有效。

第5章　平面势流

5.1　势函数

5.1.1　有势场

如果有一矢量 $\boldsymbol{v}$，可找到一个函数 $\boldsymbol{\Phi}$，$\boldsymbol{\Phi}$ 是 $\boldsymbol{v}$ 的梯度，那么 $\boldsymbol{\Phi}$ 就是 $\boldsymbol{v}$ 的势函数。从数学角度讲，判断一个矢量是否有势，应具备下列条件之一：

①在单连域内“场有势”（或梯度场），有势就可以写成 $\boldsymbol{v}=\nabla\boldsymbol{\Phi}$ 的形式，即：

$$\boldsymbol{v}=-\mathrm{grad}\boldsymbol{\Phi} \tag{5-1}$$

其中，$\boldsymbol{\Phi}$ 为速度 $\boldsymbol{v}$ 的势函数（Potential function），则：

$$\mathrm{grad}\boldsymbol{\Phi}=\nabla\boldsymbol{\Phi}=\left(\frac{\partial\boldsymbol{\Phi}}{\partial x}\boldsymbol{i}+\frac{\partial\boldsymbol{\Phi}}{\partial y}\boldsymbol{j}+\frac{\partial\boldsymbol{\Phi}}{\partial z}\boldsymbol{k}\right) \tag{5-2}$$

②“场无旋”即 $rot\boldsymbol{v}=0$，即：

$$rot\boldsymbol{v}=\nabla\times\boldsymbol{v}=\begin{vmatrix} i & j & k \\ \dfrac{\partial}{\partial x} & \dfrac{\partial}{\partial y} & \dfrac{\partial}{\partial z} \\ v_x & v_y & v_z \end{vmatrix}=\left(\frac{\partial v_z}{\partial y}-\frac{\partial v_y}{\partial z}\right)\boldsymbol{i}+\left(\frac{\partial v_x}{\partial z}-\frac{\partial v_z}{\partial x}\right)\boldsymbol{j}+\left(\frac{\partial v_y}{\partial x}-\frac{\partial v_x}{\partial y}\right)\boldsymbol{k} \tag{5-3}$$

③曲线积分 $\int_{M_0}^{M}\boldsymbol{v}\cdot\mathrm{d}l$ 与路径无关，即满足充分必要条件：

$$\frac{\partial v_z}{\partial y}=\frac{\partial v_y}{\partial z},\quad \frac{\partial v_x}{\partial z}=\frac{\partial v_z}{\partial x},\quad \frac{\partial v_y}{\partial x}=\frac{\partial v_x}{\partial y} \tag{5-4}$$

④表达式 $v_x\mathrm{d}x+v_y\mathrm{d}y+v_z\mathrm{d}z$ 是某一函数的全微分，即：

$$\mathrm{d}\boldsymbol{\Phi}=v_x\mathrm{d}x+v_y\mathrm{d}y+v_z\mathrm{d}z=\frac{\partial\boldsymbol{\Phi}}{\partial x}\mathrm{d}x+\frac{\partial\boldsymbol{\Phi}}{\partial y}\mathrm{d}y+\frac{\partial\boldsymbol{\Phi}}{\partial z}\mathrm{d}z \tag{5-5}$$

其中，$v_x=\dfrac{\partial\boldsymbol{\Phi}}{\partial x}$，$v_y=\dfrac{\partial\boldsymbol{\Phi}}{\partial y}$，$v_z=\dfrac{\partial\boldsymbol{\Phi}}{\partial z}$。

5.1.2　速度势函数的定义

对于无旋（有势场）$\nabla\times\boldsymbol{v}=0$，必存在一个标量函数 $\boldsymbol{\Phi}(x, y, z, t)$，当时间 t 为变量时，使全微分 $\mathrm{d}\boldsymbol{\Phi}=v_x\mathrm{d}x+v_y\mathrm{d}y+v_z\mathrm{d}z$ 成立，函数 $\boldsymbol{\Phi}$ 称为速度势函数

(Velocity potential function)。也可以说存在速度势函数 Φ 的流动为有势流动，势函数 Φ 的全微分为：

$$d\Phi = \frac{\partial\Phi}{\partial x}dx + \frac{\partial\Phi}{\partial y}dy + \frac{\partial\Phi}{\partial z}dz = v_x dx + v_y dy + v_z dz \tag{5-6}$$

(1)直角坐标系中速度与势函数的关系

$$v_x = \frac{\partial\Phi}{\partial x},\ v_y = \frac{\partial\Phi}{\partial y},\ v_z = \frac{\partial\Phi}{\partial z} \tag{5-7}$$

$$\boldsymbol{v} = v_x\boldsymbol{i} + v_y\boldsymbol{j} + v_z\mathrm{k} = \frac{\partial\Phi}{\partial x}\boldsymbol{i} + \frac{\partial\Phi}{\partial y}\boldsymbol{j} + \frac{\partial\Phi}{\partial z}\boldsymbol{k} = \nabla\boldsymbol{\Phi} = \mathrm{grad}\boldsymbol{\Phi} \tag{5-8}$$

即流场的速度等于势函数的梯度，$\boldsymbol{v}$ 无旋，必有势 $\boldsymbol{\Phi}$。

(2)随机坐标下速度与势函数的关系

对于平面势流中速度为 $\boldsymbol{v}$ 的任一点 P，其切向和法向速度分量 v_s、v_n 与势函数关系为：

$$v_s = \frac{\partial\Phi}{\partial s},\ v_n = \frac{\partial\Phi}{\partial n} \tag{5-9}$$

(3)柱坐标系下速度与势函数的关系

$$v_r = \frac{\partial\Phi}{\partial r},\ v_\theta = \frac{1}{r}\frac{\partial\Phi}{\partial\theta},\ v_z = \frac{\partial\Phi}{\partial z} \tag{5-10}$$

5.1.3 引入速度势函数的意义

在势流中，如果已知速度势函数，根据速度分量与势函数的关系，很容易计算出速度分量 v_x、v_y、v_z，从而将求解势流流动速度场的问题转化为求解速度势函数的问题，使求解速度的三个投影转化为求解一个未知数 Φ，计算简化。

5.1.4 速度势函数的求解

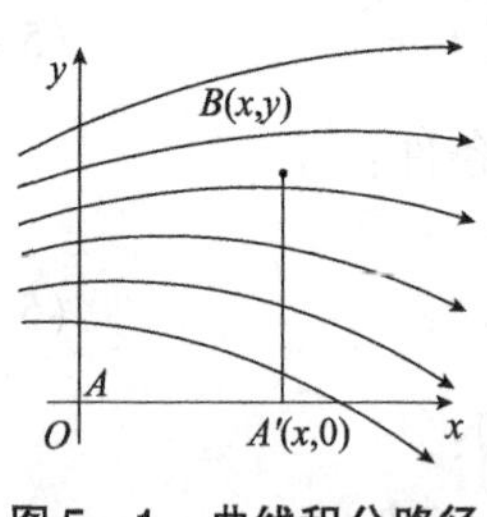

图 5-1 曲线积分路径

由于无旋流场中速度沿曲线积分与路径无关，因此可选择一条便于积分的路径，根据速度分布求解速度势函数。为简便起见，曲线的始点 A 可取在坐标原点，把沿曲线 AB 的线积分转化为选沿 x 轴至点 $A'(x,\ 0)$，再由 A' 点沿垂直于 x 轴的直线至 $B(x,\ y)$ 点，如图 5-1 所示。此时 $\Phi(A) = \Phi(0,\ 0)$，为方便计算可取为零。于是，二维平面无旋流动的速度势函数为：

$$\Phi(x,y) = \int_0^x v_x(x,0)dx + \int_0^y v_y(x,y)dy \tag{5-11}$$

5.1.5 速度势函数与环量的关系

由流场中的任一条曲线 AB 的线积分得：

$$\Gamma_{AB} = \int_A^B (v_x \mathrm{d}x + v_y \mathrm{d}y + v_z \mathrm{d}z) = \int_A^B \mathrm{d}\Phi = \Phi(B) - \Phi(A) \tag{5-12}$$

可见，沿 AB 曲线的线积分等于曲线两端点的速度势函数的差值，而与曲线的形状无关。当 A、B 两点重合为封闭曲线时，若速度势函数单值，则沿所取的任意封闭曲线的速度环量值等于零，即：

$$\Gamma = \oint_K \boldsymbol{v} \cdot \mathrm{d}\vec{r} = \oint_K (v_x \mathrm{d}x + v_y \mathrm{d}y + v_z \mathrm{d}z) = \oint_K \mathrm{d}\Phi = 0 \tag{5-13}$$

无旋条件 $\nabla \times \boldsymbol{v} = 0$，是单连通域内速度沿曲线积分 $\oint_K \boldsymbol{v} \mathrm{d}S$ 与积分路径无关的充分必要条件。也就是说，在单连通域内速度势 Φ 是单值的，沿封闭曲线的环量等于零。但在多连通域内，速度势可能是多值的。

5.1.6　无旋流动的基本性质

(1)速度有势

因为无旋流场中，速度旋度处处为0，即 $\nabla \times \boldsymbol{v} = 0$，所以根据场论：若任一矢量场的旋度为0，则该矢量一定是某个标量函数的梯度。因此，无旋流动的速度场可以表示为：

$$v = \nabla \Phi \tag{5-14}$$

流动无旋是速度场有势的充分必要条件，无旋必有势，有势必无旋。

(2)加速度有势

在欧拉法中，流体速度的质点导数即加速度为：

$$a = \frac{\mathrm{d}v}{\mathrm{d}t} = \frac{\partial v}{\partial t} + (v \cdot \nabla) v \tag{a}$$

由矢量微分关系可得：

$$\nabla(v \cdot v) = (v \cdot \nabla) v + (v \cdot \nabla) v + v \times (\nabla \times v) + v \times (\nabla \times v) \tag{b}$$

由于是无旋流动，$\nabla \times \boldsymbol{v} = 0$，且有 $\nabla(\boldsymbol{v} \cdot \boldsymbol{v}) = \nabla v^2$。因此可得到关系式：

$$(\boldsymbol{v} \cdot \nabla) \boldsymbol{v} = \frac{1}{2} \nabla v^2 \tag{c}$$

于是无旋流动的加速度可表示为：

$$a = \frac{\mathrm{d}\boldsymbol{v}}{\mathrm{d}t} = \frac{\partial \boldsymbol{v}}{\partial t} + \frac{1}{2} \nabla v^2 \tag{5-15a}$$

将 $v = \nabla \Phi$ 代入式(a)得：

$$a = \frac{\mathrm{d}\boldsymbol{v}}{\mathrm{d}t} = \frac{\partial}{\partial t} \nabla \Phi + \frac{1}{2} \nabla v^2 \tag{5-15b}$$

加速度可以表达为：

$$a = \nabla \left(\frac{\partial \Phi}{\partial t} + \frac{1}{2} v^2 \right) \tag{5-15c}$$

此式右边括号中是一个标量函数，流体加速度被表示成了一个标量函数的梯度，即加速度有势。

5.1.7 拉普拉斯方程(势函数方程)

(1)拉普拉斯方程(Laplace equation)

对于不可压缩流体，其流体微团在流动过程中形状发生变化，但体积不变，因此有连续方程称为流体的不可压缩条件。

$$\nabla \cdot \boldsymbol{v} = 0 \tag{a}$$

如果不可压缩流体作无旋流动，则有速度势函数 Φ 存在，即：

$$\boldsymbol{v} = \nabla \Phi \tag{b}$$

则有：

$$\nabla \cdot \boldsymbol{v} = \nabla \cdot (\nabla \Phi) = \nabla^2 \Phi = 0 \tag{c}$$

即：

$$\nabla^2 \Phi = \frac{\partial^2 \Phi}{\partial x^2} + \frac{\partial^2 \Phi}{\partial y^2} + \frac{\partial^2 \Phi}{\partial z^2} = 0 \tag{5-16}$$

这就是数学物理方程中著名的拉普拉斯方程，也称为不可压缩流体无旋流动的基本方程。

其柱坐标形式为：

$$\nabla^2 \Phi = \frac{1}{r}\frac{\partial}{\partial r}\left(\frac{1}{r}\frac{\partial}{\partial r}\left(r\frac{\partial \Phi}{\partial r}\right)\right) + \frac{1}{r^2}\frac{\partial^2 \Phi}{\partial \theta^2} + \frac{\partial^2 \Phi}{\partial z^2}$$

$$= \frac{\partial^2 \Phi}{\partial r^2} + \frac{1}{r}\frac{\partial \Phi}{\partial r} + \frac{1}{r^2}\frac{\partial^2 \Phi}{\partial \theta^2} + \frac{\partial^2 \Phi}{\partial z^2} = 0 \tag{5-17}$$

式中，∇^2为拉普拉斯算子。

$$\Delta = \nabla \cdot \nabla = \nabla^2 = \frac{\partial^2}{\partial x^2} + \frac{\partial^2}{\partial y^2} + \frac{\partial^2}{\partial z^2} \tag{5-18}$$

(2)拉普拉斯方程的意义

满足拉普拉斯方程的函数是调和函数(Harmonic function)，调和函数具有线性可叠加性，即：若 Φ_1，Φ_2 是拉普拉斯方程的解，则线性组合 $C_1\Phi_1 + C_2\Phi_2$ 也是方程的解。调和函数的这种线性可叠加性的物理意义是，复杂的流动形式可以分解成几个简单的流动分别进行分析求解，然后再线性叠加起来得到其运动规律。

因此求解不可压缩无旋流动问题，其步骤为：先求满足给定边界条件下的拉普拉斯方程解，求得势函数 Φ；然后再利用势函数与速度分量的关系，求得速度分布；最后可由势流的伯努利方程求出流场的压强分布，即：

$$\frac{P}{\rho} + \frac{v^2}{2} = \text{const} \tag{5-19}$$

(3)拉普拉斯方程的应用范围

拉普拉斯方程成立的条件仅仅是无旋和不可压缩，没有流动稳态或非稳态的限制。唯一的区别是，非稳态流动的速度势函数可能是时间的函数。

5.2 流函数

5.2.1 流函数的定义

对于二维平面流动，其流线的微分方程为 $\mathrm{d}x/v_x = \mathrm{d}y/v_y$，其必定可写成下列形式：

$$-v_y\mathrm{d}x + v_x\mathrm{d}y = 0 \tag{a}$$

在不可压缩流体的平面流动中，流场必须满足不可压缩流体的连续方程，即：

$$\frac{\partial v_x}{\partial x} + \frac{\partial v_y}{\partial y} = 0 \tag{b}$$

或

$$\frac{\partial v_x}{\partial x} = \frac{\partial(-v_y)}{\partial y} \tag{c}$$

由高等数学中的曲线积分性质可知，上述连续方程是$(-v_y\mathrm{d}x + v_x\mathrm{d}y)$成为某函数全微分的充分必要条件，以 $\psi(x, y)$表示该函数，则有：

$$\mathrm{d}\psi = \frac{\partial\psi}{\partial x}\mathrm{d}x + \frac{\partial\psi}{\partial y}\mathrm{d}y = -v_y\mathrm{d}x + v_x\mathrm{d}y \tag{5-20}$$

ψ 函数称作流场的流函数。因此可得：

$$v_x = \frac{\partial\psi}{\partial y},\ v_y = -\frac{\partial\psi}{\partial x} \tag{5-21}$$

类似地，对于极坐标系，则有：

$$v_r = \frac{1}{r}\frac{\partial\psi}{\partial\theta},\ v_\theta = -\frac{\partial\psi}{\partial r} \tag{5-22}$$

$$\mathrm{d}\psi = -v_\theta\mathrm{d}r + v_r r\mathrm{d}\theta \tag{5-23}$$

5.2.2 流函数的意义

流函数 ψ 的存在为数学处理带来了方便，因为可以用一个流函数 ψ 代替 v_x、v_y(或 v_r、v_θ)，从而减少了未知数的个数。因此，流函数 ψ 是研究不可压平面流动的重要工具。这里需说明，等流函数线与流线等同，仅在平面流动时成立。对于三维流动，不存在流函数，也就不存在等流函数线，但流线还是存在的。

5.2.3 流函数的求法

在已知速度分布的情况下，流函数的求法与速度势函数一样，可由曲线积分得出。同时，在不可压缩平面流动中，只要求出了流函数 $\psi(x, y)$，就可求出速度分布。反之，只要流动满足不可压缩流体的连续方程，不论流场是否有旋，流动是否定常，流体是理想流体还是黏性流体，必然存在流函数 ψ。

5.2.4 流函数的基本性质

(1)等流函数线为流线

根据流函数(Stream function)定义式 $\mathrm{d}\psi = -v_x \mathrm{d}x + v_x \mathrm{d}y$，令 $\mathrm{d}\psi = 0$。即 $\psi(x, y, t) = C$ 得：

$$-v_y \mathrm{d}x + v_x \mathrm{d}y = 0 \tag{5-24}$$

或

$$\frac{\mathrm{d}x}{v_x} = \frac{\mathrm{d}y}{v_y} \tag{5-25}$$

此式即是流线微分方程(Streamline differential equation)。因此得出结论等流函数线(Isotonic function line)就是流线。

由此可见，$\psi(x, y)$ = 常数的曲线即为流线，若给定一组常数值，就可得到流线簇，或者说，只要给定流场中某一固定点的坐标(x_0，y_0)代入流函数 ψ，便可得到一条过该点的确定的流线。因此借助流函数可以形象地描述不可压缩流场。

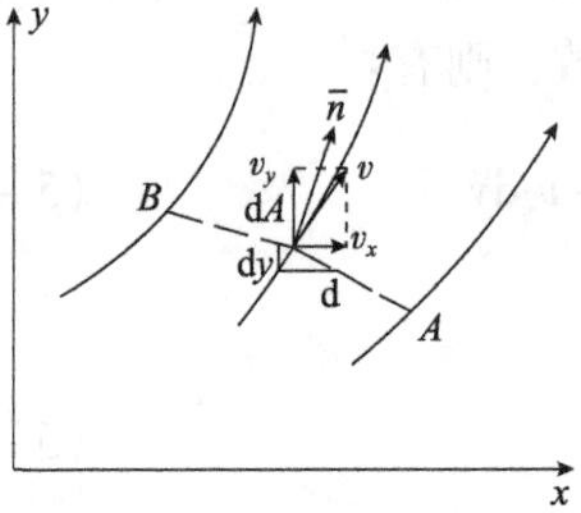

图5-2 流函数差值与流量

(2)两流函数值之差为对应两流线之间的体积流量

如图5-2所示，为不可压平面流场中的任意两条流线，两条流线的连线 AB 可看作垂直于流动平面方向高度为单位1的曲面，于是通过微元线段的体积流量为 $\mathrm{d}q_V = \boldsymbol{v}\mathrm{d}\boldsymbol{A}$。由于积分路径从 A 到 B，因此微元面积元素 $\mathrm{d}\boldsymbol{A}$ 可分解为：

$$\mathrm{d}\boldsymbol{A} = (\mathrm{d}y \times 1)\boldsymbol{i} + (-\mathrm{d}x \times 1)\boldsymbol{j}$$

于是有：

$$q_v = \int_A^B \boldsymbol{v} \cdot \mathrm{d}\boldsymbol{A} = \int_A^B (v_x \mathrm{d}y - v_y \mathrm{d}x) = \int_A^B (-v_y \mathrm{d}x + v_x \mathrm{d}y) = \int_A^B \mathrm{d}\varphi = \varphi(B) - \varphi(A) \tag{5-26}$$

由此可见，对于不可压平面流动，流场中任意两点的流函数差值，等于通过连接这两点的任意曲线的体积流量，若曲线本身为流线，则 $q_V = 0$。

5.2.5 流函数方程

(1)直角坐标系的流函数方程

由流体微团运动分析可知，平面无旋流动的条件为流体微团的旋转角速度 ω_z 为零，即：

$$\frac{\partial v_y}{\partial x} - \frac{\partial v_x}{\partial y} = 0$$

将式 $v_x = \dfrac{\partial \psi}{\partial y}$，$v_y = -\dfrac{\partial \psi}{\partial x}$ 代入，得：

$$\frac{\partial^2\psi}{\partial x^2}+\frac{\partial^2\psi}{\partial y^2}=\nabla^2\psi=0 \tag{5-27}$$

(2)极坐标系下的流函数方程

在极坐标系中，则有：

$$\frac{\partial^2\psi}{\partial r^2}+\frac{1}{r}\frac{\partial\psi}{\partial r}+\frac{1}{r^2}\frac{\partial^2\psi}{\partial\theta^2}=0 \tag{5-28}$$

式(5－28)为不可压平面无旋流动的流函数方程。流函数与速度势函数一样时，也是调和函数。

(3)不可压平面有旋流动的流函数方程

对于不可压平面有旋流动，可得：

$$\frac{\partial^2\psi}{\partial x^2}+\frac{\partial^2\psi}{\partial y^2}=-2\omega_z \tag{5-29}$$

因此，流函数方程为拉普拉斯方程这一结论仅仅适用于不可压平面势流，对不可压缩平面有旋流动或者可压缩流体平面势流则不适用。

对于不可压平面势流，必同时存在速度势函数 Φ 和流函数 ψ，而且它们均满足拉普拉斯方程。因此，对于一个不可压平面势流问题，既可采用求解给定边界条件下的流函数方程，也可采用求解给定边界条件下的势函数方程。尽管它们方程的形式一样，但由于其表达的边界条件不一样，求得的势函数和流函数也不一样。

5.3　流函数与势函数的关系

5.3.1　流函数与势函数的边界条件

求解一个给定的不可压平面势流问题，具体的边界条件是很重要的。当无穷远处均匀来流绕流一物体时，在不脱体的情况下，对于固定不动的壁面边界，在壁面上流体的法向速度为零，而壁面必然是流线，通常令沿壁面的流函数值为零。因此，壁面边界条件可写成下列形式：

$$v_n=\frac{\partial\Phi}{\partial n}=0 \text{ 或 } \psi=0 \tag{5-30}$$

理想流体忽略黏性，在固体壁面上不存在剪切力，因此流体质点在壁面上可以任意滑动，切向速度不受限制。

对于无穷远均匀来流条件，当取 x 轴与来流方向一致时，则有：

$$\begin{cases} v_x=\dfrac{\partial\Phi}{\partial x}=\dfrac{\partial\psi}{\partial y}=v_\infty \\ v_y=\dfrac{\partial\Phi}{\partial y}=-\dfrac{\partial\psi}{\partial x}=0 \end{cases} \tag{5-31}$$

式(5－31)分别称为流函数和势函数应满足的内边界和外边界条件。

5.3.2 柯西－黎曼条件(Cauchy－Riemann condition)

从速度分量与势函数、流函数之间的关系，可以得到势函数与流函数之间的关系，即柯西－黎曼条件。

平面势流速度分量与势函数 Φ 和流函数 ψ 的关系分别为：

$$v_x=\frac{\partial\Phi}{\partial x},\ v_y=\frac{\partial\Phi}{\partial y};\ v_x=\frac{\partial\psi}{\partial y},\ v_y=-\frac{\partial\psi}{\partial x}$$

可得势函数与流函数之间的关系：

$$\frac{\partial\Phi}{\partial x}=\frac{\partial\psi}{\partial y},\ \frac{\partial\Phi}{\partial y}=-\frac{\partial\psi}{\partial x} \tag{5-32}$$

在极坐标系中，势函数与流函数之间的关系为：

$$\frac{\partial\Phi}{\partial r}=\frac{1}{r}\frac{\partial\psi}{\partial\theta},\ \frac{1}{r}\frac{\partial\Phi}{\partial\theta}=-\frac{\partial\psi}{\partial r} \tag{5-33}$$

式(5－33)称为柯西－黎曼条件。根据这些关系式，可由速度势函数求出流函数，反之亦然。

5.3.3 等势线、流线和流网

令速度势函数等于常数得到的曲线簇称为等势线(Equipotential line)，即 $\mathrm{d}\Phi=0$，$\Phi(x,y)=C_i(i=1,2,3,\cdots,n)$ 构成一簇等势线，其中 C_1，C_2，…代表不同的常数。

图5－3 流网

等流函数线为流线，即 $\mathrm{d}\psi=0$，流函数 $\psi(x,y)$ 为不同常数得到的一簇曲线称为流线。

流线与等势线相交，组成表示流体特性的网线称为流网(Flow net)，如图5－3所示。

由于等势线 $\Phi=\mathrm{const}$，$\mathrm{d}\Phi=\frac{\partial\Phi}{\partial x}\mathrm{d}x+\frac{\partial\Phi}{\partial y}\mathrm{d}y=v_x\mathrm{d}x+v_y\mathrm{d}y=0$，则等势线的斜率为 $\left(\frac{\mathrm{d}y}{\mathrm{d}x}\right)_\Phi=-\frac{\partial\Phi/\partial x}{\partial\Phi/\partial y}=-\frac{v_x}{v_y}$。

对于等流函数线 $\psi=\mathrm{const}$，$\mathrm{d}\psi=\frac{\partial\psi}{\partial x}\mathrm{d}x+\frac{\partial\psi}{\partial y}\mathrm{d}y=-v_y\mathrm{d}x+v_x\mathrm{d}y=0$，其斜率为 $\left(\frac{\mathrm{d}y}{\mathrm{d}x}\right)_\psi=-\frac{\partial\psi/\partial x}{\partial\psi/\partial y}=\frac{v_y}{v_x}$，所以：

$$\left(\frac{\mathrm{d}y}{\mathrm{d}x}\right)_\Phi\cdot\left(\frac{\mathrm{d}y}{\mathrm{d}x}\right)_\psi=-1 \tag{5-34}$$

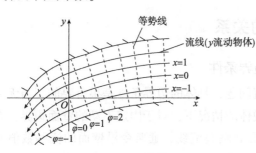

可见，流线簇与等势簇是相互正交的。

如果用$\nabla\psi$ 表示流线簇 $\psi = C$ 的梯度，$\nabla\Phi$ 表示等势线簇 $\Phi = C$ 的梯度，那么，$\nabla\psi\ \nabla\Phi = 0$ 就是流线簇与等势线簇正交的条件，即：

$$\nabla\psi\ \nabla\Phi = \left(\frac{\partial\psi}{\partial x}\boldsymbol{i} + \frac{\partial\psi}{\partial y}\boldsymbol{j}\right)\left(\frac{\partial\Phi}{\partial x}\boldsymbol{i} + \frac{\partial\Phi}{\partial y}\boldsymbol{j}\right)$$

$$= \frac{\partial\psi}{\partial x}\frac{\partial\varphi}{\partial x} + \frac{\partial\psi}{\partial y}\frac{\partial\varphi}{\partial y} = -v_y v_x + v_x v_y = 0 \tag{5-35}$$

5.4 简单势流流动

5.4.1 解决势流问题的思路

①流体力学的最终目的是求出流体作用在物体上的力和力矩。

②为了求力和力矩，必须知道物体表面上的压力分布，也就是要解出未知的压力函数(Pressure function)，即 $P(x, y, z, t)$。

③势流为无旋运动，可利用拉格朗日积分(或伯努利方程)将压力和速度联系起来，因此要求 P 必先确定 v。

④对于势流，存在速度势函数 Φ，满足：

$$v_x = \frac{\partial\Phi}{\partial x},\ v_y = \frac{\partial\Phi}{\partial y},\ v_z = \frac{\partial\Phi}{\partial z} \tag{a}$$

$$v = \sqrt{v_x^2 + v_y^2 + v_z^2} \tag{b}$$

可见，为了求 $\boldsymbol{v}$，必须求速度势 Φ。

⑤Φ 满足拉普拉斯方程：

$$\frac{\partial^2\Phi}{\partial x^2} + \frac{\partial^2\Phi}{\partial y^2} + \frac{\partial^2\Phi}{\partial z^2} = 0 \tag{5-36}$$

根据所给问题的边界条件和初始条件可解出 Φ。

综合看，解势流问题的步骤：解拉普拉斯方程→Φ →v →P →流体作用于固体的力和力矩。

5.4.2 势流叠加原理

对于简单有势流动，很容易求出其流函数和速度势函数，这些函数称为基本解(Basic solution)。对于平面势流的复杂流动，平面不可压缩势流的速度势函数 Φ 和流函数 ψ，均满足拉普拉斯方程，又由于拉普拉斯方程是线性齐次方程(Linear homogeneous equation)，因此，拉普拉斯方程的解具有可叠加性，即两个解(或多个解)的和或差仍是该方程的解。也就是说，如果 Φ_1、Φ_2…是拉普拉斯方程的解，则 $K_1\Phi_1 + K_2\Phi_2 + \cdots$仍然是拉普拉斯方程的解，$K_1$、$K_2$…为任意不为零的常数。

例如：有两个有势流动，其势函数分别为 Φ_1 和 Φ_2，则每一流动均满足拉普拉斯方程，即：

$$\frac{\partial^2 \Phi_1}{\partial x^2}+\frac{\partial^2 \Phi_1}{\partial y^2}=0 \text{ 和 } \frac{\partial^2 \Phi_2}{\partial x^2}+\frac{\partial^2 \Phi_2}{\partial y^2}=0 \tag{a}$$

将上述两方程相加，得：

$$\frac{\partial^2(\Phi_1+\Phi_2)}{\partial x^2}+\frac{\partial^2(\Phi_1+\Phi_2)}{\partial y^2}=0 \tag{b}$$

令 $\Phi=\Phi_1+\Phi_2$，则：

$$\nabla^2 \Phi=\nabla^2(\Phi_1+\Phi_2)=\nabla\Phi_1+\nabla\Phi_2 \tag{5-37}$$

对于叠加后的流速场，因 $v_x=\frac{\partial \Phi}{\partial x}$，$v_y=\frac{\partial \Phi}{\partial y}$，则有：

$$v_x=\frac{\partial \Phi}{\partial x}=\frac{\partial \Phi_1}{\partial x_1}+\frac{\partial \Phi_2}{\partial x_2}=v_{x_1}+v_{x_2} \tag{5-38a}$$

$$v_y=\frac{\partial \Phi}{\partial y}=\frac{\partial \Phi_1}{\partial y_1}+\frac{\partial \Phi_2}{\partial y_2}=v_{y_1}+v_{y_2} \tag{5-38b}$$

$$v_1=v_{x_1}\boldsymbol{i}+v_{y_1}\boldsymbol{j}$$

$$v_2=v_{x_2}\boldsymbol{i}+v_{y_2}\boldsymbol{j}$$

故有：

$$v=\nabla\Phi=\nabla\Phi_1+\nabla\Phi_2=v_1+v_2 \tag{5-39}$$

综上所述，得出一个重要结论：叠加两个或多个不可压势流流动组成一个新的复合流动，只要把各原始流动的势函数或流函数简单地代数相加，就可得到该复合流动的势函数或流函数，该结论称为势流的叠加原理。

5.4.3 简单流动

(1)平行流(Parallel flow)

①平行流的物理特征：平行流即为平行直线等速流动，其流线是相互平行的直线，速度为常数。平行流为势流流动，常发生在远离固体边界的地方，因为这时其流动受边界和黏性的影响均可忽略不计。

②平行流的速度特征：设在整个流场中速度与 x 轴夹角为 θ，其速度分量为：

$$v_x=v_\infty\cdot\cos\theta \tag{a}$$

$$v_y=v_\infty\cdot\sin\theta \tag{b}$$

$$v_\infty=v_x\boldsymbol{i}+v_y\boldsymbol{j} \tag{c}$$

③势函数：由于速度为常数，可令 $v_x=a$，$v_y=b$，则等势线的微分方程为：

$$\mathrm{d}\Phi=\frac{\partial \Phi}{\partial x}\mathrm{d}x+\frac{\partial \Phi}{\partial y}\mathrm{d}y=v_x\mathrm{d}x+v_y\mathrm{d}y=a\mathrm{d}x+b\mathrm{d}y=d(ax+by+C) \tag{d}$$

积分得速度势函数：

$$\Phi = ay + bx + C \tag{5-40}$$

取坐标原点处 $\Phi = 0$，得积分常数 C 为零，若令 $\Phi = C_1$，可得等势线方程为 $ax + by = C_1$，如图 5-4 所示中的虚线部分，可以看出对应不同 C_1 可得到一簇等势线，其斜率均为 $-a/b$。

④流函数。根据等势线方程推导，同理可得流函数：

$$\psi = ay - bx + C \tag{5-41}$$

取坐标原点处 $\psi = 0$，得积分常数 C 为零，若令 $\psi = C_2$，可得流线方程 $ay - bx = C_2$，如图 5-4 所示中的实线部分，可以看出，对应不同 C_2 可得一簇流线，其斜率为 b/a。

综上可见平行流的势函数 Φ 和流函数 ψ 均为线性函数，它们彼此正交，构成流网。

⑤其他形式。若流动平行于 x 轴，则 $\theta = 0$，相应的势函数 Φ 和流函数 ψ 为：

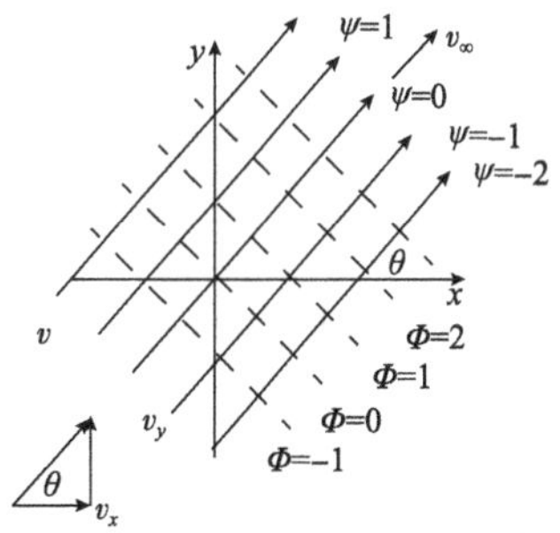

图 5-4 平行直线等速流动

$$\begin{cases} \Phi = v_\infty x \\ \psi = v_\infty y \end{cases} \tag{5-42}$$

当采用极坐标时，则：

$$\begin{cases} \Phi = v_\infty r\cos\theta \\ \psi = v_\infty r\sin\theta \end{cases} \tag{5-43}$$

(2)点源(源流)

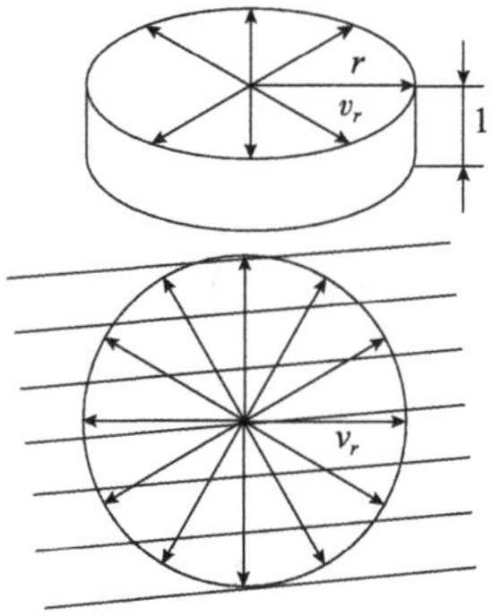

图 5-5 点源

①点源的物理体征。点源犹如泉眼，如图 5-5 所示，在一无穷大平面上，有一泉眼，从里边不断有水涌出，在平面上向四周流动。设单位时间单位高度源线流出的体积流量为源流的强度，记作 Λ。

②点源的速度特征。点源流动属纯径向流动，在极坐标中，若点源位于坐标原点，根据流体的连续性条件，任一半径源流强度都相等，即 $(2\pi r \times 1)v_r = \Lambda$，则径向和周向速度分别为：

$$\begin{cases} v_r = \dfrac{\partial \Phi}{\partial r} = \dfrac{\Lambda}{2\pi r} \\ v_\theta = 0 \end{cases} \tag{5-44}$$

当 $r \to 0$ 时，$v_r \to \infty$，这表明点源所在的点是一个奇点。

③势函数。将源流的速度分布代入用平面极坐标表示的不可压缩流体的连续方程，则有：

$$\frac{\partial v_r}{\partial r}+\frac{v_r}{r}+\frac{\partial v_\theta}{r\partial\theta}=0 \tag{a}$$

同样，源流流场也满足势流条件，即：

$$\omega_z=\frac{1}{2}\left(\frac{\partial v_\theta}{\partial r}+\frac{v_\theta}{r}-\frac{\partial v_r}{r\partial\theta}\right)=0 \tag{b}$$

因此，源流流动同时存在速度势函数 Φ 和流函数 ψ，于是有：

$$\mathrm{d}\Phi=\frac{\partial\Phi}{\partial r}\mathrm{d}r+\frac{\partial\Phi}{r\partial\theta}r\mathrm{d}\theta=v_r\mathrm{d}r+v_\theta r\mathrm{d}\theta=\frac{\Lambda}{2\pi r}\mathrm{d}r \tag{c}$$

积分上式，取积分常数为零，得速度势函数：

$$\Phi=\frac{\Lambda}{2\pi}\ln r \tag{5-45}$$

④流函数。同理对于源流的流函数 ψ，则有：

$$\mathrm{d}\psi=\frac{\partial\psi}{\partial r}\mathrm{d}r+\frac{\partial\psi}{r\partial\theta}r\mathrm{d}\theta=-v_\theta\mathrm{d}r+v_r r\mathrm{d}\theta=\frac{\Lambda}{2\pi r}r\mathrm{d}\theta$$

$$\psi=\frac{\Lambda}{2\pi}\theta \tag{5-46}$$

⑤其他形式。对于直角坐标系，则：

$$\begin{cases}\Phi=\dfrac{\Lambda}{2\pi}\ln\sqrt{x^2+y^2}\\ \psi=\dfrac{\Lambda}{2\pi}\mathrm{arctg}\,\dfrac{y}{x}\end{cases} \tag{5-47}$$

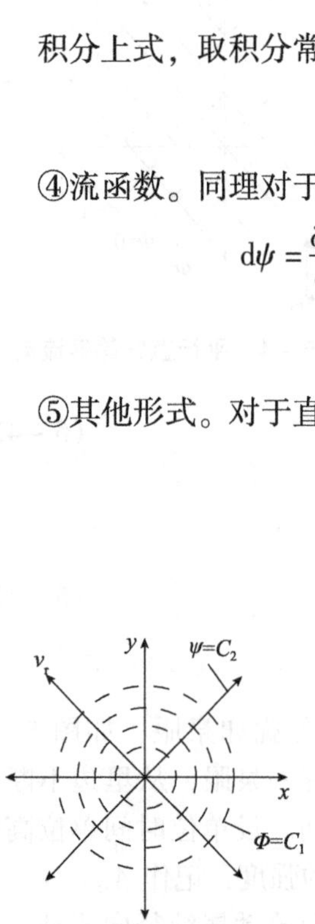

图 5-6　点源流动

可以看出，源流的等势线为以点源为圆心的同心圆簇，而流线则为从点源向外的半射线，如图 5-6 所示。虚线为等势线，实线为流线。

若点源不在坐标原点，而在 $A(x_0,\ y_0)$，则此时的势函数 Φ 和流函数 ψ 分别为：

$$\begin{cases}\Phi=\dfrac{\Lambda}{2\pi}\ln\sqrt{(x-x_0)^2+(y-y_0)^2}\\ \psi=\dfrac{\Lambda}{2\pi}\mathrm{arctg}\,\dfrac{y-y_0}{x-x_0}\end{cases} \tag{5-48}$$

(3)点汇(Point sinks)

①物理特征。如图 5-7 所示，点汇犹如地漏一般，在一无穷大平面上有一汇集点，四面八方的流体在平面上不断地向该点流动。

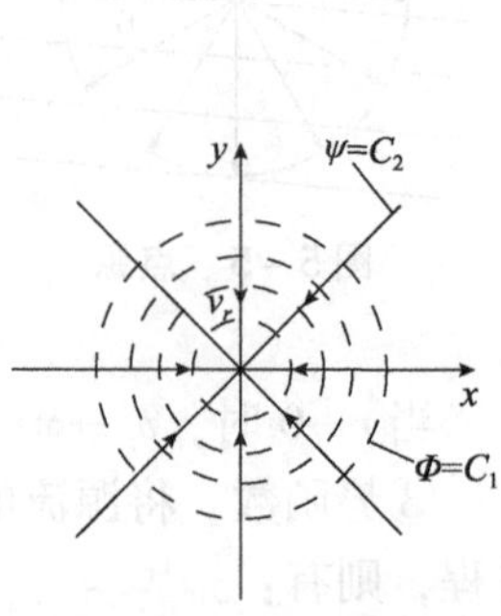

图 5-7　点汇流动

②点汇的速度特征。根据点汇的物理特征可知，点汇与点源的流动形式类似，大小相等速度相反，是点源的逆运动。

当点汇位于坐标原点时，其速度分布为：

$$\begin{cases} v_r = -\dfrac{\Lambda}{2\pi r} \\ v_\theta = 0 \end{cases} \tag{5-49}$$

③势函数。点汇的速度势函数和流函数与点源类似，只是由于点汇强度为 $-\Lambda$，流体从四周流向点汇，故与点源的符号相反。在极坐标系中，点汇的速度势函数为：

$$\Phi = -\frac{\Lambda}{2\pi}\ln r \tag{5-50}$$

④流函数。同理，点汇的流函数为：

$$\psi = -\frac{\Lambda}{2\pi}\theta \tag{5-51}$$

⑤其他形式。令式(5-50)、式(5-51)中 $r=\sqrt{x^2+y^2}$、$\theta=\tan^{-1}(y/x)$，则可得到直角坐标系中点汇的速度势函数与流函数。图5-7表示出点汇的流线(实线)和等势线(虚线)。同样可以看出，点汇所在的点也是一个奇点。

综上所述，当 $\Lambda>0$，则 $v_r>0$，即速度方向与极坐标 r 正方向相同，流体从坐标原点沿一簇射线向外流出，这种流动称为点源；若 $\Lambda<0$，则 $v_r<0$，流体从四面八方沿径向直线流入坐标原点，这种流动称为点汇。

(4)点涡(Point vortex)

①点涡的物理特征。点涡流动简称点涡，犹如搅拌，就好比用一根直径趋于零以匀速转动的圆轴搅拌无穷大流体所产生的平面纯环流运动。

其环量(或涡强)用 Γ 表示。物理定义为：沿一流线计算速度环量 $\Gamma=\oint_l v_l \mathrm{d}l$，即任一包围点涡的封闭周线上的速度环量 Γ 称为点涡强度，表示在单位时间内沿闭路 l 正向流动的环流。

②点涡的速度特征。由于点涡是纯环流运动，在极坐标系中流体的运动只存在周向速度而不存在径向速度，设极坐标原点位于点涡(除在原点外)，其流动都是有势的，其点涡径向和周向的速度分别为：

$$\begin{cases} v_r = 0 \\ v_\theta = \dfrac{\Gamma}{2\pi r} \end{cases} \tag{5-52}$$

其中 $\Gamma=2\pi r v_\theta=$ 常数，由此可见，切向速度反比于半径 r。当 $r\to 0$ 时，$v_\theta\to\infty$，这在物理上是不可解的，实际上是在 $r\to 0$ 的区域内流体像刚体一样做整体旋转，因此点涡也是奇点。对于 Γ 符号，点涡逆时针方向取正值，反之取负值。

③势函数。因为：

$$\mathrm{d}\Phi = \frac{\partial\Phi}{\partial r}\mathrm{d}r + \frac{1}{r}\frac{\partial\Phi}{\partial\theta}r\mathrm{d}\theta = v_r\mathrm{d}r + v_\theta r\mathrm{d}\theta = \frac{\Gamma}{2\pi r}r\mathrm{d}\theta = \mathrm{d}\left(\frac{\Gamma}{2\pi}\theta + C\right)$$

取积分常数为零，则点涡势函数为：

$$\Phi = \frac{\Gamma}{2\pi}\theta \tag{5-53}$$

④流函数。同理，因为：

$$d\psi = -V_\theta dr + V_r r d\theta = -\frac{\Gamma}{2\pi V}dr$$

$$\psi = -\frac{\Gamma}{2\pi}\ln r \tag{5-54}$$

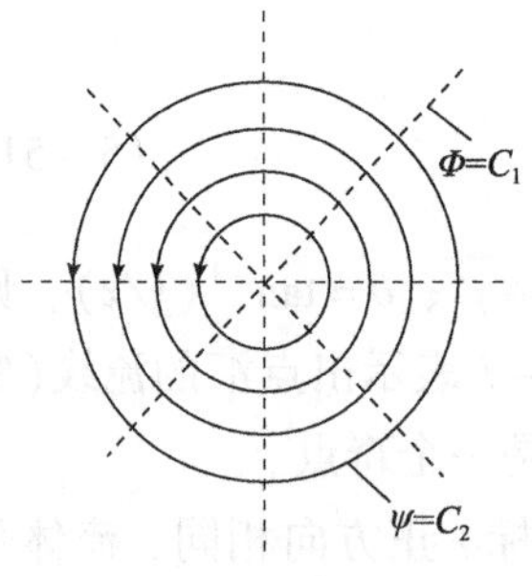

图5-8 点涡流动

⑤其他形式。对于直角坐标系，令 $r = \sqrt{x^2+y^2}$，$\theta = \text{tg}^{-1}(y/x)$

势函数：

$$\Phi = \frac{\Gamma}{2\pi}\text{arctg}\frac{y}{x} \tag{5-55}$$

流函数：

$$\psi = -\frac{\Gamma}{2\pi}\ln\sqrt{x^2+y^2} \tag{5-56}$$

点涡流动如图5-8所示，虚线部分为等势线，实线部分为流线。

5.4.4 复合流动

(1)偶极流——点源与点汇叠加

偶极流是由相距 $2a$ 的点源与点汇叠加后，令 a 趋近于零得到的，亦称为偶极子，如图5-9所示。

将平面源流和汇流的点源和点汇分别置于 x 轴的左侧$(-a,0)$和右侧$(a,0)$，如图5-10所示。

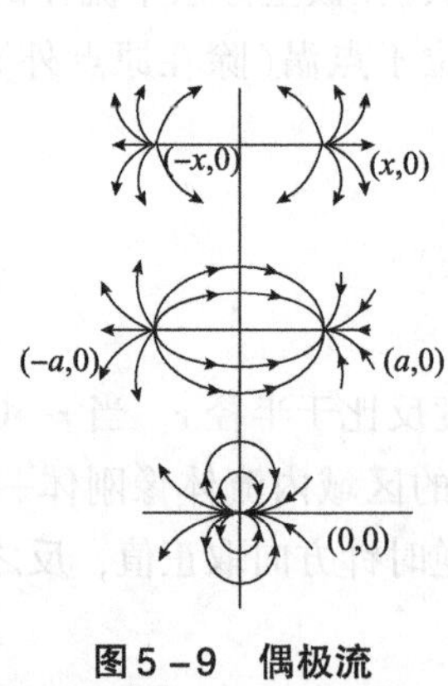

图5-9 偶极流

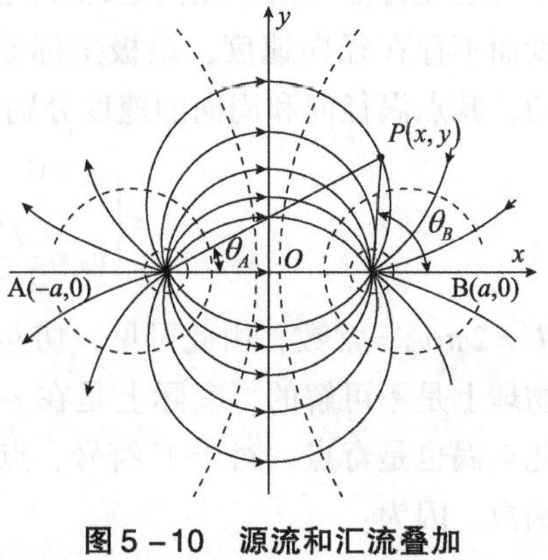

图5-10 源流和汇流叠加

①偶极流的流函数。根据势流解的可叠加性，则上述等强度源、汇叠加后的

流函数可直接写出，即：

$$\psi=\psi_1+\psi_2=\frac{\Lambda}{2\pi}(\theta_A-\theta_B) \tag{a}$$

由于：

$$\tan\theta_A=\frac{y}{x+a}$$

$$\tan\theta_B=\frac{y}{x-a}$$

$$\begin{aligned}\mathrm{tg}(\theta_A-\theta_B)&=\frac{\mathrm{tg}\theta_A-\mathrm{tg}\theta_B}{1+\mathrm{tg}\theta_A\mathrm{tg}\theta_B}\\&=\left[\frac{y}{x+a}-\frac{y}{x-a}\right]\left[1+\frac{y}{x+a}\frac{y}{x-a}\right]^{-1}\\&=-\frac{2ay}{x^2+y^2+a^2}\end{aligned} \tag{b}$$

而
$$\theta_A-\theta_B=\mathrm{arctg}\left(-\frac{2ay}{x^2+y^2-a^2}\right) \tag{c}$$

代入式(a)得：

$$\psi=\frac{\Lambda}{2\pi}\arctan\left(-\frac{2ay}{x^2+y^2-a^2}\right) \tag{d}$$

由于 $\arctan z$ 可展成幂级数，即：

$$\arctan z=z-\frac{z^3}{3}+\frac{z^5}{5}-\cdots \tag{e}$$

当点源与点汇的间距 $2a$ 很小时，式(e)可只保留第一项，则式(d)可表示为：

$$\psi=-\frac{\Lambda}{2\pi}\frac{2ay}{x^2+y^2-a^2} \tag{f}$$

假定当点源和点汇无限接近时，其强度无限增大，使得其极限趋于一有限值 M，则这样的一对源流和汇流称为偶极流(或称为偶极子流)，M 称为偶极流强度。则该偶极流的流函数为：

$$\psi=-\frac{M}{2\pi}\frac{y}{x^2+y^2} \tag{5-57}$$

②偶极流的势函数。如图 5-10 所示的源流和汇流叠加的速度势函数为：

$$\begin{aligned}\Phi&=\Phi_1+\Phi_2=\frac{\Lambda}{4\pi}(\ln r_1-\ln r_2)=\frac{\Lambda}{4\pi}\ln\frac{r_1}{r_2}=\frac{\Lambda}{4\pi}\ln\sqrt{\frac{(x+a)^2+y^2}{(x-a)^2+y^2}}\\&=\frac{\Lambda}{4\pi}\ln\frac{(x+a)^2+y^2+(x-a)^2-(x-a)^2}{(x-a)^2+y^2}\\&=\frac{\Lambda}{4\pi}\ln\left(1+\frac{4ax}{(x-a)^2+y^2}\right)\end{aligned} \tag{a}$$

由于 $\ln(1+z)$ 可展成幂级数，即：

$$\ln(1+z)=z-\frac{z^2}{2}+\frac{z^3}{3}-\cdots \tag{b}$$

当 $2a\to 0$ 时，式(a)可近似取第一项，为：

$$\Phi=\frac{\Lambda}{2\pi}\left(\frac{2ax}{(x-a)^2+y^2}\right) \tag{c}$$

同样，令 $2a\to 0$，则 $2q\Lambda\to M$，可得偶极流的势函数为：

$$\Phi=\frac{M}{2\pi}\frac{x}{x^2+y^2} \tag{5-58}$$

在极坐标下，偶极流的速度势函数和流函数分别为：

$$\begin{cases}\Phi=\dfrac{M}{2\pi}\dfrac{\cos\theta}{r} & (5-59a)\\[2ex] \psi=-\dfrac{M}{2\pi}\dfrac{\sin\theta}{r} & (5-59b)\end{cases}$$

令式(5-57)等于常数 C_1，得流线方程：

$$x^2+\left(y+\frac{M}{4\pi C_1}\right)^2=\left(\frac{M}{4\pi C_1}\right)^2 \tag{5-60}$$

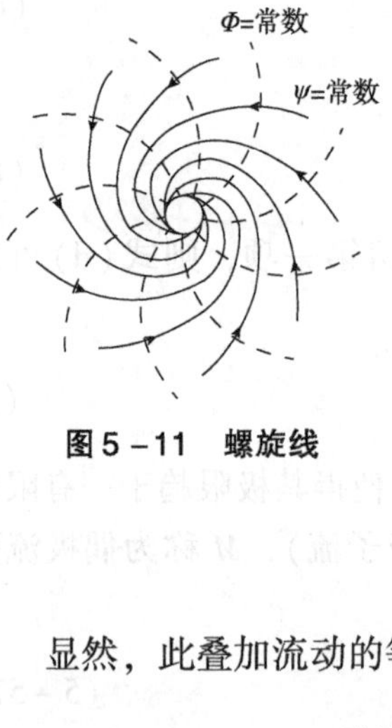

图 5-11　螺旋线

可见，流线为圆心在 y 轴上且与 x 轴在原点相切的圆周簇。等势线如图5-11中的虚线所示，它是左右两簇圆，圆心在 x 轴上且各圆也都在原点相切。

(2)螺旋流动——汇流与涡流叠加

重叠放置在坐标原点的汇流与涡流，涡流逆时针方向旋转。根据叠加原理，可得叠加后流动的速度势函数和流函数，分别为：

$$\begin{cases}\Phi=\Phi_1+\Phi_2=\dfrac{1}{2\pi}(\Gamma\theta-\Lambda\ln r)\\[2ex] \psi=\psi_1+\psi_2=-\dfrac{1}{2\pi}(\Gamma\ln r+\Lambda\theta)\end{cases} \tag{5-61}$$

显然，此叠加流动的等势线方程和流线方程分别为：

$$r=C_1e^{\frac{\Gamma}{\Lambda}\theta} \tag{5-62}$$

$$r=C_2e^{\frac{\Lambda}{\Gamma}\theta} \tag{5-63}$$

式中，C_1、C_2 是两个常数，式(5-62)所描述的等势线如图5-12中的虚线所示，式(5-63)所描述的流线如图5-12中的实线所示。可见，这是两组相互正交的对数螺旋线，这种流动称为螺旋流(Spiral flow)。

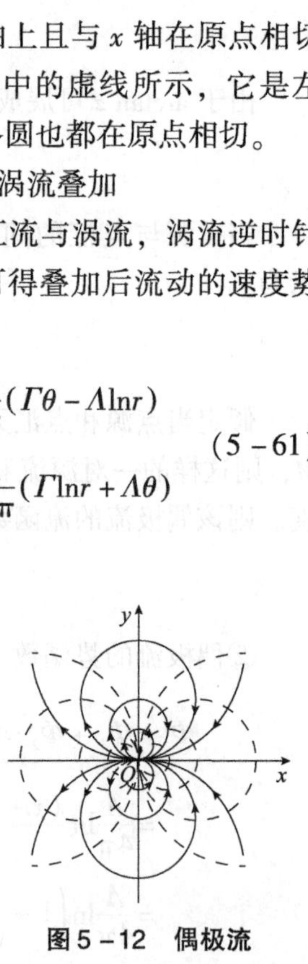

图 5-12　偶极流

螺旋流的速度分布为：

$$v_r = \frac{\partial \Phi}{\partial r} = -\frac{\Lambda}{2\pi r} \tag{5-64}$$

$$v_\theta = \frac{\partial \Phi}{r\partial \theta} = \frac{\Gamma}{2\pi r} \tag{5-65}$$

研究螺旋流，在工程上是有重要意义的。例如旋流燃烧室、离心除尘设备及多级离心泵反导叶中的流动等，在理想流动情况下均可看作汇流与涡流叠加的螺旋流动。而离心泵、离心风机蜗壳内的流动以及正向导叶中的流动则可看作源流与涡流的叠加流动。

另外，平行直线等速流与偶极流叠加，合成为绕圆柱体的无环量流动；平行直线等速流、偶极流和顺时针点涡叠加，合成绕圆柱体的有环量流动。

5.4.5 复势与复速度

对于不可压缩理想流体的平面无旋运动，可同时引进速度势函数和流函数 ψ，由于它们都是调和函数，满足拉普拉斯方程，即：

$$\begin{aligned} \frac{\partial^2 \Phi}{\partial x^2} + \frac{\partial^2 \Phi}{\partial y^2} = 0 \\ \frac{\partial^2 \psi}{\partial x^2} + \frac{\partial^2 \psi}{\partial y^2} = 0 \end{aligned} \tag{5-66}$$

由速度势函数 Φ 与流函数 ψ 之间关系，得：

$$\begin{aligned} \frac{\partial \Phi}{\partial x} = \frac{\partial \psi}{\partial y} \\ \frac{\partial \Phi}{\partial y} = -\frac{\partial \psi}{\partial x} \end{aligned} \tag{5-67}$$

可以看出 Φ 与 ψ 是互为共轭的调和函数。现在将平面势流的速度势函数 Φ 作为某一复变函数的实部，把其流函数 ψ 作为虚部，即 $W = \Phi + i\psi = f(z)$，满足柯西 - 黎曼条件的两个调和函数可构成一个解析的复变函数，这个复变函数 $W(z)$ 叫作该平面势流的复势。反之，若有一个复变函数是解析的(其实部与虚部满足柯西 - 黎曼条件)，则实部就代表某一理论上存在的平面势流的速度势函数，而虚部则代表那个流动的流函数。

若已知一平面势流的复势，则流场中任意点处的速度均可求出，实际上将复势对复自变量微分，根据复变函数求导公式得：

$$\frac{\mathrm{d}W}{\mathrm{d}z} = f'(z) = \frac{\partial \Phi}{\partial x} + i\frac{\partial \psi}{\partial x} = \frac{\partial \psi}{\partial y} - i\frac{\partial \Phi}{\partial x} = v_x - iv_y = V \tag{5-68}$$

即复势的导数实部为流速的 x 轴(实轴)分量，而虚部则为流速的 y 轴(虚轴)分量的负值，该导数用符号 V 表示，叫作该平面势流的复速度。

复速度的模等于速度的绝对值，即：

$$|V| = \left|\frac{\mathrm{d}W}{\mathrm{d}z}\right| = \sqrt{v_x^2 + (-v_y)^2} = |v| \tag{5-69}$$

复速度的几何表示如图 5－13 所示，根据复数的表示方法，复速度也可表示为：

$$V = \frac{\mathrm{d}W}{\mathrm{d}z} = |v|(\cos\alpha - i\sin\alpha) = |v|e^{-i\alpha} \tag{5-70}$$

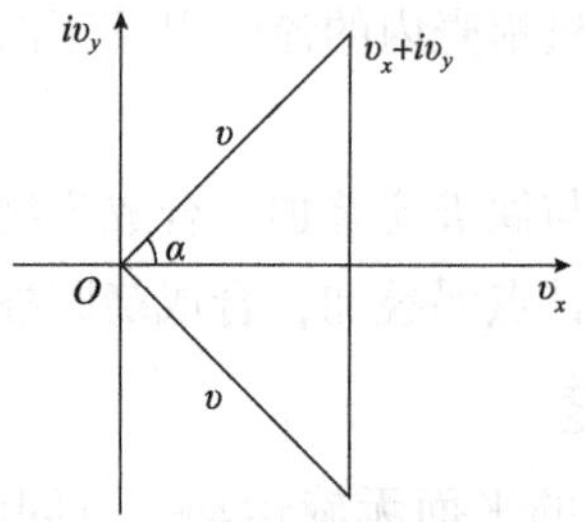

图 5－13　复速度的几何表示

如果 $\overline{W}$ 为 W 的共轭复变数，即：

$$\overline{W} = \Phi - i\psi = f(x - iy) = f(\bar{z})$$

$$\frac{\mathrm{d}\overline{W}}{\mathrm{d}\bar{z}} = \frac{\partial\Phi}{\partial x} - i\frac{\partial\psi}{\partial x} = v_x + iv_y = \overline{V} \tag{5-71}$$

在速度复平面上，$\frac{\mathrm{d}\overline{W}}{\mathrm{d}\bar{z}}$是$\frac{\mathrm{d}W}{\mathrm{d}z}$关于实轴 ox 的反影。

又

$$\frac{\mathrm{d}W}{\mathrm{d}z} \cdot \frac{\mathrm{d}\overline{W}}{\mathrm{d}\bar{z}} = (v_x - iv_y) \cdot (v_x + iv_y) = v_x^2 + v_y^2 = |v|^2 \tag{5-72}$$

所以，根据共轭复变数的运算方法可以求出流场中每一点处的速度。把平面无旋运动归结为寻求流场的复势 $W(z)$ 或复速度 $\mathrm{d}W/\mathrm{d}z$ 的问题，如果求得流场的复势或复速度，那么速度场便可求得。

题与解

习题 5－1　已知平面流动的速度势为 $\varphi = x^2 + x - y^2$，求在点(2，1)处的速度分量。

解：

$$v_x = \frac{\partial\varphi}{\partial x} = 2x + 1 = 4 + 1 = 5$$

$$v_y = \frac{\partial\varphi}{\partial y} = -2y = -2$$

习题 5－2　已知有旋流动的速度场为 $v_x = 2y + 3z$，$v_y = 2z + 3x$，$v_z = 2x + 3y$，求涡量及涡线方程。

解：

$$\omega_x=\frac{1}{2}\left(\frac{\partial u_z}{\partial y}-\frac{\partial u_y}{\partial z}\right)=\frac{1}{2}(3-2)=\frac{1}{2}$$

$$\omega_y=\frac{1}{2}\left(\frac{\partial u_x}{\partial z}-\frac{\partial u_z}{\partial x}\right)=\frac{1}{2}(3-2)=\frac{1}{2}$$

$$\omega_z=\frac{1}{2}\left(\frac{\partial u_y}{\partial x}-\frac{\partial u_x}{\partial y}\right)=\frac{1}{2}(3-2)=\frac{1}{2}$$

$$\omega=\sqrt{\omega_x^2+\omega_y^2+\omega_z^2}=\frac{\sqrt{3}}{2}$$

$$\Omega=2\omega=\sqrt{3}$$

由涡线方程$\frac{\mathrm{d}x}{\omega_x}=\frac{\mathrm{d}y}{\omega_y}=\frac{\mathrm{d}z}{\omega_z}$可得$\frac{\mathrm{d}x}{1/2}=\frac{\mathrm{d}y}{1/2}=\frac{\mathrm{d}z}{1/2}$，$\mathrm{d}x=\mathrm{d}y=\mathrm{d}z$

则涡线方程为 $x=y=z$

习题5-3　已知某平面势流的流函数 $\psi=xy+2x-3y+10$，求势函数和速度分量。

解：$\Phi=\frac{1}{2}(x^2-y^2)-3x-2y$，$v_x=x-3$，$v_y=-y-2$

习题5-4　试证明速度分量为 $v_x=2xy+x$，$v_y=x^2-y^2-y$ 的平面流动为势流，并求出势函数与流函数。

解：$\varphi=x^2y+\frac{1}{2}x^2-\frac{1}{3}y^3-\frac{1}{2}y^2$，$\psi=xy^2+xy-\frac{1}{3}x^3v_y$

习题5-5　已知势函数 $\varphi=xy$，求流函数和速度分量。

解：$\psi=\frac{1}{2}(y^2-x^2)$，$v_x=y$，$v_y=x$

习题5-6　在换热器内部，流体在经过换热管时，可以近似看作哪种复合流动？试分析源汇与均直流组合的流动。

解：流体在经过换热管时，理想状态可以看作源汇与均直流的组合。

设换热管半径为 a，即点源与点汇距离为 $2a$，则：

点源复势：$w_1=\frac{Q}{2\pi}\ln(z+a)$

点汇复势：$w_2=-\frac{Q}{2\pi}\ln(z-a)$

均直流复势：$w_3=\overline{V}_\infty z$

组合复势：$w=\frac{Q}{2\pi}\ln(z+a)-\frac{Q}{2\pi}\ln(z-a)+\overline{V}_\infty z$

习题5-7　离心泵（见图5-14）是利用叶轮旋转而使水产生的离心力来工作的。离心泵在启动前，必须使泵壳和吸水管内充满水，再启动电机，使泵轴带动

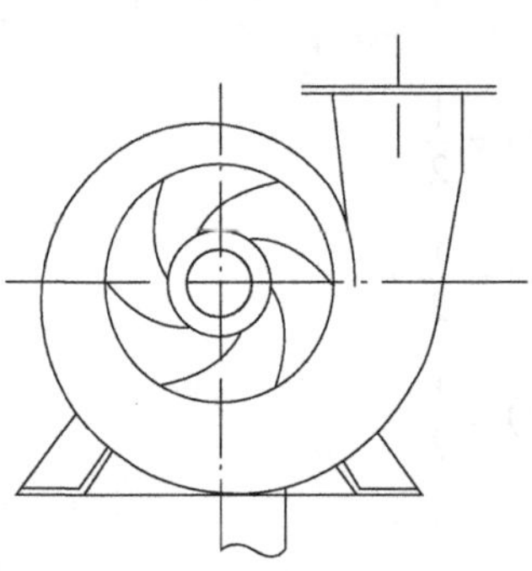

图5-14　离心泵

叶轮和水做高速旋转运动，水在离心力的作用下，被甩向叶轮外缘，经蜗形泵壳的流道流入水泵的压水管路。水泵叶轮中心处，由于水在离心力的作用下被甩出后形成真空，吸水池中的水便在大气压力的作用下被压进泵壳内，叶轮通过不停地转动，使得水在叶轮的作用下不断流入与流出，达到了输送水的目的。理想状态下，离心泵蜗壳内的流动可看作哪些流动叠加？

解：离心泵蜗壳内的流动理想状态下可近似看作涡流与点源的叠加。

点源复势：$w_1 = \dfrac{Q}{2\pi}\ln z$

点涡复势：$w_2 = \dfrac{\Gamma}{2\pi i}\ln z$

复势组合：$w = \dfrac{Q}{2\pi}\ln z + \dfrac{\Gamma}{2\pi i}\ln z$

第 6 章　管内流动

6.1　管内流动的特点

6.1.1　充分发展流动

不可压缩流体在圆管内做层流流动时，在距管道入口相对远处，流体的速度分布将不再随流动距离发生变化，这种流动称为充分发展的层流流动。

充分发展流动如图 6－1 所示。将管子轴向设为 x，流体沿 x 方向流动，当 x 增大时，速度分布状态逐渐趋于稳定，直至速度分布不随 x 的变化而变化。这就是充分发展流动，其数学表达为：

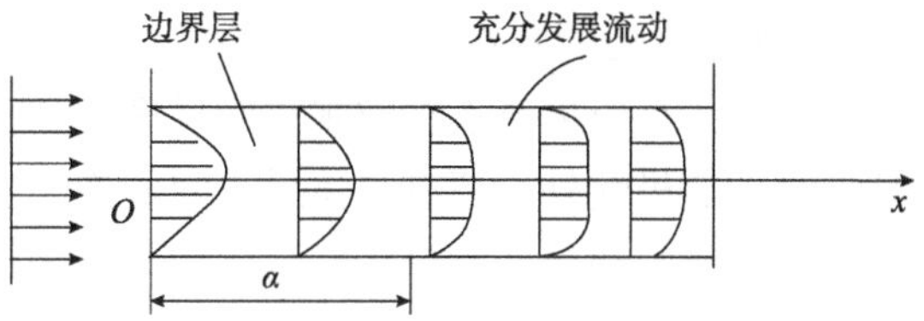

图 6－1　充分发展流动

$$\frac{\partial u}{\partial x}=0 \tag{6-1}$$

6.1.2　流态

在不同的初始和边界条件下，黏性流体质点的运动会出现 3 种不同的运动状态（流态）。一是所有流体质点作定向有规则的运动，称为层流状态；二是作无规则不定向的混杂运动，称为湍流状态；三是介于两者之间的运动，称为过渡流状态。

层流：在管道中流体运动规则、稳定，流体层之间没有宏观的横向掺混（但分子扩散是存在的），流线保持光滑直线。

湍流：也称紊流，在管道中流体在总体上沿管道向前流动，同时还在各个方向做随机脉动，流体层之间出现显著的横向掺混，流线抖动弯曲，直至断裂冲散。

（1）流态判定

管内流动的流体流态用雷诺数来判定。

$$Re=\mathrm{d}u\rho/\mu \tag{6-2}$$

层流：　$Re<2300$

过渡区：　　$2300 < Re < 4000$

湍流：　　$Re > 4000$

(2)雷诺数可作为判别流态的准则

$$\frac{惯性力}{黏性力}=\frac{\rho v^2/l}{\mu v/l^2}=\frac{lv\rho}{\mu}=Re \tag{6-3}$$

其中特征长度为管内直径 D。

①在 Re 较小的情况下，黏性力对流体质点的运动起主导作用，限制了流体质点的湍流运动，因而流动是层流。

②在 Re 较大的情况下，惯性力起主导作用，黏性力虽仍存在但作用较小，控制不了流体质点的紊乱状态，因而流动是湍流。

③对于理想流体，不存在黏性应力，也没有层流、湍流的概念，讨论雷诺数是无意义的。

6.1.3　湍流流动

(1)湍流流动的特点

湍流是每个流体质点在宏观空间尺度上和在时间上做随机运动的流动，湍流的特点除了随机性外，还有流体质点间的掺混性和流场的涡旋性，这些特点使流体质点的质量、动量和能量传输强度超过分子运动的几个数量级。例如，湍流的表现黏度比层流的牛顿黏度高出成千上万倍。近期的研究发现在湍流中除了由黏性决定的小尺度随机运动外，还存在着一种有结构的大尺度涡结构运动，这种大涡结构被称为拟序结构。它与流动环境有关，具有某种规律和重复性，所以湍流运动是由各种大小和不同涡量的涡旋叠加而形成的流动，在湍流中随机运动和拟序运动并存。

(2)湍流的基本特征

①稳态层流流动：速度不随时间变化，只随空间位置变化，在某一测量点处测得的速度随时间变化，如图 6－2 所示。

②湍流流动：流体质点在随主流流动的过程中，流体质点不断地互相混杂和碰撞产生不规则运动。对于湍流流动，如果空间某点的流体物理量(如速度、压强等)的时均值不随时间变化，则称为时均定常流动或稳态湍流流动，否则称为非定常或非稳态湍流流动。

a. 稳态湍流流动：如图 6－3 所示，速度 u 瞬时变化无规律可循，但由于是稳态流场流动，所以瞬时速度的时间平均值 $\bar{u}$ 是常量，因此，湍流瞬时速度 u 就为一个不随时间变化的常量 $\bar{u}$(时均速度)与一个随时间随机变化的脉动量 u' 相叠加的结果。

即：

$$u=\bar{u}+u' \tag{6-4}$$

式中，u' 为 u 方向上的脉动量。

b. 非稳态湍流流动：湍流的时均速度 $\bar{u}$ 随时间发生变化，非稳态流场中主体流动本身是随时间变化的，与随机脉动无关，如图 6－4 所示。

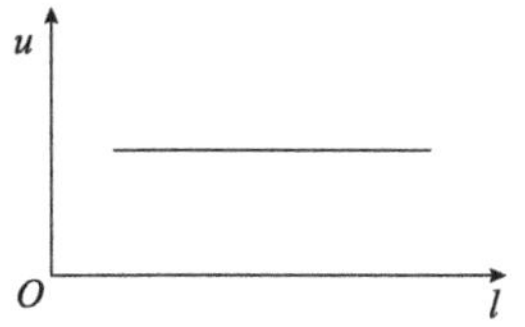

图 6－2　稳态层流流动

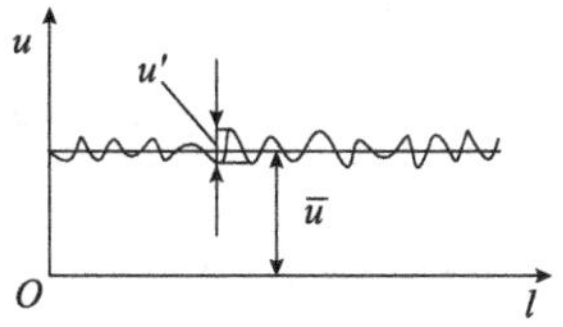

图 6－3　稳态湍流流动

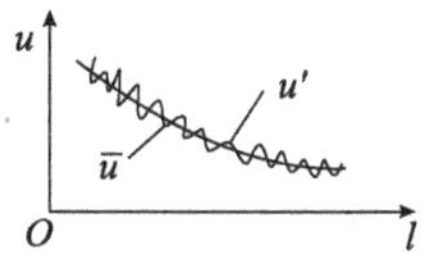

图 6－4　非稳态湍流流动

6.2　管内流动计算

石油化工行业中，常采用长距离管道输送原油、天然气等，同时在石油化工装备操作中也需管道的连接和输送，实现高效连续化生产。因此，研究管内流动的目的是判别管内流态，以实现传质、传热的可控性，对阀门等单元设备的流动阻力损失计算，管道的流量计算，管道和装备中的压力降计算，为测量、概算提供依据。

6.2.1　管路计算的基本公式

连续方程：

$$q_v = uA = u_1A_1 = u_2A_2 = \cdots = u_nA_n = 常数 \tag{6-5}$$

能量守恒伯努利方程：

$$Z_1 + \frac{p_1}{\rho g} + \frac{v_1^2}{2g} = Z_2 + \frac{P_2}{\rho g} + \frac{v_2^2}{2g} + h_w - E \tag{6-6}$$

式中，E 为管路系统外加能量。如管路中串联一台泵，则 E 为泵的扬程；h_w 是管路中总的能量损失。

6.2.2　管路能量损失

流体在管内流动的代价是流体的压力沿流动方向不断下降，其原因是流体流动时，要克服管壁的摩擦阻力。为维持流体压降，流体输送机械必须不断做功，其实流体流动的过程就是能量损失过程，压降由摩擦柱散热的形式表现出来。通常将由于管道壁面摩擦产生的阻力称为沿程阻力，由此而产生的压力损失称为沿程阻力损失；将由于流动方向突然改变(如管道弯头、三通处的流动)、流动截面突然扩大和缩小(如阀门、设备弯口处)的流动产生的阻力称为局部阻力。由此而产生的压头损失称为局部阻力损失。

总阻力损失：

$$h_w = \Sigma h_f + \Sigma h_j \tag{6-7}$$

沿程阻力损失：

$$h_f = \lambda \frac{L}{d} \frac{v^2}{2g} \tag{6-8}$$

局部阻力损失：

$$h_j = \zeta \frac{v^2}{2g} \tag{6-9}$$

式中，h_f 为沿程阻力损失，h_j 为局部阻力损失，λ 为沿程损失系数，ζ 为局部损失系数，λ、ζ 均由实验确定。

要测得 h_f 和 h_j，就要确定 λ 和 ζ 的值。

6.3 圆管内层流流动和沿程阻力损失

6.3.1 圆管内流体的平均速度 u_m 和最大流速 u_{max}

平均流速：

$$u_m = \frac{\Delta P}{8\mu L}R^2 \tag{6-10}$$

层流时：

$$u_m = 0.5u_{max}$$

最大流速(管中心线上)：

$$u_{max} = 2u_m = \frac{\Delta P}{4\mu L}R^2 \tag{6-11}$$

式中，ΔP 为管段长度所对应的压力降，μ 为流体黏度，R 为圆管半径。

6.3.2 体积流量 q_V

$$q_V = \frac{\pi\Delta P}{8\mu L}R^4 \tag{6-12}$$

6.3.3 管壁上的切应力 τ_0

$$\tau_0 = \frac{\Delta P}{L} \cdot \frac{R}{2} \tag{6-13}$$

6.3.4 沿程阻力损失

流体流动中为克服摩擦阻力而损耗的能量，主要是流体与管壁及流体本身内部摩擦造成的阻力。

对于水平圆管内充分发展的流动而言，流体的推动力与管壁摩擦阻力相平衡。

动量方程：

$$(P_1 - P_2)\frac{\pi d^2}{4}\tau_0 \pi dL \tag{6-14}$$

压差推动力 = 流体摩擦力

(1)压力损失(压力降)

由式(6-14)得：

$$\Delta P_f = P_1 - P_2 = \frac{8\tau_0}{\rho u^2}\frac{L}{d}\frac{\rho u^2}{2}$$

令

$$\lambda = \frac{8\tau_0}{\rho u^2}$$

则：

$$\Delta P_f = \lambda\frac{L}{D}\frac{\rho u^2}{2} \quad (\text{Pa}) \tag{6-15}$$

(2)压头损失

单位质量流体流动所损失的机械能，即：

$$h_f=\frac{\Delta P_f}{\rho g}=\lambda\frac{L}{d}\frac{u^2}{2g}\quad(\mathrm{m})\tag{6-16}$$

(3)能量损失

单位重量流体流动所损失的机械能，即：

$$w_f=\frac{\Delta P_f}{\rho}=\lambda\frac{L}{d}\frac{u^2}{2}\quad(\mathrm{J/kg})\tag{6-17}$$

6.4　圆管内湍流流动及沿程阻力损失

6.4.1　速度分布

圆管内充分发展湍流流动从管壁到管中心分为三个区域：黏性底层、过渡层和湍流核心区。

引入两个特征参数，特征速度 u^*和特征长度 y^*，其定义为：

$$u^*=\sqrt{\tau_0/\rho}\tag{6-18}$$

$$y^*=\frac{\mu}{\rho u^*}=\frac{\mu}{\sqrt{\tau_0\rho}}\tag{6-19}$$

u^*具有速度因次，称为摩擦速度；y^*具有长度因次，称为摩擦长度。

定义：

无量纲速度：　$u^+=\bar{u}/u^*$　(6-20)

无量纲距离：　$y^+=y/y^*$　(6-21)

式中 y 坐标是以管壁面为原点，对于通常采用的以管中心为原点的径向坐标 r，如图 6-5 所示，两者关系为 $y=R-r$。

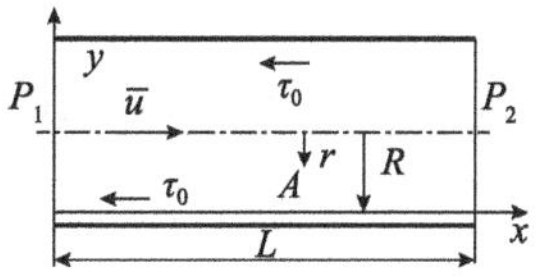

图 6-5　管内流动的坐标系

对于湍流核心区，还可采用纯经验的幂次函数形式的速度分布式，即：

$$\frac{\bar{u}}{\bar{u}_{\max}}=\left(1-\frac{r}{R}\right)^{1/n}\tag{6-22}$$

式中，指数 n 的取值与雷诺数 Re 有关，当 $Re=4\times10^4\sim1.1\times10^5$ 时，$n=6$；$Re=1.1\times10^5\sim3.2\times10^6$ 时，$n=7$；$Re>3.2\times10^6$ 时，$n=10$。$\bar{u}$ 为黏性底层区的时均速度分布，其计算公式为：

$$\bar{u}=\frac{\rho\ (u^*)^2}{\mu}y=u^*\frac{y}{y^*}\tag{6-23}$$

此外，对于 $Re<10^5$ 的湍流流动，还有以无量纲速度 u^+和无量纲距离 y^+表示的1/7次方速度分布经验公式，即布拉修斯(Blasius)公式，又称为卡门七分之一次方定律，即：

$$u^+=8.74\ (y^+)^{1/7}\tag{6-24}$$

6.4.2 平均速度

因为黏性底层及过渡层仅限于贴近管壁很薄的流体层内，其余为湍流核心区，所以管内平均流速 $\bar{u}_m$ 可近似采用湍流核心区的速度分布式：

$$\bar{u}_m = \frac{q_v}{\pi R^2} \tag{6-25}$$

积分式(6-25)得平均速度 $\bar{u}_m$、摩擦速度 u^* 和摩擦长度 y^* 之间的关系：

$$\frac{\bar{u}_m}{u^*} = 2.5\ln\frac{R}{y^*} + 1.75 \tag{6-26}$$

对于粗糙管：

$$\frac{\bar{u}_{max}}{u^*} = \frac{\bar{u}_m}{u^*} + 3.75 \tag{6-27}$$

6.4.3 壁面切应力

将 $u^* = \sqrt{\tau_0/\rho}$、$y^* = \mu/\sqrt{\tau_0\rho}$ 代入式(6-26)，可得壁面切应力 τ_0 的计算式：

$$\frac{q_v}{\pi R^2 \sqrt{\tau_0/\rho}} = 2.5\ln\frac{R\sqrt{\tau_0\rho}}{\mu} + 1.75 \tag{6-28}$$

给定流量 q_v，即可根据式(6-28)计算壁面切应力 τ_0，但要用试差的办法。

此外，也可用 1/7 次方速度分布经验公式得到壁面切应力 τ_0 的显式计算公式。对于圆管，$y = R - r$，则由式(6-24)可得：

$$u^* = 0.1144\bar{u}\left(\frac{\mu}{\rho u^*(R-r)}\right)^{1/7} \tag{6-29}$$

将式(6-29)括号内的 u^* 提出来，并注意 $r=0$ 时，$\bar{u} = \bar{u}_{max}$，于是有：

$$u^* = 0.1500\,\bar{u}_{max}^{7/8}\left(\frac{\mu}{\rho R}\right)^{1/8} \tag{6-30}$$

根据摩擦速度的定义并将式(6-30)代入，得：

$$\tau_0 = \rho\,(u^*)^2 = 0.02250\rho\,\bar{u}_{max}^{7/4}\left(\frac{\mu}{\rho R}\right)^{1/4} \tag{6-31}$$

因湍流时，$\bar{u} \approx 0.8\bar{u}_{max}$，可得圆管湍流壁面切应力的显式公式：

$$\tau_0 = 0.03325\rho\,\bar{u}_m^2\left(\frac{\mu}{\bar{u}_m\rho R}\right)^{\frac{1}{4}} \tag{6-32}$$

6.4.4 阻力损失

充分发展条件下，水平圆管中流体的受力在流动方向是平衡的，所以管内压力降 Δp 与壁面切应力 τ_0 之间存在如下关系：

$$\Delta p \cdot (\pi R^2) = \tau_0 \cdot (2\pi RL)$$

因此有：

$$h_f = \frac{\Delta p}{\rho g} = \frac{2\tau_0 L}{R\rho g} = 8\left(\frac{\tau_0}{\rho\bar{u}^2}\right)\frac{L}{D}\frac{\bar{u}_m^2}{2g} = 8\left(\frac{u^*}{\bar{u}_m}\right)^2\frac{L}{D}\frac{\bar{u}_m^2}{2g} \tag{a}$$

由式(a)可知，阻力系数为：

$$\lambda = 8\left(\frac{u^*}{\bar{u}_m}\right)^2 \tag{b}$$

如果将式(b)代入式(6-26)，经简化可得光滑管充分发展湍流的阻力系数公式：

$$\frac{1}{\sqrt{\lambda}} = 0.884\ln\left(Re\sqrt{\lambda}\right) - 0.91 \tag{c}$$

若对此式中的系数略加修正，可得到与实验数据更加吻合的公式，即卡门-普朗特阻力系数公式：

$$\frac{1}{\sqrt{\lambda}} = 0.873\ln\left(Re\sqrt{\lambda}\right) - 0.8 \tag{6-33}$$

式中，$Re = D\bar{u}_m\rho/\mu$ 为雷诺数，$D = 2R$ 为管道直径。上述两式是 λ 的隐函数形式，为了能将 λ 表示成 Re 的显式，尼古拉兹(Nikuladse)提出了一个范围为 $10^5 < Re < 3\times10^6$ 的经验公式，即：

$$\lambda = 0.0032 + \frac{0.221}{Re^{0.237}} \tag{6-34}$$

此外，当 $Re < 10^5$ 时，工程计算中还广泛采用由布拉修斯 1/7 次方速度分布经验公式导出的形式更为简单的阻力系数公式，即：

$$\lambda = 0.3164\,Re^{-\frac{1}{4}} \tag{6-35}$$

6.5 局部阻力损失

6.5.1 局部阻力损失的研究方法

(1)理想计算法

根据能量守恒方程(伯努利方程)和动量守恒方程计算，当管道截面突然扩大时，由于流线不能折转，管中的流线是逐渐扩散的，因而在管壁的拐角处形成旋涡；由于旋涡要靠主流带动旋转，旋涡运动必然要消耗流体的能量；由于细管流速高，粗管流速低，因此，从细管流出的流体微团必然要和粗管的流体微团发生碰撞，碰撞和旋涡均会引起流体的能量损失，变成热量耗散。

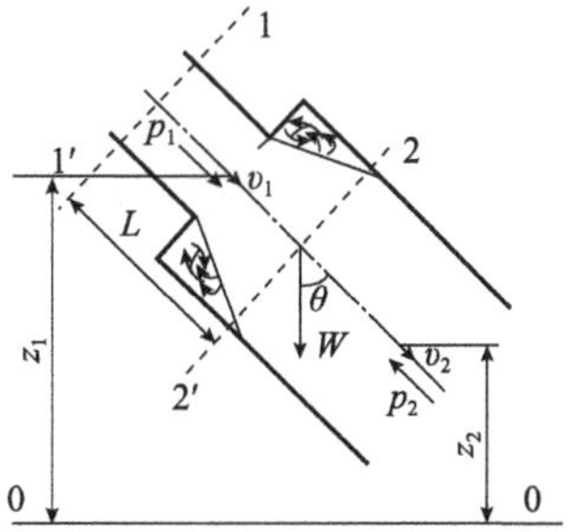

图6-6 管道截面突然扩大

下面用分析法来推导因管道截面突然扩大形成的局部损失。如图6-6所示，截面1-1′处流体的压强为 p_1，流速为 v_1，截面面

积为 A_1；截面 2－2′处流体的压强为 p_2，流速为 v_2，截面面积为 A_2。

列截面 1－1′至截面 2－2′的伯努利方程，则：

$$z_1+\frac{p_1}{\rho g}+\frac{v_1^2}{2g}=z_2+\frac{p_2}{\rho g}+\frac{v_2^2}{2g}+h_j \tag{a}$$

则：

$$h_j=\left(z_1+\frac{p_1}{\rho g}+\frac{v_1^2}{2g}\right)-\left(z_2+\frac{p_2}{\rho g}+\frac{v_2^2}{2g}\right) \tag{b}$$

再列出截面 1－1′至截面 2－2′沿流动方向的动量守恒方程，则：

$$\sum F=p_1A_1-p_2A_2+p'_1(A_2-A_1)+W\cos\theta=\rho q_v(v_2-v_1)$$

式中，p_1'为作用于旋涡区环形面积上的压强，由实验可知，$p_1'\approx p_1$，而 $W\cos\theta$ 为截面 1－1′至截面 2－2′间流体重力沿流动方向的分量，且：

$$W\cos\theta=\rho gA_2L\cos\theta=\rho gA_2(z_1-z_2)$$

再将 $q_v=A_2v_2$ 代入动量守恒方程，则方程简化为：

$$(p_1-p_2)A_2+\rho gA_2(z_1-z_2)=\rho A_2v_2(v_2-v_1)$$

消去 A_2，再将上式两边除以 ρg，则有：

$$\frac{p_1-p_2}{\rho g}+z_1-z_2=\frac{v_2(v_2-v_1)}{g}$$

将上式代入式(a)中得 h_j：

$$h_j=\frac{v_2^2}{g}-\frac{v_2v_1}{g}+\frac{v_1^2-v_2^2}{2g}=\frac{(v_1-v_2)^2}{2g} \tag{6-36}$$

式(6－36)又称为包达定理。由式(6－36)可见，管道截面突然扩大的能量损失等于损失了 v_1-v_2 的速度水头。经实验验证，式(6－36)具有足够的准确性。将 $q_v=v_1A_1=v_2A_2$ 代入式(6－36)，又可得：

$$h_j=\left(1-\frac{A_1}{A_2}\right)^2\frac{v_1^2}{2g}=\zeta_1\frac{v_1^2}{2g} \tag{6-37a}$$

或

$$h_j=\left(\frac{A_2}{A_1}-1\right)^2\frac{v_2^2}{2g}=\zeta_2\frac{v_2^2}{2g} \tag{6-37b}$$

所以，管道截面突然扩大的局部损失系数为：

$$\zeta_1=\left(1-\frac{A_1}{A_2}\right)^2 \tag{6-38a}$$

$$\zeta_2=\left(\frac{A_2}{A_1}-a\right)^2 \tag{6-38b}$$

即计算管道截面突然扩大的局部损失，有两个局部损失系数 ζ_1 和 ζ_2，计算时注意选用相对应的速度水头。

当液体从管道流入大容器中或气体流入大气中时，$A_2\gg A_1$，即$\frac{A_1}{A_2}\approx 0$，故

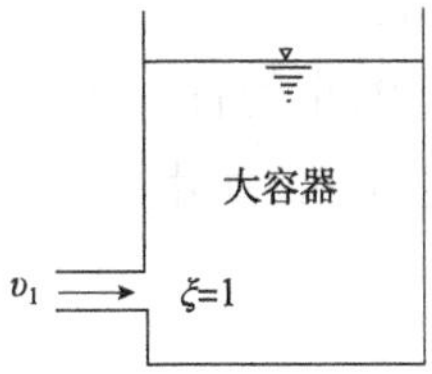

图 6 –7　管道出口损失

$\zeta_1=1$，$h_j=\dfrac{v_1^2}{2g}$，意味着管道出口的速度水头全部损失，这是管道截面突然扩大的特殊情况，称为出口损失系数，如图 6 –7 所示。

(2)实验测试方法

①逐渐扩大管件局部阻力系数。

对于绝大多数管件和阀件，只能用实验来确定局部阻力系数。如图 6 –8 所示，逐步扩大管件，在两端分别焊接足够长的相应直径的圆管，保证截面 1 –1′和截面 2 –2′上的流动为充分发展流动，并分别在截面 1 –1′和截面 2 –2′的管壁上开测压孔，用 U 形测压管测量压差。实验时给定流量，待流动稳定后，测出截面 1 –1′与截面 2 –2′处的压差值，列出截面 1 –1′到截面 2 –2′的伯努利方程。

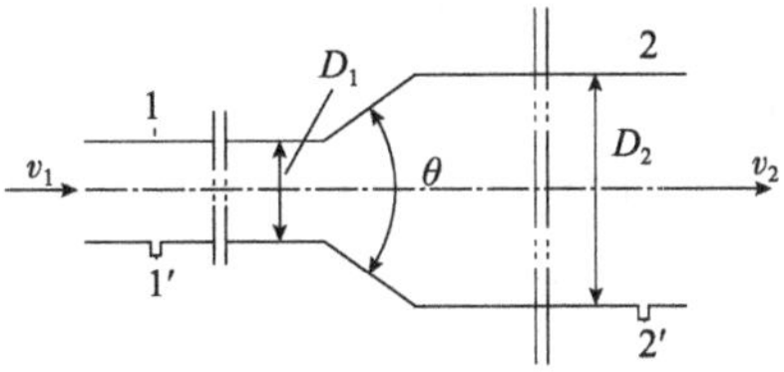

图 6 –8　逐渐扩大管件的局部阻力系数鉴定

$$\frac{v_1^2}{2g}+\frac{p_1}{\rho g}=\frac{v_2^2}{2g}+\frac{p_2}{\rho g}+h_{f_{1-2}} \tag{a}$$

式中，$h_{f_{1-2}}$为总阻力损失，它包括圆管 1 的沿程阻力损失 h_{f_1}、圆管 2 的沿程阻力损失 h_{f_2}和逐渐扩大管件的局部阻力损失 h_f，即：

$$h_{w_{1-2}}=h_{f_1}+h_{f_2}+h_j \tag{b}$$

或

$$h_j=\frac{p_1-p_2}{\rho g}+\frac{v_1^2-v_2^2}{2g}-h_{f_1}-h_{f_2} \tag{c}$$

式(c)等式右边第一项为测定值，第二项为给定值，第三、第四项可以根据沿程阻力损失公式计算。最后根据 $h_j=\zeta\dfrac{v^2}{2g}$公式确定 ζ 值。

对于图 6 –8 所示的情况，以速度 v_1 为计算速度，实验结果如下：

当 $\theta\leqslant45°$时，

$$\zeta=2.6\sin\left(\frac{\theta}{2}\right)\left[1-\left(\frac{D_1}{D_2}\right)^2\right]^2 \tag{6-39}$$

当 $45°<\theta\leqslant180°$时，与理论计算相同，即：

$$\zeta=\left(1-\frac{A_1}{A_2}\right)^2=\left[1-\left(\frac{D_1}{D_2}\right)^2\right]^2 \tag{6-40}$$

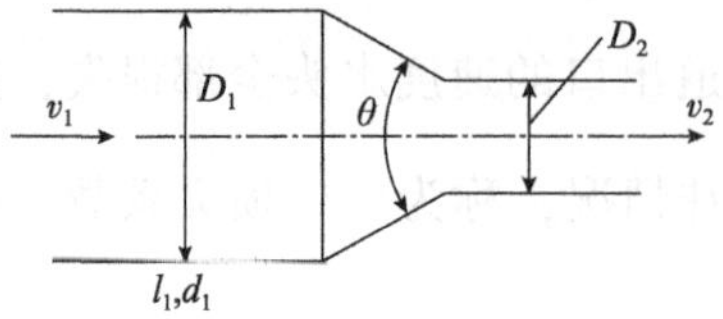

图6－9　逐渐缩小管件

②逐渐缩小管件局部阻力系数。

如图6－9所示的逐渐缩小管件，也可以测得局部阻力系数。以速度 v_2 为计算速度，实验结果为：

当 $\theta \leqslant 45°$ 时，

$$\zeta = 0.8\left[1-\left(\frac{D_2}{D_1}\right)^2\right]\sin\frac{\theta}{2} \tag{6-41}$$

当 $45° < \theta \leqslant 180°$ 时，

$$\zeta = 0.5\left[1-\left(\frac{D_2}{D_1}\right)^2\right]\sqrt{\sin\frac{\theta}{2}} \tag{6-42}$$

例如：容器到管道入口时，$\theta = 180°$，并且 $D_1 \gg D_2$，由式(6－42)可知 $\zeta = 0.5$。

6.5.2　几种局部阻力系数的确定

(1)管件的局部阻力系数

弯管也是管路系统中的常用管件，弯管可引起另外一种典型的局部损失，但弯管只改变流体的流动方向，不改变平均流速的大小。

弯管的局部损失主要包括两部分：

①如图6－10所示，流体流过弯曲管道，流体质点必然要受到离心惯性力的作用。为平衡离心惯性力，弯曲管道的外侧压强升高，内侧压强降低。对不可压均质流体，在位能变化可忽略的情况下，根据伯努利方程，压能与动能之和在短距离内沿流线不变，所以，压强高的地方，速度必然降低；反之，压强低的地方，速度必然加大。如图6－11所示，流体进入弯管以后，弯管外侧：从 A 点开始，由直管进入弯管，故压强上升，速度下降，直到 B 点压强上升到最大值，再沿流动方向，压强下降，速度上升，直到 C 点又进入直管道，压强与速度恢复正常。弯管内侧：从 A' 点开始，压强下降，速度上升，直到 B' 点，压强降到最小值，再从 B' 点开始直至 C' 点为升压减速区，直至 C' 点又进入直管道，压强与速度恢复正常。

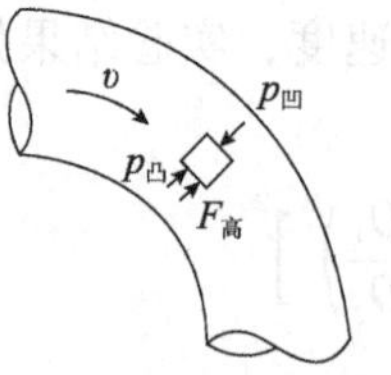

图6－10　流体质点在弯管中的受力分析

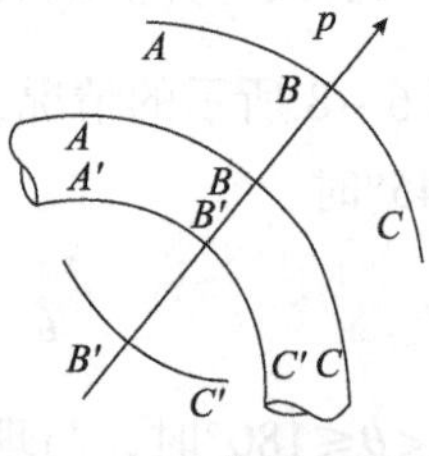

图6－11　弯管壁面的分析

由边界层理论可知，流体流过弯曲壁面时，在减速升压区，将会发生边界层分离，形成旋涡，如图6－12所示，AB、$B'C'$区域均是减速升压区，因此，在AB与$B'C'$区域会产生旋涡，形成旋涡损失。旋涡损失的大小取决于管子的弯曲程度，管子弯曲得越厉害，因旋涡造成的能量损失就越大。

②二次流损失。所谓二次流，即发生在垂直于流动平面内的一种流动。前面已经说明，弯管外侧的压强高于内侧的压强，如图6－13所示，B处的压强高于B'处的压强。另外，弯管上下两侧(E、E'处)靠近壁面处由于流速较低，离心惯性力较小，因而压强也较小，这样就形成了弯管某一截面沿壁面自外向内的压强降，即：

$$p_B > p_E > p'_B,\ p_B > p'_E > p'_B$$

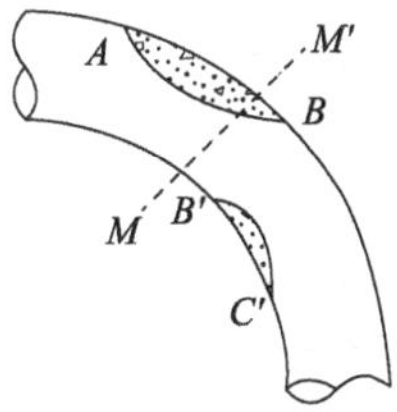

图6－12　弯曲壁面的分离区

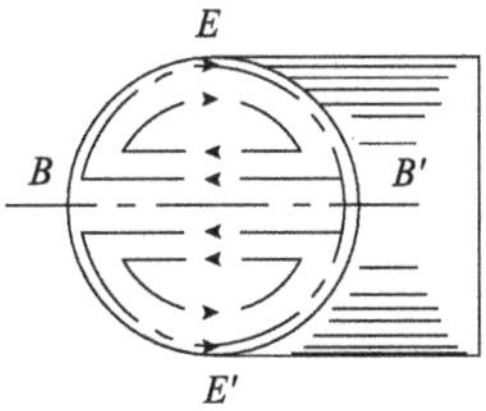

图6－13　二次流

结果形成了流体沿壁面自外侧向内侧的流动，同时，由于连续性以及离心惯性的作用，B'处的流体则沿$B'B$线自内向外流动。这样，就在径向平面内形成了两个环流，即二次流。这个二次流与主流叠加在一起，使通过弯管的流体质点做螺旋运动，结果加大了通过弯管流体的能量损失，这个能量损失称为二次流损失。

石油化工中常用管件局部阻力系数见表6－1。

表6－1　管件的局部阻力系数ζ值

管件名称		ζ值						
标准弯头		45°，0.35			90°，0.75			
90°方形弯头		1.3						
180°回弯头		1.5						
活接头		0.4						
弯管 (R_w/D)	φ	30°	45°	60°	75°	90°	105°	120°
	1.5	0.08	0.11	0.14	0.16	0.175	0.19	0.20
	2.0	0.07	0.10	0.12	0.14	0.15	0.16	0.17

在工程实践中，管件和阀件的规格、结构形式很多，制造水平、加工精度往往差别很大，所以局部阻力系数的变动范围也很大，表6－1中给出的数值仅供

参考。对于其他类型的管件的局部阻力系数值，可以查阅有关资料或通过实验来确定。

(2)管道入口局部阻力系数

充分发展的流动，即流体速度分布沿管道轴向不再发生变化的情况，但管道流动总是有进口区的，在流体进入管道的一段距离内，由于流体黏滞于管壁，使管壁附近的流体减速，边界层不断加厚，而运动的连续性使管道中心流体加速，从而使得流体速度沿流动方向不断变化，如图 6－14 所示。当边界层充满整个流动截面、速度分布不再发生变化时，就建立了所谓的充分发展流动。从管道进口到充分发展流动这一段距离称为进口段长度 L_e。如果管道较短，进口段流体速度的变化就不能忽略。

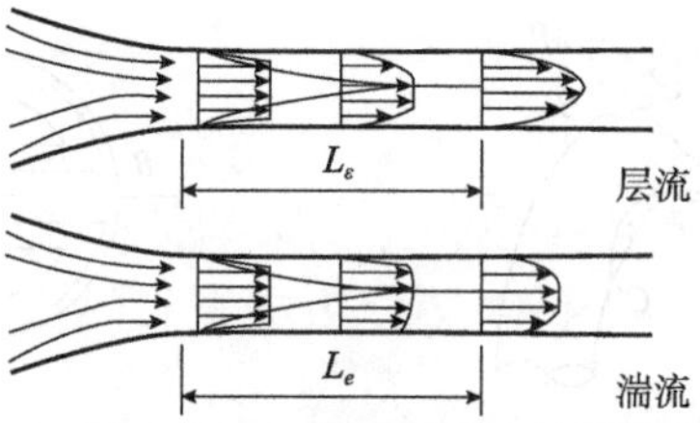

图 6－14　管道进口段流体速度分布的变化情况

①进口段流动状态与进口段长度。

流体在进口段的流动是边壁减速、中心加速。当流量较小，流动充分发展后其流动形态是层流时，管道进口的形状对进口段的影响不是很大。此时，不管流体进入管道前是层流还是湍流，进口段边界层中的流动通常是层流，而边界层以外轴心线附近核心区的流动一般称为外流。

湍流时，进口形状对下游的影响较大。如果进口形状是突变、不平滑的，进口段边界层一开始不可能属于湍流边界层。若进口的形状是圆滑过渡的，则边界层开始一段属于层流边界层，在下游某处再过渡成湍流边界层。

②进口段阻力。

进口段阻力由两部分构成，一部分是黏性应力(对于湍流，还包括雷诺应力)引起的阻力损失，另一部分是核心区流体被加速引起的阻力损失。从阻力系数的变化来看，对于层流流动，进口处阻力系数最大，然后逐渐减小并在流动充分发展后达到一确定值。然而，湍流流动则有所不同。实验表明，湍流流动时，阻力系数先是从进口处的最大值逐渐减小，但在层流边界层与湍流边界层的过渡点附近，阻力系数又将突然回升，然后再次逐渐下降，并在流动充分发展后达到一确定值。

石油化工行业中常用的管道入口局部阻力系数见表 6－2。

表6－2　管道入口局部阻力系数值

<table>
<tr><td>入管口
（容器→管）</td><td colspan="9">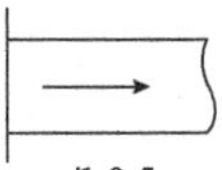 ζ=0.5　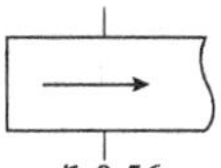 ζ=0.56　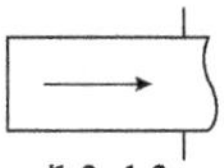 ζ=3~1.3　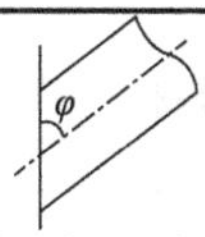 $\zeta=0.5+0.5\cos\varphi+0.2\cos^2\varphi$</td></tr>
<tr><td>标准三通</td><td colspan="9">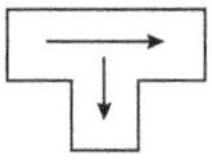 ζ=0.4　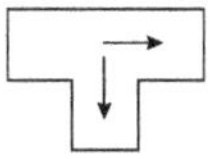 ζ=1.5当弯头用　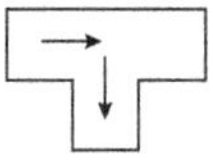 ζ=1.3当弯头用　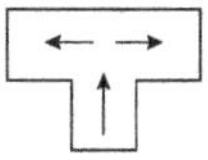 ζ=1</td></tr>
<tr><td rowspan="3">水泵进口</td><td>没有底阀</td><td colspan="8">2～3</td></tr>
<tr><td rowspan="2">有底阀</td><td>D/mm</td><td>40</td><td>50</td><td>75</td><td>100</td><td>150</td><td>200</td><td>250</td><td>300</td></tr>
<tr><td>ζ</td><td>12</td><td>10</td><td>8.5</td><td>7.4</td><td>6.0</td><td>5.2</td><td>4.4</td><td>3.7</td></tr>
</table>

对于流体从容器进入管道时，如果管道与容器连接处有圆滑过渡圆角，则进口局部阻力系数随圆角半径 r 的变化而变化，见表6－3。

表6－3　有圆角过渡的容器到管道口的局部阻力系数

<table>
<tr><td rowspan="2">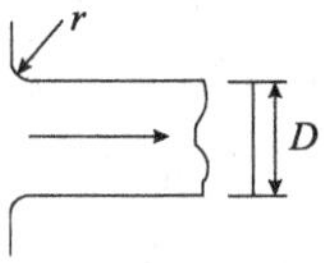</td><td>r/D</td><td>0.02</td><td>0.04</td><td>0.06</td><td>0.10</td><td>≥0.15</td></tr>
<tr><td>ζ</td><td>0.28</td><td>0.24</td><td>0.15</td><td>0.09</td><td>0.04</td></tr>
</table>

(3)绕流阀门局部阻力系数

工程中，随着外界的需要或负荷的变化，管道中流体的流量也会发生变化。通常情况下，流量的调节主要靠装设在管路中的各种阀门，通过改变阀门的开度来调节流量，即节流调节。用阀门调节流量迅速简单，然而能量损失却很大。这是因为流体绕流阀门或闸板时，阀门或闸板前后必然要形成旋涡，如图6－15所示。而旋涡的产生与维持旋转，必然要消耗流体的能量，即所谓的节流损失。由于节流损失有时很大，所以在可能的情况下，也可采用其他方法调节管路流量，并将阀门全开，不用阀门调节，以减小绕流阀门的阻力。

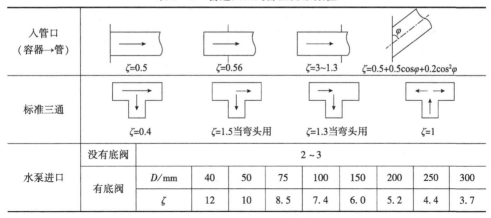

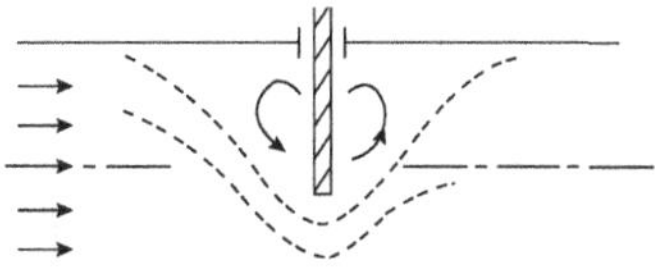

图6－15　绕闸板的流动

石油化工行业中常用绕流阀门局部阻力系数见表6－4。

表6－4　绕流阀门局部阻力系数ζ值

<table>
<tr><td rowspan="2">闸阀</td><td>全开</td><td>3/4开</td><td>1/2开</td><td>1/4开</td></tr>
<tr><td>0.17</td><td>0.9</td><td>4.5</td><td>24</td></tr>
<tr><td>标准截止阀
（球心阀）</td><td colspan="2">全开
ζ=6.4</td><td colspan="2">1/2开
ζ=9.5</td></tr>
</table>

续表

蝶阀	α	5°	10°	20°	30°	40°	45°	50°	60°	70°
	ζ	0.24	0.52	1.54	3.97	10.8	18.7	30.6	118	751
旋塞	θ	5°	10°	20°	40°	60°				
	ζ	0.05	0.29	1.56	19.3	206				
角阀(90°)	5									
单向阀(止逆阀)	摇板式，$\zeta=2$				球形单向阀，$\zeta=70$					
滤水器(或滤水网)	2									
水表(盘形)	7									

6.5.3 减小局部损失的措施

对于管内流动，流体的能量损失包括沿程损失和局部损失，即 $h_w=\sum h_f+\sum h_j$。对于细长的直管道和管道中管件较少的情况下，$\sum h_f$ 为能量损失的主要部分。而在大直径的管道和管道的走向较复杂、管件较多的情况下，$\sum h_j$ 则为能量损失的主要部分，例如火电厂锅炉中的烟风道，此时为了减少能量损失，就应设法减少局部损失，而减少局部损失的关键就是防止或推迟流体与壁面的分离，将管件的边壁加工得接近流线型，以避免旋涡区的产生或减小旋涡区的大小和强度。下面分别予以介绍。

(1)管道进口

尽量将管道的进口加工成圆滑的进口，如图 6-16 所示。实验证明，圆滑的进口可减少局部损失系数 90% 以上。

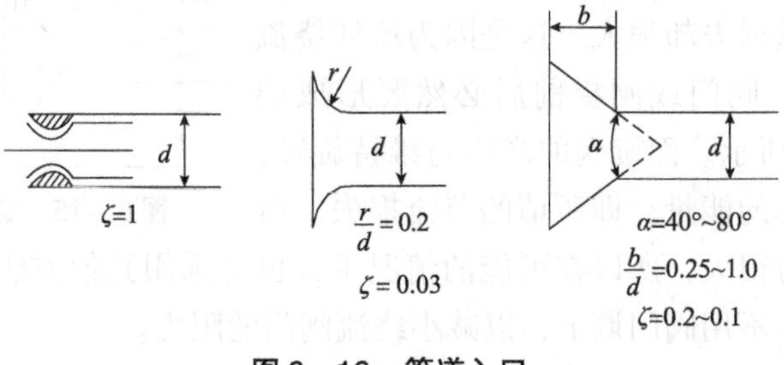

图 6-16 管道入口

(2)弯管

在工程上不得不布置弯管的情况下，应当采用合理的弯曲半径 R（R 为弯管轴线的曲率半径，d 为管道内径），实验表明，当 $\frac{R}{d}>1$ 时，局部损失系数 ζ 随 $\frac{R}{d}$ 的减小而急剧增加，而当 $\frac{R}{d}>3$ 时，ζ 值又随 $\frac{R}{d}$ 的加大而增加。因此，$\frac{R}{d}$ 最好取

1～4。根据制造工艺，目前锅炉弯管的$\frac{R}{d}>3.5$，常采用$\frac{R}{d}=4$。对锅炉的烟风道而言，由于弯管的断面尺寸比较大，因此，只能采用较小的$\frac{R}{d}$。为减小二次流损失，可在弯道内安装导流叶片，如图6－17所示。这样既可以避免在弯管的内外侧产生较大的旋涡区，又可减小二次流的范围。实验证明，弯管内装上流线型导流叶片后，局部损失系数可由没装导流叶片的1.1降低到0.3左右。

图6－17 弯道中的导流叶片

(3)三通

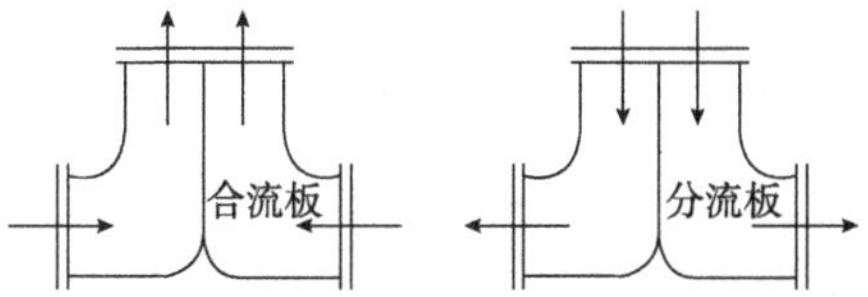

图6－18 合流板与分流板

为减小流体过三通时的局部损失，可在总管中安装合流板与分流板，或者尽可能地减小支管与合流管之间的夹角，如图6－18所示。如总管与支管的轴线之间的夹角应小于30°，尽可能不与总管垂直连接，如图6－19(a)所示。对于不得不垂直连接的情况，应尽量将连接处的折角改缓，以尽可能减小三通的局部损失系数，如图6－19(b)所示。

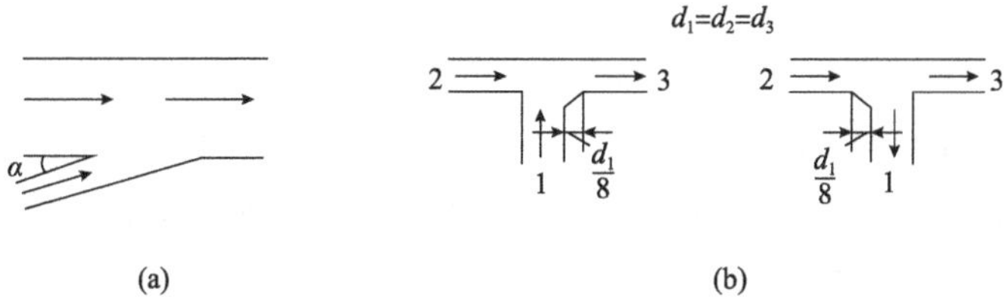

图6－19 三通

总之，减少局部损失的主要思路就是尽量将管件转角加工成圆角，使突然扩大和突然缩小改变成逐渐扩大与逐渐缩小，并选择最佳的扩散角，且尽量使管件的边壁接近流线型，以避免旋涡的产生。

6.6 管路计算

6.6.1 简单管路

简单管路就是管路直径不变，没有支管分出的管路。在简单管路中流速沿流程不变。

对简单管路，连续方程为：

$$q_v = vA = \text{const} \tag{6-43}$$

管路能量损失为：

$$h_w = \left(\lambda \frac{l}{d} + \Sigma\zeta\right)\frac{v^2}{2g} \tag{6-44}$$

6.6.2 串联管路

串联管路即由几段不同管径的简单管路串联而成的，如图 6－20 所示。

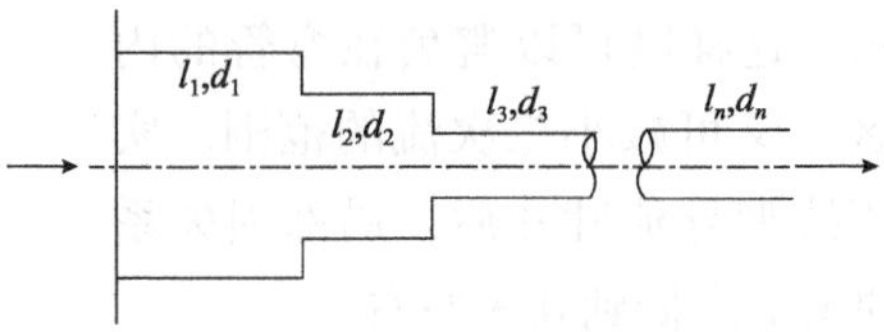

图 6－20 串联管路

串联管路的特征：

①串联管路总能量损失等于各简单管路的能量损失之和，即：

$$h_w = h_{w1} + h_{w2} + \cdots + h_{wn}$$
$$= \left(\lambda_1 \frac{l_1}{d_1} + \Sigma\zeta_1\right)\frac{v_1^2}{2g} + \left(\lambda_2 \frac{l_2}{d_2} + \Sigma\zeta_2\right)\frac{v_2^2}{2g} + \cdots + \left(\lambda_n \frac{l_n}{d_n} + \Sigma\zeta_n\right)\frac{v_n^2}{2g} \tag{6-45}$$

②串联管路总流量沿流程保持不变，即：

$$q_v = q_{v_1} = q_{v_2} = \cdots = q_{vn} = \text{const} \tag{6-46a}$$

或

$$v_1A_1 = v_2A_2 = \cdots = v_nA_n = \text{const} \tag{6-46b}$$

6.6.3 并联管路

几条简单管路或串联管路的入口端与出口端，分别连接在一起而成的管路为并联管路，如图 6－21 所示。

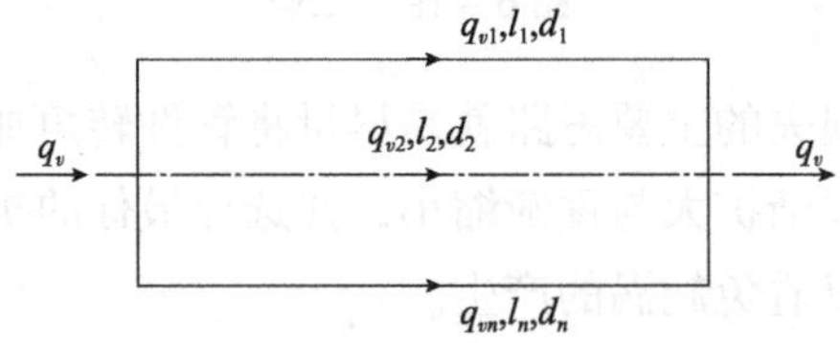

图 6－21 并联管路

并联管路的特征：

①并联管路中各支管的能量损失相等，即：

$$h_{w_1} = h_{w_2} = h_{w_3} = \cdots = h_{w_n} \tag{6-47}$$

②并联管路的总流量等于各支管分流量之和，即：

$$q_v = q_{v_1} + q_{v_2} + \cdots + q_{vn} \tag{6-48a}$$

或

$$vA = v_1A_1 + v_2A_2 + \cdots + v_nA_n \tag{6-48b}$$

题与解

习题6-1 原油管道(见图6-22)主要是指输送原油产品的管道，它和成品油管道是有区别的。如今在我国运行的主要原油输油管道是中俄原油输油管道和中亚原油输油管道。长距离原油管道通常直径都在200mm以上，直径200mm以下的管道通常为企业内部输油管道，主要是指油田内部连接油井与计量站、联合站的集输管道，炼油厂及油库内部的管道等，其长度一般较短，不是独立的经营系统。运动黏度为$4.5\times10^{-6}m^2/s$的原油流过内径为25mm的管道输送。试求：

图6-22 原油管道

①流动为层流时的最大平均速度。

②在该流量下50m管长的压头损失。

③在该流量下的壁面切应力(密度为ρ)。

解：

①层流最大流速时$Re=2300$，所以：

$$u_m=\nu Re/D=4.5\times10^{-6}\times2300/0.025=0.414m/s$$

②压头损失：$h_f=\lambda\dfrac{L}{D}\dfrac{u_m^2}{2g}=\dfrac{64}{Re}\dfrac{L}{D}\dfrac{u_m^2}{2g}=0.487m$

③壁面切应力：$\tau_0=\dfrac{D\Delta p}{4L}=\dfrac{D\rho g h_f}{4L}=5.966\rho N/m^2$

习题6-2 用光滑铝板制作成的矩形管输送标准状态下的空气，矩形管截面的长度$\alpha=100cm$，宽$b=50cm$，流量为$4.50m^3/s$。试求在相同压力梯度条件下，用同样材料做成的圆管输送这些空气需要的圆管直径。

解：标准状态下空气密度$\rho=1.293kg/m^3$，黏度$\mu=1.72\times10^{-5}Pa\cdot s$。

矩形管水力直径、平均流速、雷诺数分别为：

$$D_h=\frac{4ab}{2(a+b)}=0.667m,\ u_m=\frac{q_v}{ab}=9m/s,\ Re=\frac{\rho u_m D_m}{\mu}=451272$$

因为流动为湍流，按布拉修斯公式计算阻力系数，矩形管和圆形管压降梯度可分别表示为：

矩形管：$$\frac{\Delta p}{L}=\lambda\frac{\rho u_m^2}{2D_h}=\frac{0.3164}{(\rho u_m D_h/\mu)^{0.25}}\frac{\rho u_m^2}{2D_h}=\frac{0.3164\rho}{2\ (\rho/\mu)^{0.25}}\frac{u_m^{1.75}}{D_h^{1.25}}=C\frac{q_v^{1.75}}{D_h^{1.25}\ (ab)^{1.75}}$$

圆形管：$$\frac{\Delta p}{L}=\lambda\frac{\rho u_m^2}{2D_h}=C\frac{u_m^{1.75}}{D^{1.25}}=C\frac{q_v^{1.75}}{D^{1.25}(\pi D^2/4)^{1.75}}=C\frac{q_v^{1.75}}{D^{4.75}(\pi/4)^{1.75}}$$

由于两者压降梯度$\Delta p/L$和体积流量q_v相同，则有：

$$D^{4.75}(\pi/4)^{1.75}=D_h^{1.25}(ab)^{1.75}$$

由此解得圆形管直径：　　$D=76.1\text{cm}$

习题6－3　离心泵进口管内径为50mm，进口装置包括一根内径为50mm、长为2m的无缝钢管，一个底阀，一个90°弯头。如果用来泵送20℃的水，流量为3m³/h，试求进口装置的总阻力损失。

解：20℃时，水的密度$\rho=998.2\text{kg/m}^3$，$\mu=100.42\times10^{-5}\text{Pa}\cdot\text{s}$；

查表可得：底阀进口局部损失阻力系数$\zeta=10$，90°弯头局部阻力损失系数$\zeta=0.75$。

水流雷诺数：$Re=\dfrac{\rho uD}{\mu}=\dfrac{4\rho q_v}{\pi D\mu}=\dfrac{4\times998.2\times3/3600}{\pi\times0.05\times100.42\times10^{-5}}=21094$

阻力系数：$\lambda=0.3164/Re^{0.25}=0.3164/21094^{0.25}=0.0263$

阻力损失：

$$h_\text{f}=(\lambda\frac{L}{D}+\sum\zeta)\frac{u^2}{2g}=(\lambda\frac{L}{D}+\sum\zeta)\frac{1}{2g}\left(\frac{4q_v}{\pi D^2}\right)^2$$

$$=\left(0.0263\frac{2}{0.05}+10.75\right)\frac{1}{2\times9.8}\left(\frac{4\times3/3600}{\pi\times0.05^2}\right)^2$$

$$=0.108\text{m}$$

习题6－4　弹簧管压力表（见图6－23）属于就地指示型压力表，就地显示压力的大小，不带远程传送显示、调节功能。弹簧管压力表通过表内的敏感元件——波登管的弹性变形，再通过表内机芯的转换机构将压力形变传导至指针，引起指针转动来显示压力。

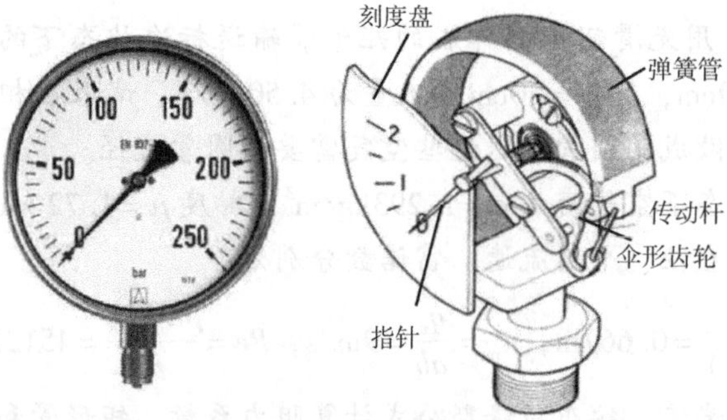

图6－23　弹簧管压力表

弹簧管压力表适用测量无爆炸，不结晶，不凝固，对铜和铜合金无腐蚀作用的液体、气体或蒸汽的压力。如图6－24所示，有$\phi57\times3.5\text{mm}$的水平管与垂直管，其中有温度为20℃的水流动，流速为3m/s。在截面A与截面B处各安装一个弹簧管压力表，两截面的距离为6m，管壁的相对粗糙度$\varepsilon/d=0.004$。试问这两个直管上的两个弹簧管压力表读数差值是否相同？如果不同，试说明其原因。如果用液柱压差计测量压力，则两个直管的液柱压力计的读数 R 是否相同？指示液为汞，其密度为 13600kg/m^3。

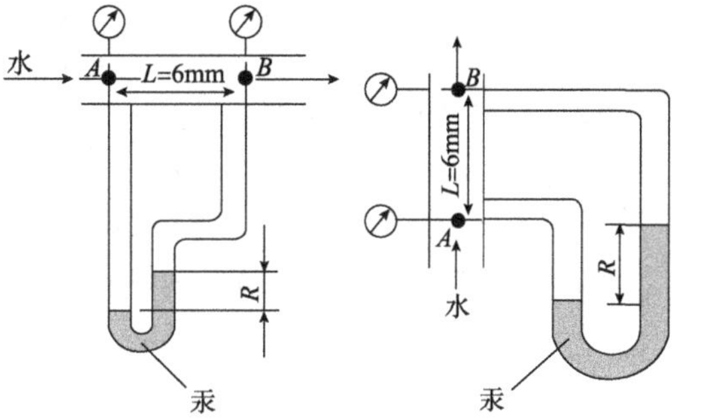

图6－24 习题6－4图

解：已知管内径 $d=0.05\text{m}$，水的温度 $t=20℃$，密度 $\rho=998.2\text{kg/m}^3$，

黏度 $\mu=100.4\times10^{-5}\text{Pa}\cdot\text{s}$，流速 $u=3\text{m/s}$，

流体雷诺数 $Re=\dfrac{\rho uD}{\mu}=\dfrac{0.05\times3\times998.2}{100.4\times10^{-5}}=1.49\times10^5$，

湍流管壁相对粗糙度 $\dfrac{\varepsilon}{d}=0.004$

查得摩擦系数 $\lambda=0.0293$

这两个直管的摩擦阻力损失相同，为：

$$h_f=\lambda\frac{l}{d}\frac{u^2}{2}=0.0293\times\frac{6}{0.05}\times\frac{3^2}{2}=15.8\text{J/kg}$$

(1)弹簧管压力表读数之差值

①水平管。在截面 A、截面 B 列伯努利方程：

$$gz_A+\frac{p_A}{\rho}+\frac{u_A^2}{2}=gz_B+\frac{p_B}{\rho}+\frac{u_B^2}{2}+h_f$$

因 $z_A=z_B$，$u_A=u_B$，故得：

$$p_A-p_B=\rho h_f=998.2\times15.8=15770\text{Pa}=15.77\text{kPa}$$

②垂直管。在截面 A、截面 B 列伯努利方程，以截面 A 为基准面，得：

$$z_A=0,\ z_B=L=6\text{m},\ u_A=u_B$$

$$\frac{p_A}{\rho}=gz_B+\frac{p_B}{\rho}+h_f$$

$$p_A-p_B=\rho gz_B+\rho h_f=998.2\times9.81\times15.8=74530\text{Pa}=74.53\text{kPa}$$

上述计算结果表明，垂直管的 p_A-p_B 大于水平管的 p_A-p_B。这是因为流体在垂直管中从下向上流动时，位能增大而静压能减小。

(2)U形管液柱压差计的读数 R

水平管与前面相同，由伯努利方程得：

$$p_A-p_B=\rho h_f \tag{a}$$

另从U形管压差计等压面处力的平衡，求得：

$$p_A+R\rho g=p_B+R\rho_g g$$

$$R=\frac{p_A-p_B}{g(\rho_g-\rho)} \quad \text{(b)}$$

由式(a)与式(b)，求得：

$$R=\frac{p_A-p_B}{g(\rho_g-\rho)}=\frac{998.2\times15.8}{9.81\times(13600-988.2)}=0.1276\text{m 汞柱}=127.6\text{mmHg}$$

垂直管与前面相同，由伯努利方程得：

$$p_A-p_B=\rho gL+\rho h_f \quad \text{(c)}$$

另从U形管压差计等压面处力的平衡，求得：

$$p_A+R\rho g=p_B+L\rho g+R\rho_g g$$

$$R=\frac{p_A-p_B-L\rho g}{g(\rho_g-\rho)} \quad \text{(d)}$$

由式(c)与式(d)，求得：

$$R=\frac{\rho h_f}{g(\rho_g-\rho)}$$

从上述推导可知，垂直管与水平管的液柱压差计的读数 R 相同。有了读数 R 值，就可以分别用式(b)及式(d)求得水平管及垂直管的 p_A-p_B。

习题6-5 吸收塔(见图6-25)是实现吸收操作的设备。按气液相接触形态分为三类：第一类是气体以气泡形态分散在液相中的板式塔、鼓泡吸收塔、搅拌鼓泡吸收塔；第二类是液体以液滴状分散在气相中的喷射器、文氏管、喷雾塔；第三类为液体以膜状运动与气相进行接触的填料吸收塔和降膜吸收塔。塔内气液两相的流动方式可以逆流，也可并流。通常采用逆流操作，吸收剂以塔顶加入自上而下流动，与从下向上流动的气体接触，吸收了吸收质的液体从塔底排出，净化后的气体从塔顶排出。

图6-25 吸收塔

溶剂由敞开的高位槽流入吸收塔。进液处塔内压强0.02MPa(表压)，输送管道用 $\phi38\times3$mm 的无缝钢管，总长8m，管壁绝对粗糙度为0.3mm，管路上有90°的标准弯头两个，180°回弯度1个，球心阀(全开)一个。为使溶剂以 $3\text{m}^3/\text{h}$ 的流量流入塔内，问高位槽应放置的高度为多少？已知溶剂操作温度下密度为 861kg/m^3，黏度为 $6.43\times10^{-4}\text{Pa}\cdot\text{s}$。

解： 如图6-26，取管道平面处为基准面，在高位槽面1-1′和管道出口内截面2-2′间列伯努利方程式，其中 p_1 为0(表压强)，p_2 为0.02MPa(表压强)，$z_1=h$，

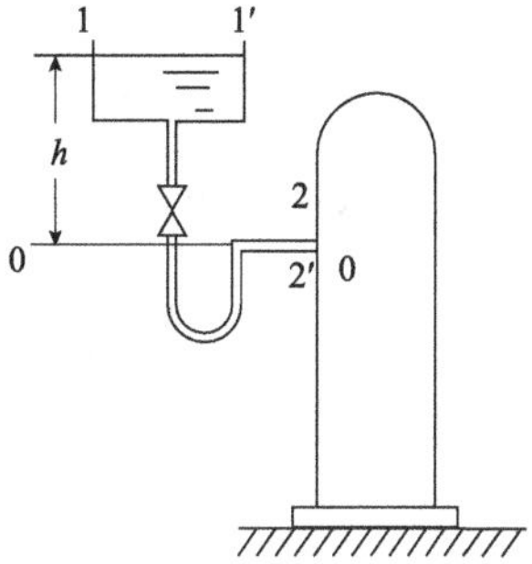

图6－26　习题6－5图

$z_2=0$，$u_1=0$，则：

$$u_2=\frac{q_v}{\frac{\pi}{4}d^2}=\frac{3/3600}{0.785\times0.032^2}=1.04\mathrm{m/s}$$

$$gz_1+\frac{1}{2}u_1^{\ 2}+\frac{p_1}{\rho}+W_e=gz_2+\frac{1}{2}u_2^{\ 2}+\frac{p_2}{\rho}+\Sigma h_f$$

$$gh=\frac{1}{2}u_2^{\ 2}+\frac{p_2}{\rho}+\Sigma h_f$$

$$Re=\frac{d\rho u}{\mu}=\frac{0.032\times861\times1.04}{6.43\times10^{-4}}=44563$$

$$\frac{\varepsilon}{d}=\frac{0.3}{32}=0.00938$$

查得：$\lambda=0.038$，再查表6－1至表6－4，得管件的局部阻力系数：

进口突然收缩：$\zeta_{进口}=0.5$，

90°标准弯头：$\zeta=0.75$，

180°回弯头：$\zeta=1.5$，

球心阀（全开）：$\zeta=6.0$。

$$\Sigma h_f=\left(\lambda\frac{l}{d}+\Sigma\zeta\right)\frac{u^2}{2}=\left(0.038\times\frac{8}{0.032}+0.5+0.75\times2+1.5+6\right)\frac{1.04^2}{2}=10.4\mathrm{J/kg}$$

$$h=\left(\frac{2\times10^4}{861}+\frac{1.04^2}{2}+10.4\right)/9.81=3.5\mathrm{m}$$

习题6－6　用泵把20℃的苯从地下储罐送到高位槽，流量为300L/min。高位槽液面比储罐液面高10m。泵吸入管路用$\phi89\times4$mm的无缝钢管，直管长为15m，管路上装有一个底阀（可粗略按旋启式止回阀全开时计）、一个标准弯头；泵排出管用$\phi57\times3.5$mm的无缝钢管，直管长度为50m，管路上装有一个全开的闸阀、一个全开的截止阀和三个标准弯头。储罐及高位槽液面上方均为大气压，设储罐液面维持恒定，泵的效率为70%。试求泵的轴功率。

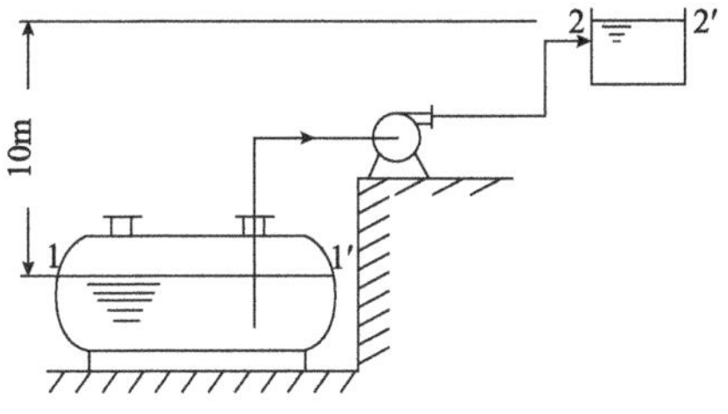

图6－27　习题6－6图

解：如图6－27所示，取储罐液面为上游截面1－1′，高位槽液面为下游截面2－2′，并以截面1－1′为基准水平面。在两截面间列伯努利方程式。

$$gz_1+\frac{u_1^2}{2}+\frac{p_1}{\rho}+w_e=gz_2+\frac{u_2^2}{2}+\frac{p_2}{\rho}+\sum h_f$$

式中：

$$z_1=0\qquad z_2=10\mathrm{m}$$

$$p_1=p_2=0（表）$$

$$u_1 = u_2 = 0$$

$$W_e = 9.81 \times 10 + \sum h_f = 98.1 + \sum h_f$$

①吸入管路上的能量损失 $\sum h_{f,a}$。

$$\sum h_{f,a} = h_{f,a} + h'_{f,a} = \left(\lambda_a \frac{l_a + \sum l_{e,a}}{d_a} + \zeta_c\right)\frac{u_a^2}{2}$$

式中：

$$d_a = 89 - 2 \times 4 = 81\text{mm} = 0.081\text{m}$$

$$l_a = 15\text{m}$$

管件、阀门的当量长度为：

底阀(按旋启式止回阀全开计时) 6.3m

标准弯头　　2.7m

$$\sum l_{e,a} = 6.3 + 2.7 = 9\text{m}$$

进口阻力系数　　$\zeta_c = 0.5$

$$u_a = \frac{300}{1000 \times 60 \times \dfrac{\pi}{4} \times 0.081^2} = 0.97\text{m/s}$$

苯的密度为 880kg/m^3，黏度为 $6.5 \times 10^{-4}\text{Pa}\cdot\text{s}$，则：

$$Re_a = \frac{d_a u_a \rho}{\mu} = \frac{0.081 \times 0.97 \times 880}{6.5 \times 10^{-4}} = 1.06 \times 10^5$$

取管壁的绝对粗糙度 $\varepsilon = 0.3\text{mm}$，$\varepsilon/d = 0.3/81 = 0.0037$，查得 $\lambda = 0.029$，则：

$$\sum h_{f,a} = \left(0.029 \times \frac{15 + 9}{0.081} + 0.5\right)\frac{0.97^2}{2} = 4.28\text{J/kg}$$

②排出管路上的能量损失 $\sum h_{f,b}$。

$$\sum h_{f,b} = \left(\lambda_b \frac{l_b + \sum l_{e,b}}{d_b} + \zeta_e\right)\frac{u_b^2}{2}$$

式中：

$$d_b = 57 - 2 \times 3.5 = 50\text{mm} = 0.05\text{m}$$

$$l_b = 50\text{m}$$

管件、阀门的当量长度分别为：

一个全开的闸阀　　0.33m

一个全开的截止阀　　17m

三个标准弯头　　$1.6 \times 3 = 4.8\text{m}$

$$\sum l_{e,b} = 0.33 + 17 + 4.8 = 22.13\text{m}$$

出口阻力系数$\zeta_e = 1$，则：

$$u_b = \frac{300}{1000 \times 60 \times \frac{\pi}{4} \times 0.05^2} = 2.55\text{m/s}$$

$$Re_b = \frac{0.05 \times 2.55 \times 880}{6.5 \times 10^{-4}} = 1.73 \times 10^5$$

仍取管壁的绝对糙度$\varepsilon = 0.3\text{mm}$，$\varepsilon/d = 0.3/50 = 0.006$

查得$\lambda = 0.0313$，则：

$$\sum h_{f,b} = \left(0.0313 \times \frac{50 + 22.13}{0.05} + 1\right)\frac{2.55^2}{2} = 150\text{J/kg}$$

③管路系统的总能量损失。

$$\sum h_f = \sum h_{f,a} + \sum h_{f,b} = 4.28 + 150 \approx 154.3\text{J/kg}$$

$$W_e = 98.1 + 154.3 = 252.4\text{J/kg}$$

苯的质量流量：

$$W_s = V_S\rho = \frac{300}{1000 \times 60} \times 800 = 4.4\text{kg/s}$$

泵的有效功率：

$$N_e = W_e W_s = 252.4 \times 4.4 = 1110.6\text{W} \approx 1.11\text{kW}$$

泵的轴功率：

$$N = N_e/\eta = 1.11/0.7 = 1.59\text{kW}$$

习题6－7 如图6－28所示，水平输液系统（A、B、C、D在同一水平面上），终点均通大气，输液体相对密度$\delta = 0.9$，输送量为200t/h。设管径、管长、沿程阻力系数分别如下：$L_1 = 1\text{km}$，$L_2 = L_3 = 4\text{km}$；$D_1 = 200\text{mm}$，$D_2 = D_3 = 150\text{mm}$；$\lambda_1 = 0.025$，$\lambda_2 = \lambda_3 = 0.030$。求：①各管流量及沿程水头损失；②若泵前真空表读数为450mm汞柱，则泵的扬程为多少？

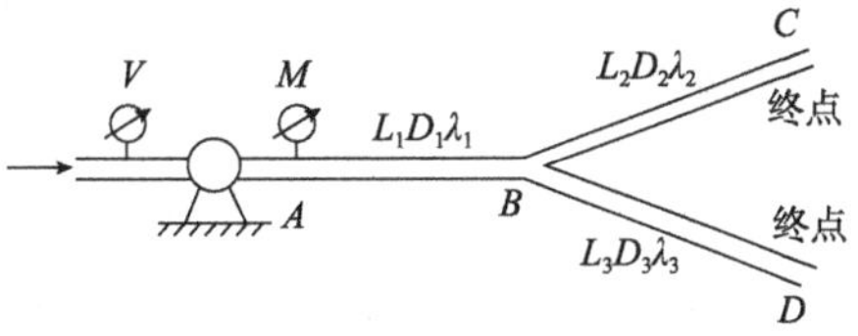

图6－28

解：①因终点均通大气，故$B-C$和$B-D$为并联管路，又因$D_2 = D_3$，则：

$$Q_2 = Q_3 = \frac{1}{2}Q_1 = \frac{1}{2} \times \frac{200 \times 10^3}{900 \times 3600} = 0.003\text{m}^3/\text{s}$$

$$v_2 = v_3 = 0.17\text{m/s},\quad v_1 = 0.191\text{m/s}$$

得：

$$h_{f_2} = h_{f_3} = 0.03 \times \frac{4000}{0.15} \times \frac{0.17^2}{19.6} = 1.18\text{m}$$

$$h_{f_1}=0.025\times\frac{1000}{0.2}\times\frac{0.191^2}{19.6}=0.233\text{m}$$

②列真空表所在断面和 C 点所在断面的伯努利方程，按长管计算，可忽略速度水头和局部水头，则：

$$\frac{p}{\rho g}+H=h_{f_1}+h_{f_3}$$

则有：

$$H=0.233+1.18-\frac{-450\times1.01\times10^5}{760\times900\times9.8}=8.193\text{m}$$

习题 6－8 往车间送水的输水管段路由两管段串联而成，第一管段的管径 $d_1=150\text{mm}$，长度 $L_1=800\text{m}$，第二管段的直径 $d_2=125\text{mm}$，长度 $L_2=600\text{m}$，管壁的绝对粗糙度 $\Delta=0.5\text{mm}$，设压力水塔具有的水头 $H=20\text{m}$，局部阻力忽略不计，求出阀门全开时最大可能流量 Q（$\lambda_1=0.029$，$\lambda_2=0.027$）。

解：列自由液面和出口断面的伯努利方程：

$$H=\frac{v_2^2}{2g}+\lambda_1\frac{l_1}{d_1}\frac{v_1^2}{2g}+\lambda_2\frac{l_2}{d_2}\frac{v_2^2}{2g}$$

又有：

$$v_1=v_2\frac{d_2^2}{d_1^2}=0.694v_2$$

可解得：

$$v_2=1.383\text{m/s}$$

则流量：

$$Q=v_2\times\frac{1}{4}\pi d_2^2=0.017\text{m}^3/\text{s}$$

习题 6－9 流量为 20L/s 的甘油流过一根长 60m，直径为 100mm 的水平圆管。甘油的黏度 $\mu=0.9\text{Pa}\cdot\text{s}$，密度 $\rho=1260\text{kg/m}^3$，进口压力 590kPa。若忽略进口效应，求出口压力及管道壁面上的切应力。

解：平均流速：

$$v_{\text{m}}=\frac{4q_v}{\pi D^2}=\frac{4\times20\times10^{-3}}{\pi\times0.1^2}=2.55\text{m/s}$$

$$Re=\frac{\rho v_{\text{m}}D}{\mu}=\frac{1260\times2.55\times0.1}{0.9}=357<2300$$

所以流态为层流，可计算出沿程压头损失：

$$h_f=\frac{64}{Re}\frac{L}{D}\frac{v_m^2}{2g}=\frac{64\times60\times2.55^2}{357\times0.1\times2\times9.81}=35.6\text{m}$$

压力降：

$$\Delta p=\rho g h_{\mathrm{f}}=1260\times 9.81\times 35.6=4.40\times 10^{5}\mathrm{N/m^{2}}$$

出口压力：

$$p_2=p_1-\Delta p=590-440=150\mathrm{kPa}$$

则壁面处流体的切应力为：

$$\tau_0=\frac{\Delta pD}{4L}=\frac{4.40\times 10^{5}\times 0.1}{4\times 60}=183\mathrm{Pa}=0.183\mathrm{kPa}$$

习题6-10 为了测量离心式风机的进口风量，在直径$D=0.1\mathrm{m}$的等直径管道中安放孔径$d=0.05\mathrm{m}$的孔板，设空气以$v=20\mathrm{m/s}$的速度通过此管道，空气温度$t=20℃$，空气密度$\rho=1.2\mathrm{kg/m^3}$，孔板的局部损失系数$\zeta=29.8$，试求空气通过此孔板时的压强损失。

解：孔板孔径与进风管直径之比：

$$\frac{d}{D}=\frac{0.05}{0.1}=0.5$$

则空气通过此孔板时的压强损失：

$$\nabla p=\rho g h_{\mathrm{j}}=\rho g\zeta\frac{v^2}{2g}=1.2\times 9.807\times 29.8\times\frac{20^2}{2\times 9.807}=7152\mathrm{Pa}$$

习题6-11 如图6-29所示，一水塔向一储水池供水。若道路的总长度为l，管路的流量q_v和管径d均已知，且管路中有一个阀门和一个90°的弯头，试求水塔至储水池的管路总能量损失h_{w}。

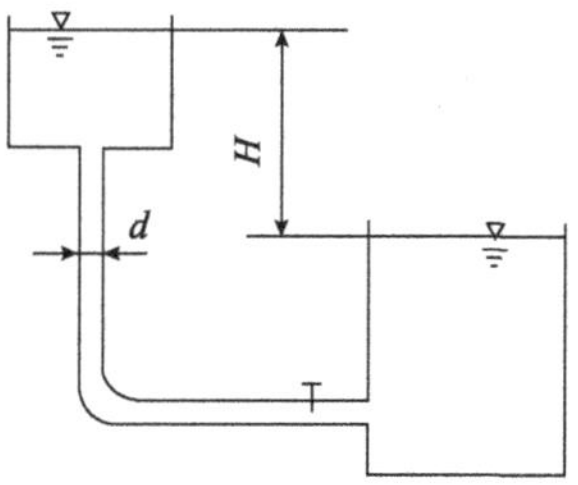

图6-29

解：先求管中流速：

$$v=\frac{q_v}{A}=\frac{4q_v}{\pi d^2}$$

管路总能量损失：

$$h_{\mathrm{w}}=\left(\lambda\frac{l}{d}+\zeta_{进口}+\zeta_{弯头}+\zeta_{阀}+\zeta_{进口}\right)\frac{v^2}{2g}$$

再列两水池液面的伯努利方程：

$$H=h_{\mathrm{w}}$$

说明两水池的高度差刚好用来克服管路阻力。

习题6-12 一并联管路，主干管的管径$d_1=2.5\mathrm{cm}$，管长$l_1=25\mathrm{m}$，并联支路管径$d_2=2\mathrm{cm}$，管长$l_2=30\mathrm{m}$。若总流量$q_v=3\mathrm{L/s}$，不考虑各局部损失，设管中油的运动黏度$\mu=20\times 10^{-6}\mathrm{m^2/s}$。试求两管的流量分配。

解：由于不考虑各局部损失，故主干管与支管沿程损失相等，即：

$$\lambda_1\frac{l_1}{d_1}\frac{v_1^2}{2g}=\lambda_2\frac{l_2}{d_2}\frac{v_2^2}{2g}$$

由于两管路的流量分配暂不知，故 λ_1、λ_2 及 v_1、v_2 均为未知数，所以需用逐次逼近法求解。

第一次假定 $\lambda_1=\lambda_2$，则可得到：

$$\frac{v_1}{v_2}=\sqrt{\frac{d_2 l_1}{d_1 l_2}}$$

又因为 $q_{v_1}=\frac{\pi}{4}d_1^2 v_1$，$q_{v_2}=\frac{\pi}{4}d_2^2 v_2$，故：

$$\frac{q_{v_2}}{q_{v_1}}=\frac{v_2 d_2^2}{v_1 d_1^2}=\left(\frac{d_2}{d_1}\right)^{2.5}\left(\frac{l_1}{l_2}\right)^{0.5}$$

将已知参数代入上式，即可得到：

$$\frac{q_{v_2}}{q_{v_1}}=\left(\frac{2}{2.5}\right)^{2.5}\left(\frac{25}{30}\right)^{0.5}=0.523$$

由 $q_{v_1}+q_{v_2}=q_v=3\text{L/s}$，得：

$$q_{v_1}=\frac{q_v}{1+0.523}=\frac{3}{1+0.523}=1.97\text{L/s}$$

$$q_{v_2}=q_v-q_{v_1}=3-1.97=1.03\text{L/s}$$

因此

$$v_1=\frac{q_{v_1}}{\frac{\pi}{4}d_1^2}=\frac{4\times1.97\times10^{-3}}{3.1416\times0.025^2}=4.01\text{m/s}$$

$$Re_1=\frac{v_1 d_1}{\mu}=\frac{4.01\times0.025}{20\times10^{-6}}=5013$$

$$v_2=\frac{q_{v_2}}{\frac{\pi}{4}d_2^2}=\frac{4\times1.03\times10^{-3}}{3.1416\times0.02^2}=3.28\text{m/s}$$

$$Re_2=\frac{v_2 d_2}{\mu}=\frac{3.28\times0.02}{20\times10^{-6}}=3280$$

根据 Re_1 与 Re_2 的数值范围，可利用公式来计算 λ_1，近似计算 λ_2，则：

$$\lambda_1=0.3164\,Re_1^{-0.25}=0.038$$

$$\lambda_2=0.3164\,Re_2^{-0.25}=0.042$$

实际计算结果 $\lambda_1\neq\lambda_2$，且与第一次假定 $\lambda_1=\lambda_2$ 误差较大，因此需要做第二次假定，即将计算所得新的 λ_1、λ_2 值代入前式重新计算，得到：

$$\frac{v_2'}{v_1'}=\sqrt{\frac{d_2\lambda_1 l_1}{d_1\lambda_2 l_2}}$$

$$\frac{q'_{v_2}}{q'_{v_1}} = \left(\frac{d_2}{d_1}\right)^{2.5}\left(\frac{\lambda_1}{\lambda_2}\right)^{0.5}\left(\frac{l_1}{l_2}\right)^{0.5} = 0.5$$

$$q'_{v_1} = \frac{q_v}{1+0.5} = \frac{3}{1+0.5} = 2\text{L/s}$$

$$q'_{v_2} = q_v - q'_{v_1} = 3-2 = 1\text{L/s}$$

由 q'_{v_1} 与 q'_{v_2} 的数值再重新计算，得：

$$Re'_1 = 5100,\ \lambda'_1 = 0.037$$

$$Re'_2 = 3180,\ \lambda'_2 = 0.042$$

第二次计算，结果 λ'_1 与 λ_1，λ'_2 与 λ_2 误差较小，可认为结果达到精确度要求，故两管的流量分配为：

$$q_{v_1} = 2\text{L/s}$$

$$q_{v_2} = 1\text{L/s}$$

习题6－13　水沿着串联管道流动，如图6－30所示，已知两水箱水位差 $H = 20\text{m}$，$l_1 = l_2 = 400\text{m}$，$d_1 = 60\text{mm}$，$d_2 = 80\text{mm}$，沿程损失系数 $\lambda_1 = 0.03$，$\lambda_2 = 0.025$，不计局部损失，①求通过管道流量 q_v。②若对其中 l_1、d_1 的管道并联同样长度，同样管径及同样布置的支管时，假定沿程损失系数 λ_1、λ_2 不变，管路总流量 q_v 如何变化，试写出 q_v 与 H 的表达式。

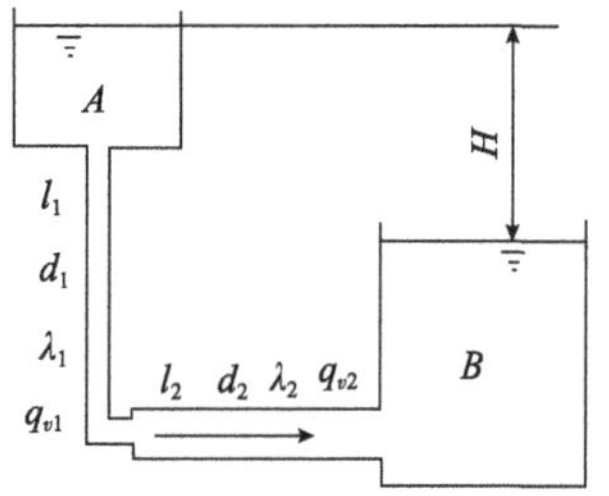

图6－30

解：由于两水箱体积很大，可认为两水箱自由液面位置不变，故可认为是定常流动。以 B 水箱自由液面为基准，列 $A-B$ 水箱液面的伯努利方程：

$$H = h_w = h_{f_1} + h_{f_2} = \lambda_1\frac{l_1}{d_1}\frac{v_1^2}{2g} + \lambda_2\frac{l_2}{d_2}\frac{v_2^2}{2g} \tag{a}$$

由连续方程 $q_{v_1} = q_{v_2} = q_v$，得：

$$v_1A_1 = v_2A_2 = q_v$$

$$v_1 = \frac{q_v}{A_1}\quad v_2 = \frac{q_v}{A_2} \tag{b}$$

将式(b)代入式(a)，得：

$$H = \lambda_1\frac{l_1}{d_1}\frac{\left(\frac{q_v}{A_1}\right)^2}{2g} + \lambda_2\frac{l_2}{d_2}\frac{\left(\frac{q_v}{A_2}\right)^2}{2g}$$

$$= \left(\lambda_1\frac{l_1}{d_1}\frac{1}{A_1^2} + \lambda_2\frac{l_2}{d_2}\frac{1}{A_2^2}\right)\frac{q_v^2}{2g} \tag{c}$$

$$\left.\begin{aligned} l_1 &= l_2 = l \\ A_1 &= \frac{\pi}{4}d_1^2 A_2 = \frac{\pi}{4}d_2^2 \end{aligned}\right\} \tag{d}$$

将式(d)代入式(c)，经整理，得到：

$$\begin{aligned} q_v &= \sqrt{\frac{\pi^2 gH}{8l\left(\dfrac{\lambda_1}{d_1^5}+\dfrac{\lambda_2}{d_2^5}\right)}} \\ &= \sqrt{\frac{(3.1416)^2 \times 9.807 \times 20}{8 \times 400 \times \left[\dfrac{0.03}{(0.06)^5}+\dfrac{0.025}{(0.08)^5}\right]}} \\ &= 0.0036\text{m}^3/\text{s} \\ &\approx 13\text{m}^3/\text{h} \end{aligned}$$

l_1、d_1 管道并联一同样形式的支管后，根据并联管路的特性，列 $A-B$ 水箱自由液面的伯努利方程，有：

$$H = h_w = \lambda \frac{l_1}{d_1}\frac{\left(\dfrac{q_v}{2A_1}\right)^2}{2g} + \lambda_2 \frac{l_2}{d_2}\frac{\left(\dfrac{q_v}{A_2}\right)^2}{2g} = \left(\lambda_1 \frac{l_1}{d_1}\frac{1}{4A_1^2} + \frac{l_2}{d_2}\frac{1}{A_2^2}\right)\frac{q_v^2}{2g} \tag{e}$$

将式(d)代入式(e)，整理得到：

$$q_v = \sqrt{\frac{\pi^2 gH}{8l\left(\dfrac{\lambda_1}{4d_1^5}+\dfrac{\lambda_2}{d_5^2}\right)}}$$

由于

$$\frac{\lambda_1}{4d_1^5} < \frac{\lambda_1}{d_1^5}$$

故 l_1、d_1 的管道并联一同样形式的支管后，流量 q_v 增加，将数据代入，可得 $q_v \approx 21.3\text{m}^3/\text{h}$。

第 7 章　流体绕物流动

流体绕物流动问题也称为边界层问题，其主要是研究黏性流体绕物体外表面流动时的速度分布、物体表面的摩擦阻力以及由于流动分离而引起的压差阻力（形体阻力），这些都属于黏性流体范畴。

7.1　边界层的基本概念

（1）边界层的提出

实验表明，当运动的黏性流体以大雷诺数（由于空气和水的黏性较小，通常流速下都属于大雷诺数流动）流过一物体时，整个流场可分成两部分速度分布特征明显不同的区域。①如图 7－1 所示，在紧靠物体表面附近的流动区域，由前驻点开始向下游逐渐增大其厚度，并一直延伸到被绕流物体后方的尾迹中。在这一区域的流动特征是其速度从物体表面处的零值经过一段很短的法向距离就变成物体外面的势流速度值，即在此区域中速度的法向梯度很大。随着流动向下游发展，越来越多的流体质点受到阻滞，边界层的厚度也随之增加。②在外面流动的区域中，法向速度梯度较小。

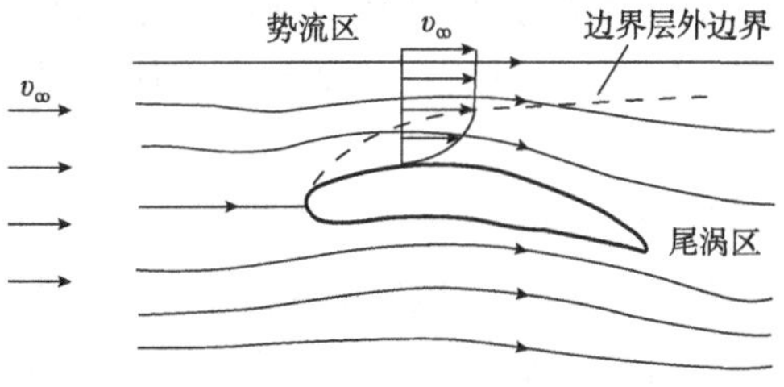

图 7－1　边界层

1904 年，普朗特根据实验提出了边界层理论，即绕物体的大雷诺数流动可分成两个区域：一个是壁面附近很薄的流体层，称为边界层，层内流体黏性作用极为重要，不可忽略；另一个是边界层以外的区域，称为外流区，该区域内的流动可看成理想流体的流动。

（2）边界层理论的意义

边界层理论将绕流流场分为两个区域，外流区可以采用相对简单的理想流体方法来处理，甚至可进一步处理成理想无旋的有势流动；而对于边界层，可根据其流动特点由 N－S 方程简化得到相对容易求解的普朗特边界层方程。

（3）边界层特征

黏性流体的流动具有两个基本特征：一是在固体壁面上，流体与固体壁面的相对速度为零；二是当流体之间发生相对运动(或角变形)时，流体之间存在剪切力(摩擦力)，在边界层中流体流动具有很大的法向速度梯度和旋度，呈现较强的黏性作用，流体与物体表面产生黏性切应力从而形成对流动的阻力。另外，边界层脱离而在物体后面形成尾迹，结果将导致物体表面上产生沿流动方向的压差，此压差即构成对流动的另一类阻力——压差阻力或形体阻力。要求得到边界层中的黏性阻力与被绕物体的压差阻力，就必须先求出边界层中的速度分布。

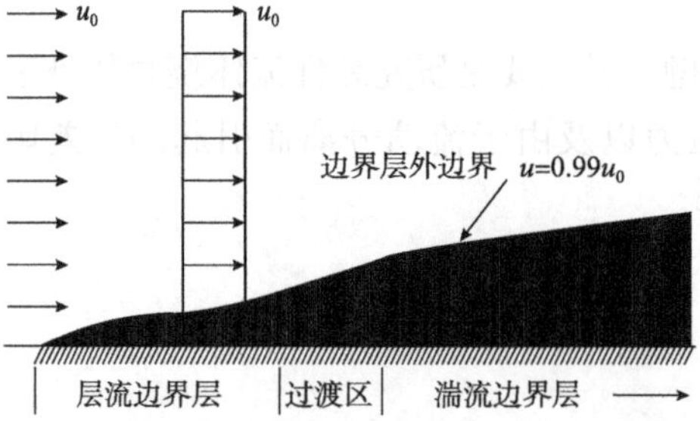

图 7-2 边界层内的流动

(4)边界层分类

绕流边界层内的流动也分为层流与湍流两种形态，如图 7-2 所示。平板绕流流动中：①沿流体流动方向分为层流边界层、过渡区、湍流边界层。②根据来流是否存在扰动、平板的前缘是否圆滑、板面是否粗糙等因素，边界层内流动可能是层流也可能是湍流。

平板绕流边界层内的流动形态也可以用无量纲准数 $Re_x = u_0x/\gamma$(称为当地雷诺数)来判定，其特征长度是离物体前缘点的距离 x，特征速度取边界层外缘对应点的速度。

$Re_x < 3\times10^5$，边界层内为层流，为层流边界层；

$Re_x > 3\times10^6$，边界层内是湍流，为湍流边界层；

$3\times10^5 < Re_x < 3\times10^6$，属于边界层过渡区。

7.2 边界层厚度

(1)边界层名义厚度 δ

绕物流动将流场划分为边界层和外流区，那么分界面如何确定？流体在静止平板上的流动，如图 7-3 所示，由于黏性作用，流体速度在壁面上为零，然后沿壁面法线方向 y 不断增加并最终渐近达到来流速度。

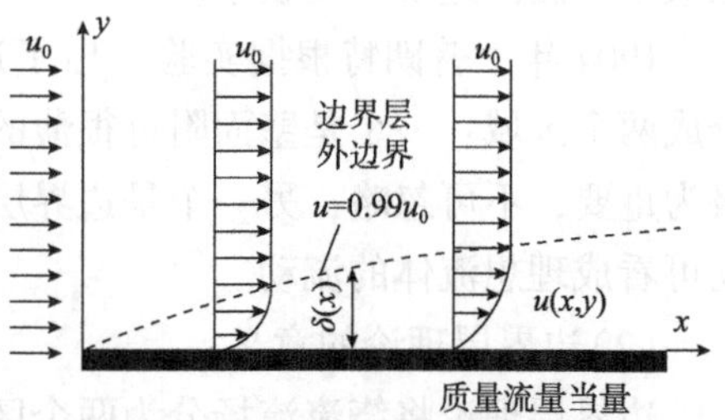

图 7-3 边界层及边界层厚度

按普朗特边界层理论，边界层应该是黏性作用显著的区域，从速度分布看，就是存在显著速度变化或速度梯度 du/dy 不为零的区域。因此从 $u=0$ 到 $u\to u_0$ 是一个渐近过程。人为规定：将流体速度从 $u=0$ 到 $u=0.99u_0$ 所对应的流体层厚度定义为边界层厚度，用 $\delta(x)$ 表示，可以看出边界层厚度随 x 的变化而变化。当流体沿 x 方向流过一段距离后，边界层厚度趋于一定，即充分发展流动后，边界层厚度不变，此厚度用 δ 表示。

当 $u=0$ 时，即固体壁面，为边界层内边界，当 $u=0.99u_0$ 时，为边界层的外边界。应该指出的是，边界层的外边界是人为划定的黏性作用主要影响区域的界线，而不是流线。

(2)边界层排挤厚度 δ_d

以平板层流边界层为例，如图 7-4 所示，取控制体(图中虚线包围部分)，其由 $x=0$ 处和 $x=x_1$ 处的平行 y 轴的直线与物面边界线(零流线)和外流区的某一条流线组成。

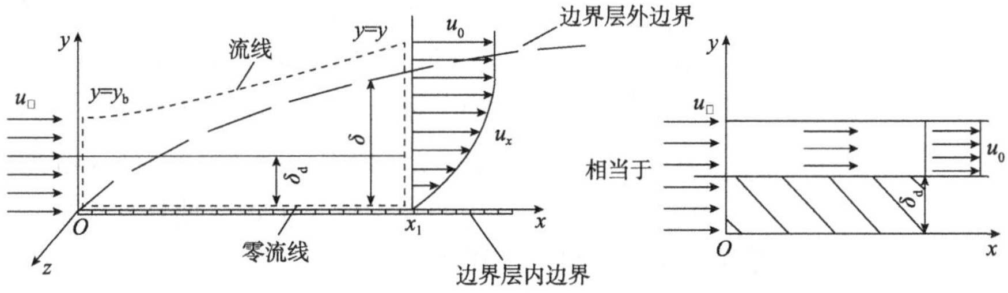

图 7-4　推导边界层位移厚度用图

由于流体的质量和动量不能穿过流线流进和流出，在定常流动条件下，取 z 方向单位宽度，y 方向在 $x>0$ 处取任一高度 y_b，在 $x=x_1$ 沿流线取 y，令此处 $y=\delta$(名义厚度)，则通过 y_b、y 两截面的质量守恒，即：

$$\int_0^y \rho u_x \mathrm{d}y = \int_0^{y_b} \rho u_\infty \mathrm{d}y \tag{a}$$

式中，u_x 为边界层内沿 x 方向的速度。

由于 $u_\infty \approx u_0$，对不可压缩流体，式(a)可写成：

$$\begin{aligned}\rho u_0 y_b &= \rho \int_0^y u_x \mathrm{d}y = \rho \int_0^y (u_0 - u_0 + u_x)\mathrm{d}y \\ &= \rho u_0 y - \rho \int_0^y (u_0 - u_x)\mathrm{d}y \end{aligned} \tag{b}$$

则：

$$\rho u_0 (y - y_b) = \rho \int_0^y (u_0 - u_x)\mathrm{d}y$$

令 $y-y_b=\delta_d$，两边同除以 ρu_0，得：

$$\delta_d = \int_0^y \left(1 - \frac{u_x}{u_0}\right)\mathrm{d}y \tag{c}$$

因为 $y=\delta$，则：

$$\delta_d = \int_0^\delta \left(1 - \frac{u_x}{u_0}\right)\mathrm{d}y \tag{d}$$

由于在边界层外，则：

$$u_x/u_0 \approx 1$$

$$\delta_d = \int_0^\infty \left(1 - \frac{u_x}{u_0}\right) dy \tag{7-1}$$

此式表明：按质量相当量，在 δ 厚度内假想去掉 δ_d 厚度，按 $\delta-\delta_d$ 厚度进行理想流体处理。

其物理定义：当理想流体绕平板流动时，流体均平行于壁面；黏性流体由于黏性作用，在边界层中流体被减速，而流体为了满足连续性条件，流道就得扩张，即流线被向外排挤了 δ_d，这表示由于黏滞作用造成了理想流体的流量损失，相当于使理想流体的流通面积减小，如果继续按理想流体流动计算流量，应将平板表面向上推移一个距离，该距离就称为排挤厚度 δ_d，如图 7－5 所示。这样就把黏性作用相当于减少了 δ_d，使黏性流体的计算变成了 $\delta-\delta_d$ 厚度理想流体计算问题，使其计算简化。

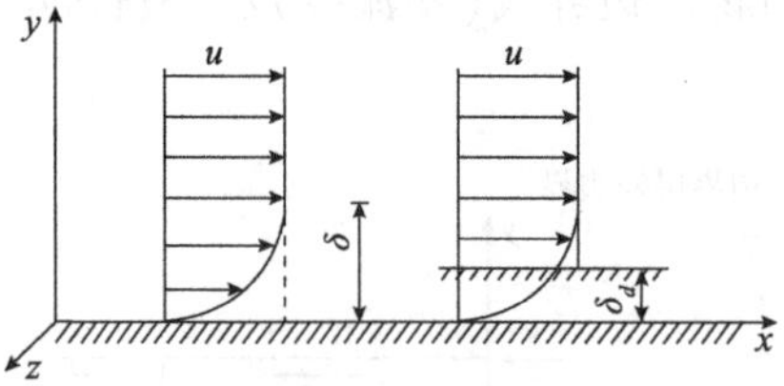

图 7－5　排挤厚度

因此，在求解外流区流场时，应该在绕流物体壁面外加上一层排挤厚度 δ_d 作为外流区的边界。

(3) 动量损失厚度 δ_m

如图 7－6 所示，以动量为相当量在对应 z 方向单位宽度上，折算成理想流体，则理想流体通过 δ 通道的动量为 $\int_0^\delta \rho u_0 u dy$，实际上流体通过通道的动量为 $\int_0^\delta \rho u^2 dy$。当考虑黏性后，边界层内流体减速，造成了理想流体的动量损失，这种情况下要按理想流体流动计算动量，必须将平板表面向上推移一个距离，该距离称为动量损失厚度，用 δ_m 表示，则动量关系把损失的动量折算为厚度为 δ_m 的理想流体所具有的动量，则有：

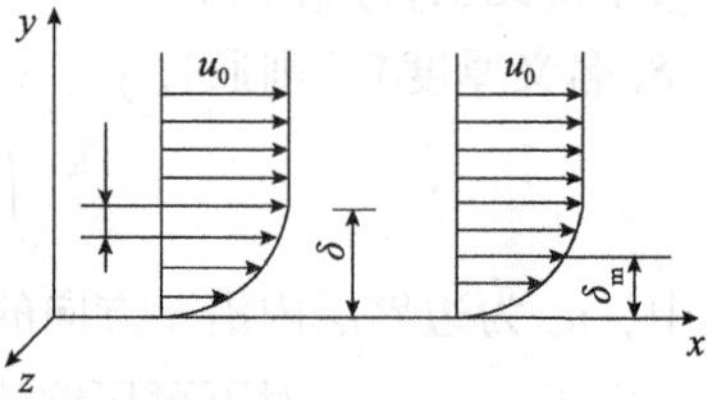

图 7－6　动量损失厚度

$$\rho u_0^2 \delta_m = \int_0^\delta \rho u_0 u dy - \int_0^\delta \rho u^2 dy \tag{a}$$

$$\delta_m = \int_0^\delta \frac{u}{u_0}\left(1 - \frac{u}{u_0}\right) dy \tag{b}$$

由于在边界层外：$u/u_0 \approx 1$，所以：

$$\delta_m = \int_0^\infty \frac{u}{u_0}\left(1 - \frac{u}{u_0}\right) dy \tag{7-2}$$

其物理意义：由于边界层的存在，损失了厚度为 δ_m 的理想流体的动量。δ_m 的计算公式对于任意的不可压缩边界层都是正确的。

(4)能量损失厚度 δ_e

边界层内的流速降低同样使流体的动能通量减小，设能量损失厚度为 δ_e，则有：

$$\frac{1}{2}(\rho u_0)u^2(1\times\delta_e) = \frac{1}{2}\rho u_0^3\delta_e = \frac{1}{2}\int_0^\delta \rho u u_0^2 \mathrm{d}y - \frac{1}{2}\int_0^\delta \rho u^3 \mathrm{d}y = \frac{1}{2}\rho\int_0^\delta (u u_0^2 - u^3)\mathrm{d}y \tag{c}$$

所以：

$$\delta_e = \int_0^\delta \frac{u}{u_0}\left(1 - \frac{u^2}{u_0^2}\right)\mathrm{d}y \tag{d}$$

若 $\delta\to\infty$，则：

$$\delta_e = \int_0^\infty \frac{u}{u_0}\left(1 - \frac{u^2}{u_0^2}\right)\mathrm{d}y \tag{7-3}$$

由于能量损失厚度可以计算流动的水头损失，边界层外的势流区不会有能量损失，能量损失仅产生于边界层内。

综上所述，引入了排挤厚度、动量损失厚度、能量损失厚度这些概念，使实际流体的厚度减去排挤厚度(或动量损失厚度或能量损失厚度)，得到流体的计算厚度，用这个相当厚度就可以把具有边界层的黏性流体计算变成理想流体的计算，从而大大简化计算过程。

7.3　边界层方程组及边界条件

7.3.1　普朗特边界层方程

以边界层内流动的物理特征为出发点，根据纳维－斯托克斯方程推出边界层内速度分布的边界层方程。

(1)基本方程

现假设不可压缩黏性流体流过无穷大平板或一曲率不大的弯曲壁面，且流动的雷诺数($Re = v_\infty L/\gamma$)很大，如图7－7所示，取坐标系坐标原点在前驻点 O 处，坐标轴 x 沿壁面且朝向流动方向，坐标轴 y 垂直于壁面，此流场为平面定常边界层流动，且坐标 z 与时间无关。

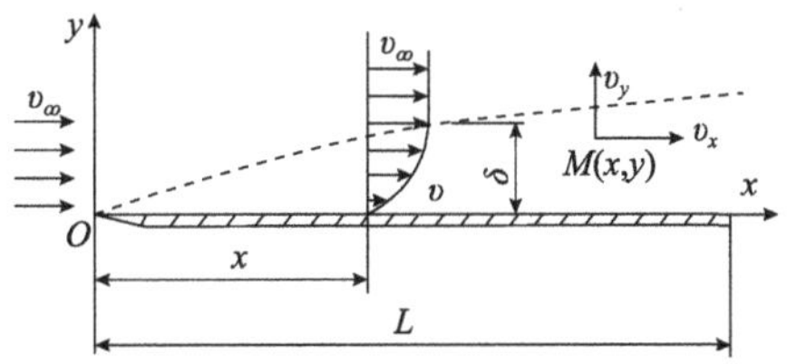

图7－7　不可压平板层流边界层

根据边界层的概念，在边界层外的流动可视为势流，边界层中的黏性作用很大，要求解此层中任一点 $M(x, y)$处的速度 $v_x(x, y)$与 $v_y(x, y)$，必满足连续方程与N－S方程。

$$\frac{\partial v_x}{\partial x}+\frac{\partial v_y}{\partial y}=0 \tag{7-4a}$$

$$v_x\frac{\partial v_x}{\partial x}+v_y\frac{\partial v_x}{\partial y}=-\frac{1}{\rho}\frac{\partial p}{\partial x}+\gamma\left(\frac{\partial^2 v_x}{\partial x^2}+\frac{\partial^2 v_x}{\partial y^2}\right) \tag{7-4b}$$

$$v_x\frac{\partial v_y}{\partial x}+v_y\frac{\partial v_y}{\partial y}=-\frac{1}{\rho}\frac{\partial p}{\partial y}+\gamma\left(\frac{\partial^2 v_y}{\partial x^2}+\frac{\partial^2 v_y}{\partial y^2}\right) \tag{7-4c}$$

(2)数量级问题的几点说明

为简化上式，首先对其进行无量纲化处理，选择来流速度 v_0 作为速度比较基准，x 作为长度比较基准，并取 v_0 和 L 的数量级为 1，用符号 0(1)表示。

①估计数量级要有个标准，量级都是相对于这个标准而言的，标准改变后整个物理量的量级则完全不同。在边界层问题中，取 $\delta'=\delta/L$ 作为估级标准。

②两个数相差一个数量级的含义：当两个数相比较，其中一个数小到可以忽略不计的程度时，可以说这两个数相差一个数量级，例如，边界层厚度 δ 与其相应的平板长度相比 $\delta/L\ll1$，可以说 δ 比 L 小一个数量级。

③变量的数量级比较是以变量的平均值为基础，并不是指该物理量或几何量的某一具体数值，例如边界层中变量 y 的变化范围是从零到 δ，x 的变化范围是从零到 L，则它们的量级大小可用 $\delta/2$ 和 $L/2$ 来表示，实际 δ 与 $\delta/2$、L 与 $L/2$ 的量级相同，也可用其相应的最大值 δ 和 L 去衡量各自的量级，即变量 y 的量级用 δ 作为衡量的基准，x 的量级用 L 作为衡量的基准，v_x 用来流速度 v_∞ 作为衡量的基准。

④在做量级比较时，用符号“ ~ ”表示量级相同。

(3)方程无量纲化

设平板长度为 L，边界层外的流速为 v_0，现将各参数的无量纲值定义为 $x'=\frac{x}{L}$、$y'=\frac{y}{L}$、$v_x'=\frac{v_x}{v_\infty}$、$v_y'=\frac{v_y}{v_\infty}$、$p'=\frac{p}{\rho v_\infty^2}$。

将上述无量纲参数代入式(7-4a)、式(7-4b)、式(7-4c)，整理后得无量纲方程：

$$\frac{\partial v_x'}{\partial x'}+\frac{\partial v_y'}{\partial y'}=0 \tag{7-5a}$$

$$v_x'\frac{\partial v_x'}{\partial x'}+v_y'\frac{\partial v_x'}{\partial y'}=-\frac{\partial p'}{\partial x'}+\frac{1}{ReL}\left(\frac{\partial^2 v_x'}{\partial x'^2}+\frac{\partial^2 v_x'}{\partial y'^2}\right) \tag{7-5b}$$

$$v_x'\frac{\partial v_y'}{\partial x'}+v_y'\frac{\partial v_y'}{\partial y'}=-\frac{\partial p'}{\partial x'}+\frac{1}{ReL}\left(\frac{\partial^2 v_y'}{\partial x'^2}+\frac{\partial^2 v_y'}{\partial y'^2}\right) \tag{7-5c}$$

(4)各数量级讨论

①v_x'及其各阶导数$\frac{\partial v_x'}{\partial x'}$、$\frac{\partial^2 v_x'}{\partial x'^2}$、$\frac{\partial v_x'}{\partial y'}$、$\frac{\partial^2 v_x'}{\partial y'^2}$的数量级。

在边界层内，v_x 与 v_∞、x 与 l、y 与 δ 为同量级，则 v'_x 与1、x' 与1、y' 与 δ' 为同量级，即 $v'_x \sim 0(1)$、$x' \sim 0(1)$、$y' \sim \delta'$。因此得到：$\dfrac{\partial v'_x}{\partial x'} \sim 0(1)$。

又因为 $\delta/L \ll 1$，故 δ 的数量级 $0(\delta) \ll 0(1)$，当 y' 由零变到 δ' 时，v'_x 也由零变到 δ，与1同量级的量，因此得到：$\dfrac{\partial v'_x}{\partial y'} \sim 0\left(\dfrac{1}{\delta'}\right)$。

同理 $\dfrac{\partial^2 v'_x}{\partial y'^2} \sim 0\left(\dfrac{1}{\delta'^2}\right)$，

归纳为：

$$v'_x \sim 0(1)、\frac{\partial v'_x}{\partial x'} \sim 0(1)、\frac{\partial v'^2_x}{\partial x'^2} \sim 0(1)、\frac{\partial v'_x}{\partial y'} \sim 0\left(\frac{1}{\delta'}\right)、\frac{\partial^2 v'_x}{\partial y'^2} \sim 0\left(\frac{1}{\delta'^2}\right) \tag{7-6a}$$

②v'_y 及其各阶导数 $\dfrac{\partial v'_y}{\partial y'}$，$\dfrac{\partial^2 v'_y}{\partial y'^2}$，$\dfrac{\partial v'_y}{\partial x'}$，$\dfrac{\partial^2 v'_y}{\partial x'^2}$ 的数量级。

由连续方程可得：

$$\frac{\partial v'_y}{\partial y'} = -\frac{\partial v'_x}{\partial x'} \sim 0(1) \tag{7-6b}$$

于是有：$v'_y \sim \delta'$，$y' \sim \delta'$。

归纳起来：

$$\frac{\partial v'_y}{\partial y'} \sim 0(1)、\frac{\partial^2 v'_y}{\partial y'^2} \sim 0\left(\frac{1}{\delta'}\right)、\frac{\partial v'_y}{\partial x'} \sim 0(\delta')、\frac{\partial^2 v'_y}{\partial x'^2} \sim 0(\delta') \tag{7-6c}$$

(5)边界层动量方程的简化

①将有关项的数量级代入 x 方向的动量方程，得：

$$[0(1)][0(1)] + [0(\delta')]\left[0\left(\frac{1}{\delta'}\right)\right] = -\frac{1}{\rho}\frac{\partial p}{\partial x} + \gamma\left[0(1)^{*} + 0\left(\frac{1}{\delta'^2}\right)\right] \tag{7-6d}$$

因为 $0(1/\delta'^2) \gg 0(1/\delta') \gg 0(1) \gg 0(\delta')$，首先有“$*$”的项、$0(1) \ll 0\left(\dfrac{1}{\delta'^2}\right)$ 的项可略；其次，由于边界层黏性作用较强，所以黏性项 $\gamma[0(1/\delta'^2)]$ 不能忽略，说明 $\gamma[0(1/\delta'^2)]$ 的数量级为 $0(1)$，即运动黏度项的数量级必然为：$\gamma \sim 0(\delta'^2)$。

②将有关项的数量级代入 y 方向的动量方程得：

$$[0(1)][0(\delta')] + [0(\delta)][0(1)] = -\frac{1}{\rho}\frac{\partial p}{\partial y} + 0(\delta'^2)\left[0(\delta') + 0\left(\frac{1}{\delta'}\right)\right] \tag{7-6e}$$

从中可看出方程中各数量级等于或小于 $0(\delta')$。因此得：

$$\partial p/\partial y \approx 0$$

说明边界层内压强沿物面外法线方向不发生变化，等于边界层外边界处的压强。同时说明压强 p 只是 x 的函数，即 $p = p(x)$，$\partial p/\partial x = \mathrm{d}p/\mathrm{d}x$，$p$ 与 y 无关。

这一结论的实际意义是它将边界层外势流与边界层二者衔接起来，当解决了给定物体的势流绕流问题后，边界层内的压强分布也就找到了。实验也证明，用势流理论求得的边界层外边界上的压强分布与实测物体表面压强分布吻合得很好。

(6)边界层的基本方程

①普朗特边界层方程形式一。

将上述数量级两式略去小量级项(δ'，δ'^2)，并还原成有量纲的形式：

$$\frac{\partial v_x}{\partial x}+\frac{\partial v_y}{\partial y}=0 \tag{7-7a}$$

$$v_x\frac{\partial v_x}{\partial x}+v_y\frac{\partial v_x}{\partial y}=-\frac{1}{\rho}\frac{\partial p}{\partial x}+\gamma\frac{\partial^2 v_x}{\partial y^2} \tag{7-7b}$$

$$\frac{\partial p}{\partial y}=0 \tag{7-7c}$$

上式即为层流边界层的基本方程，由著名力学家普朗特于1904年导出，故又称普朗特边界层方程。

其边界条件为：

在 $y=0$ 时，$v_x=v_y=0$；

在 $y=\delta$ 时，$v_x=0.99v_\infty$，$\dfrac{\partial v_x}{\partial y}=0$。

②普朗特边界层方程形式二。

根据势流的伯努利方程，建立起压强与势流速度的关系，在一般情况下 $v_\infty=v_\infty(x)$，则：

$$z+\frac{p}{\rho g}+\frac{v^2}{2g}=\text{const}$$

$$p+\frac{1}{2}\rho v_\infty^2=\text{常数}$$

则有：

$$\frac{\mathrm{d}p}{\mathrm{d}x}=-\rho v_\infty\frac{\mathrm{d}v_\infty}{\mathrm{d}x}$$

在壁面处 $v_x=0$，$v_y=0$，代入式(7-6b)，得：

$$\left.\frac{\partial^2 v_x}{\partial y^2}\right|_{y=0}=\frac{1}{\rho}\frac{\mathrm{d}p}{\mathrm{d}x}=-\frac{1}{\gamma}\frac{\mathrm{d}v_\infty}{\mathrm{d}x}$$

则有：

$$\begin{cases}\dfrac{\partial v_x}{\partial x}+\dfrac{\partial v_y}{\partial y}=0 & (7-8a)\\[2ex] v_x\dfrac{\partial v_x}{\partial x}+v_y\dfrac{\partial v_y}{\partial y}=v_\infty\dfrac{\mathrm{d}v_\infty}{\mathrm{d}x}+\gamma\dfrac{\partial^2 v_x}{\partial y^2} & (7-8b)\end{cases}$$

上式为普朗特边界层方程的另一种形式。

说明：①虽然普朗特边界层方程是在平板上建立起来的，但对于曲面物体只要壁面上各点的曲率半径与该处的边界层厚度相比很大(如机翼翼型和叶片叶型)，该方程仍然适用并有足够精确度，这时应采用曲线坐标：x 轴沿物体壁面，y 轴垂直于壁面，即正交曲面坐标系。

②欲求解边界层中的速度分布就必须先将势流解求出，把它作为求解边界层方程的一个边界条件。

③边界层基本方程式中只有在无量纲物理量的量级为1的条件下才适用，否则不适用。例如在边界层的前缘区域，x 与 y 为同一量级，故边界层基本方程一般不能求解平板的前缘区域，人为规定不适用区域长度 $x_0 = 25\gamma/v_\infty$。

④我们知道 $v_x \dfrac{\partial v_x}{\partial x} + v_y \dfrac{\partial v_y}{\partial y}$ 与 $\gamma \dfrac{\partial^2 v_x}{\partial y^2}$ 是同数量级，且 v_x 与 v_∞、y 与 δ 同数量级，由此可知：

$$\frac{v_\infty^2}{x} \sim \gamma \frac{v_\infty}{\delta^2}$$

所以 $\delta \sim \sqrt{\dfrac{\gamma x}{v_\infty}}$。

可见边界层厚度 δ 与流体的运动黏度 γ 以及边界层所在位置的坐标 x 的平方根成正比，和势流速度的平方根成反比，即流体越黏稠，势流速度越小，边界层越厚，且边界层的厚度随 x 的增大而不断加厚。

7.3.2　冯·卡门边界动量积分方程

求解边界层的目的是先求出边界层中的速度分布，进而求出平板表面上的黏性切应力及一段板长上的黏性阻力，并求出边界层厚度沿平板的变化规律。冯·卡门方法是一个边界层近似积分法。

以稳态不可压缩流体绕流平板为例，如图7－8(a)所示，在边界层中取长度为 dx、厚度为一个单位(z 方向)、高度为边界层厚度的一个控制体，作用在该控制体表面上的力如图7－8(b)所示。由于边界层较薄，忽略流体静压的影响，近似认为流体的压力 p 沿 y 方向不变，且等于边界层外边界上外流的压力；此外，外边界上速度梯度近似为零，故没有切应力。所以控制体 x 方向的合力为：

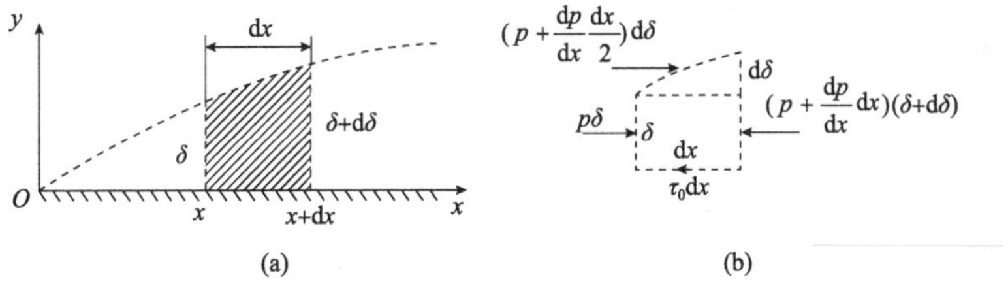

图7－8　边界层内的控制体

$$dF_x = p\delta - \left(p + \frac{dp}{dx}dx\right)(\delta + d\delta) + \left(p + \frac{1}{2}\frac{dp}{dx}dx\right)d\delta - \tau_0 dx \tag{a}$$

式中 τ_0 是壁面切应力。略去上式中的二阶小量，可得：

$$dF_x = -\left(\delta\frac{dp}{dx} + \tau_0\right)dx \tag{b}$$

对控制体，在 x 方向上，单位时间内流体从 x 处截面输入控制体的动量为：

$$\int_0^\delta \rho u^2 dy \tag{c}$$

单位时间内从 $x + dx$ 处截面输出控制体的动量为：

$$\int_0^\delta \rho u^2 dy + \frac{d}{dx}\left(\int_0^\delta \rho u^2 dy\right)dx \tag{d}$$

设 u_m 和 v_m 分别为边界层外边界上流体速度在 x 和 y 方向的分量，则从外边界进入控制体的质量流量为$(\rho_m u_m d\delta - \rho_m v_m dx)$，因此单位时间内从外边界输入控制体的 x 方向动量为 $u_m(\rho_m u_m d\delta - \rho_m v_m dx)$。

故 x 方向的动量方程为：

$$-\left(\delta\frac{dp}{dx} + \tau_0\right)dx = \frac{d}{dx}\left(\int_0^\delta \rho u^2 dy\right)dx + u_m\rho_m(v_m dx - u_m d\delta) \tag{e}$$

在所选控制体上写出连续方程有：

$$(\rho_m u_m d\delta - \rho_m v_m dx) = \frac{d}{dx}\left(\int_0^\delta \rho u dy\right)dx \tag{f}$$

将上式代入式(e)，可得：

$$-\delta\frac{dp}{dx} - \tau_0 = \frac{d}{dx}\left(\int_0^\delta \rho u^2 dy\right) - u_m\frac{d}{dx}\left(\int_0^\delta \rho u dy\right) \tag{7-9}$$

式(7-9)即是冯·卡门于1921年推导出的边界层动量积分方程的一般形式，适用于各种壁面形状的层流或湍流边界层。

一般情况下，对于绕平板的稳态不可压缩流动，当利用式(7-8)来确定边界层厚度时，应注意以下几点：

①x 方向的压力梯度 dp/dx，取边界层外边界上外流（即势流）的值。

②对于平板来说，边界层外边界上的速度 u_m 等于来流速度 u_0。

③假定一个合理的速度分布，通常认为沿 y 方向的速度分布曲线在任意 x 处类似，即认为 u 是 y/δ 的函数。

④根据牛顿剪切定律，用 $\mu(\partial u/\partial y)_{y=0}$ 代替 τ_0。

特别地，如果 $dp/dx=0$，u_m 为常数，则上式可改写为：

$$-\tau_0 = \frac{d}{dx}\left(\int_0^\delta \rho(u^2 - u_m u)dy\right)$$

将动量损失厚度代入后有：

$$\frac{d\delta_m}{x}=\frac{\tau_0}{\rho u_m^2} \tag{7-10}$$

7.3.3 平板层流边界层的精确解

1908 年，普朗特的学生布拉修斯(Blasius)发表了半无穷长平板层流边界的精确解。

如图 7-9 所示，设在平板前方未受扰动的流动速度为均匀流速度 v_∞，其方向与平板相切，其速度分布为 $v_x=v_\infty$，$v_y=0$，即沿平板的速度为常量 v_∞，由于外流为平行直线等速流动，由伯努利方程可知，压力沿流动方向不变，所以边界层外边界上 p 为定值，即 $dp/dx=0$，代入普朗特边界层方程，于是边界层方程呈如下形式：

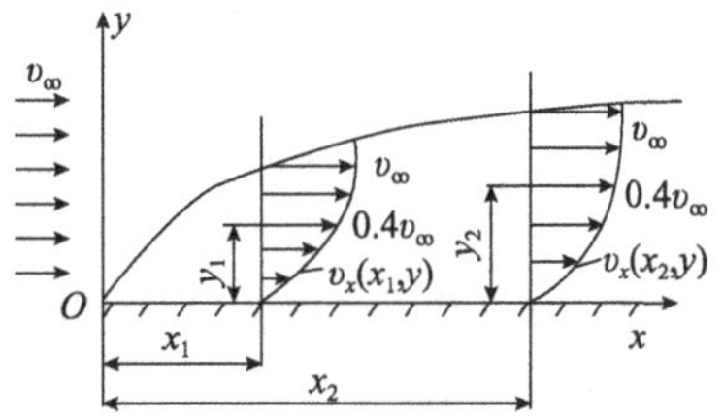

图 7-9 平板层流边界层

$$\begin{cases}\dfrac{\partial v_x}{\partial x}+\dfrac{\partial v_y}{\partial y}=0\\[2ex] v_x\dfrac{\partial v_x}{\partial x}+v_y\dfrac{\partial v_y}{\partial y}=\gamma\dfrac{\partial^2 v_x}{\partial y^2}\end{cases}$$

这个方程包含两个未知函数 $v_x(x, y)$ 与 $v_y(x, y)$，为抛物型偏微分方程，通过平面流动的流函数 $\psi(x, y)$ 与 v_x、v_y 的关系，方程中的第二个式子可写成只含一个未知数 ψ 的方程，即：

$$\frac{\partial\psi}{\partial y}\frac{\partial^2\psi}{\partial x\partial y}-\frac{\partial\psi}{\partial x}\frac{\partial^2\psi}{\partial y^2}=\gamma\frac{\partial^3\psi}{\partial y^3} \tag{a}$$

式(a)在 20 世纪初首先由布拉修斯用一种“相似性解法”求出了解析解。先讨论一下这个相似性解法是怎样一个概念。设在边界层中 $x=x_1$ 与 $y=y_1$ 处速度 $v_x=0.4v_\infty$。可见，在 $x=x_2$ 处的边界层内必有一点 $y=y_2$ 处的速度也会达到势流速度 v_∞ 的 0.4 倍。换句话说，如果定义一个无量纲坐标 η，则：

$$\eta=\alpha\frac{y}{x^n}$$

式中，α 为一待定常数，它可使 η 成为无量纲数，n 也为一待定常数，则：

$$\frac{y_1}{x_1^n}=\frac{y_2}{x_2^n} \text{ 或 } \eta_1=\eta_2$$

当 η 为某一常数值时，应有 $v_x(x_1, y_1)=v_x(x_2, y_2)$，或 v_x/v_∞ 为某一常数值。即不管在平板何处(不同的 x)，也不管在边界层中的何处(不同的 y)，只要由 x 与 y 组成的一个无量纲数 $\eta=\alpha\dfrac{y}{x^n}=\text{const}$，就应有唯一的一个$\dfrac{v_x(x, y)}{v_\infty}=\text{const}$ 和

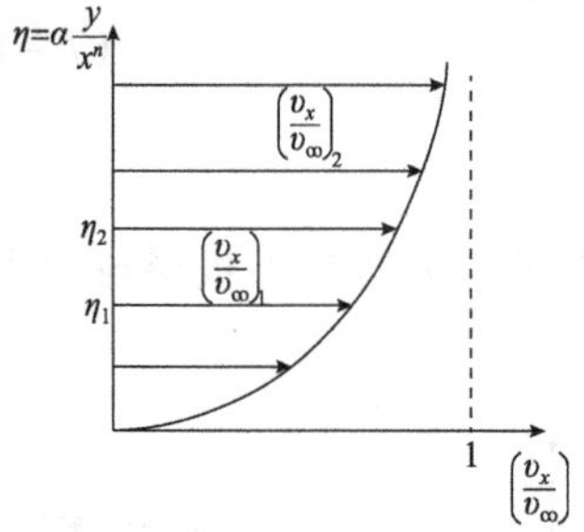

图 7－10　边界层中的相似速度剖面

它相对应。如图 7－10 所示，在平板的各处都有相似的速度分布形式或速度剖面。这就是相似性解法的概念。

现在再定义一个以 η 为自变量的无量纲函数，它和要求解的边界层流动的流函数 $\psi(x, y)$ 有下列关系：

$$f(\eta)=\beta_1\psi(x, y)$$

或
$$\psi(x, y)=\frac{1}{\beta_1}f(\eta)$$

式中 β_1 为一待定系数。这个以 η 为自变量的无量纲函数叫无量纲流函数。根据相似性解法的概念，当 $\eta=\text{const}$ 时，应有：

$$v_x=\frac{\partial\psi}{\partial y}=\frac{1}{\beta_1}f(\eta)\frac{\alpha}{x^n}=\text{const}$$

在上式中欲使 v_x 为常数而和 x 无关，就必须使 $\beta_1=1/(\beta x^n)$，于是无量纲流函数就成为：

$$f(\eta)=\frac{1}{\beta x^n}\psi(x, y)\text{ 或 }\quad\psi(x, y)=\beta x^n f(\eta)$$

式中 β 仍是一个待定的常数系数，且它应使 $f(\eta)$ 成为无量纲数。

如果能建立一个符合相似性解法概念来求解 $f(\eta)$ 的方程，再确定出 n、α、β 三个待定系数，则边界层流动的流函数就可得到，速度 $v_x(x, y)$、$v_y(x, y)$ 即可随之求得。建立这一方程的根据只能是已给出的流函数形式的边界层方程。为此，先写出此方程各项与 $f(\eta)$、η 的关系如下：

$$\frac{\partial\psi}{\partial x}=\beta\left[nx^{n-a}f+x^2f'\left(-\alpha ny\frac{1}{x^{n+1}}\right)\right]=\beta nx^{n-1}(f-\eta f') \tag{7-11a}$$

$$\frac{\partial\psi}{\partial y}=\beta x^n f'\frac{\alpha}{x^n}=\beta\alpha f' \tag{7-11b}$$

$$\frac{\partial^2\psi}{\partial y^2}=\beta\alpha f''\frac{\alpha}{x^n}=\beta\frac{\alpha^2}{x^n}f'' \tag{7-11c}$$

$$\frac{\partial^3\psi}{\partial x^3}=\beta\frac{\alpha^3}{x^{2n}}f''' \tag{7-11d}$$

$$\frac{\partial^2\psi}{\partial x\partial y}=\beta\alpha f''\left(-\alpha ny\frac{1}{x^{n+1}}\right)=-\beta\frac{na}{x}\eta f'' \tag{7-11e}$$

将上面各式代入式(7－11a)可得：

$$-\beta\frac{n\alpha^2}{x}(n f'f''+ff''-\eta f'f'')=\gamma\beta\frac{\alpha^3}{x^{2n}}f'''$$

整理后得：

$$f''' + \frac{\beta n x^{2n-1}}{\gamma\alpha} f f'' = 0 \tag{7-12a}$$

根据相似解的概念，这个方程应为以 η 为自变量的求解 $f(\eta)$ 的常微分方程。如果在此方程中明显出现变量 x 或 y，则它就不是 $f(\eta)$ 的常微分方程，也就不会有相似解。出于这样的判断，在方程中的待定数 n 就必须等于 1/2。这时式(7－12a)变成：

$$f''' + \frac{\beta}{2\gamma\alpha} f f'' = 0 \tag{7-12b}$$

无量纲自变量即为：

$$\eta = \alpha \frac{y}{\sqrt{x}}$$

欲使 η 成为无量纲数，在上式中的待定系数 α 即应取与 $y/\sqrt{x}$ 的量纲成倒数的某个由某些流场特征量组成的数。若取 $\alpha = \sqrt{v_\infty/\gamma}$，则正好满足上述要求。于是有：

$$\eta = y \Big/ \sqrt{\frac{\gamma x}{v_\infty}}$$

再来确定待定系数 β，由前述的 $\psi(x,\ y) = \beta\sqrt{x} f(\eta)$ 可知，欲使 $f(\eta)$ 成为无量纲，$\beta\sqrt{x}$ 的量纲应与 $\psi(x,\ y)$ 的量纲一样。ψ 的量纲是 L^2/T，$\sqrt{x}$ 的是 $L^{1/2}$，故 β 应是 $L^{3/2}/T$。此外 β 也须由流场的特征量组成。可发现取 $\beta = \sqrt{\gamma v_\infty}$ 则正合适，于是有：

$$\psi(x,\ y) = \sqrt{\gamma v_\infty x} f(\eta)$$

把上面已确定的 α 与 β 代入式(7－11b)后得：

$$f''' + \frac{1}{2} f f'' = 0 \tag{7-12c}$$

这就是求解无量纲流函数 $f(\eta)$ 的常微分方程。它是一个三阶非线性方程，很难用解析法求解，只好求助于数值法。

求解方程所需的边界条件：在考虑了式(7－10)后，边界条件应是当 $y=0$ 或 $\eta=0$ 时，有：

$$v_x(x,\ 0) = (\partial\psi/\partial y)_{y=0} = (\beta\alpha f')_{\eta=0} = 0$$

$$v_y(x,\ 0) = (-\partial\psi/\partial x)_{y=0} = -\beta\left[n x^{n-1}(f - \eta f')\right]_{\eta=0} = 0$$

所以有：

$$f'(0) = 0 \text{ 与 } f(0) = 0$$

当 $y\to\infty$ 或 $\eta\to\infty$ 时，应有 $v_x(x,\ y)_{y\to\infty} = (\beta\alpha f')_{\eta\to\infty} = v_\infty$

所以有：

$$f'(\eta)_{\eta\to\infty} = v_\infty/(\beta\alpha) = 1$$

方程($f''' + \frac{1}{2}ff'' = 0$)在边界条件 $f'(0)=0$ 与 $f(0)=0$ 和 $f'(\eta)_{\eta\to\infty} = v_\infty/(\beta\alpha) = 1$ 下的数值解如表 7－1 所示。

表 7－1　平板边界层的相似解

η	$f' = v_x/v_\infty$	η	$f' = v_x/v_\infty$	η	$f' = v_x/v_\infty$	η	$f' = v_x/v_\infty$
0	0	1.6	0.5168	3.2	0.8761	4.8	0.9878
0.2	0.0664	1.8	0.5748	3.4	0.9018	5.0	0.9915
0.4	0.1328	2.0	0.6298	3.6	0.9233	5.2	0.9942
0.6	0.1989	2.2	0.6813	3.8	0.9411	5.4	0.9962
0.8	0.2647	2.4	0.7290	4.0	0.9555	5.6	0.9975
1.0	0.3298	2.6	0.7725	4.2	0.9670	5.8	0.9984
1.2	0.3938	2.8	0.8115	4.4	0.9759	6.0	0.9990
1.4	0.4563	3.0	0.8460	4.6	0.9827	7.0	0.9999

平板上某点 x 处黏性摩擦力为：

$$\tau_0(x) = \mu\left(\frac{\partial v_x}{\partial y}\right)_{y=0} = \mu\left(\frac{\partial^2\psi}{\partial y^2}\right)_{y=0} = \mu\sqrt{\frac{v_\infty^3}{\gamma x}}f''(0) \tag{7-13a}$$

根据表 7－1 可得：

$$f''(0) = \frac{f'(0.2) - f'(0)}{0.2} = 0.332$$

所以：

$$\tau_0(x) = 0.332\mu\sqrt{\frac{v_\infty^3}{\gamma x}} = 0.332\sqrt{\frac{\mu\rho v_\infty^3}{x}} \tag{7-13b}$$

切应力系数：$C_f = \dfrac{\tau_0(x)}{\frac{1}{2}\rho v_\infty^2} = 0.664/\sqrt{\dfrac{v_\infty x}{\gamma}} = 0.664/\sqrt{R_{ex}}$

流体作用于平板一段($0\sim x$)上的力为：

$$F_D = \int_0^x \tau_0(\zeta)\mathrm{d}\zeta = \int_0^x 0.332\sqrt{\frac{\mu\rho v_\infty^3}{\zeta}}\mathrm{d}\zeta = 0.664\sqrt{\mu\rho v_\infty^3 x} \tag{7-14}$$

阻力系数为：

$$C_D = \frac{F_D}{\frac{1}{2}\rho v_\infty^2 x} = 1.328/\sqrt{\frac{v_\infty x}{\gamma}} = 1.328/\sqrt{Re_x} \tag{7-15}$$

由表 7－1 发现，当 $\eta = 5.0$ 时，$f' = v_x/v_\infty \approx 0.99$，即 $\eta = 5.0$ 对应的是边界层的外边界。

故有：

$$\eta = \left[\frac{y}{\sqrt{\frac{\gamma x}{v_\infty}}}\right]_{y=\delta} = 5.0$$

所以：
$$\delta = 5.0\sqrt{\frac{\gamma x}{v_\infty}}$$

或
$$\frac{\delta}{x} = 5.0/\sqrt{Re_x}$$

其排挤厚度和动量损失厚度为：

$$\frac{\delta^*}{x} = 1.72/\sqrt{Re_x},\ \frac{\delta^{**}}{x} = 0.664/\sqrt{Re_x}, \tag{7-16}$$

可见 $\delta^{**} < \delta^* < \delta$。

7.4　边界层分离

在实际工程中，物体的边界往往是曲面(流线型或非流线型物体)。当流体绕流非流线型物体时，或流线型物体在非流线切线进入的情况下流动时，物面上的边界层在某个位置开始脱离物面，并在物面附近出现与主流方向相反的回流，这种现象为边界层分离现象，如图 7－11 所示。

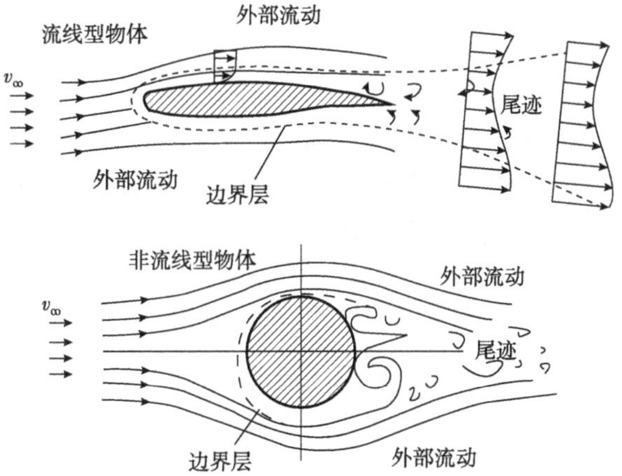

图 7－11　边界层分离现象

发生边界层分离的物理原因之一是有逆压力梯度存在。如图 7－12 所示，流体流经曲面物体，采用正交曲线坐标系，坐标原点取在前一驻点，x 轴沿物面选取，y 轴与物面垂直，图 7－12 中虚线表示曲壁边界层的外边界，假定各处壁面的曲率半径与边界层厚度相比很大，当流体绕曲面流动时，边界层之外的流动可视为理想流体势流，边界层内 $\frac{\partial p}{\partial y} \approx 0$。

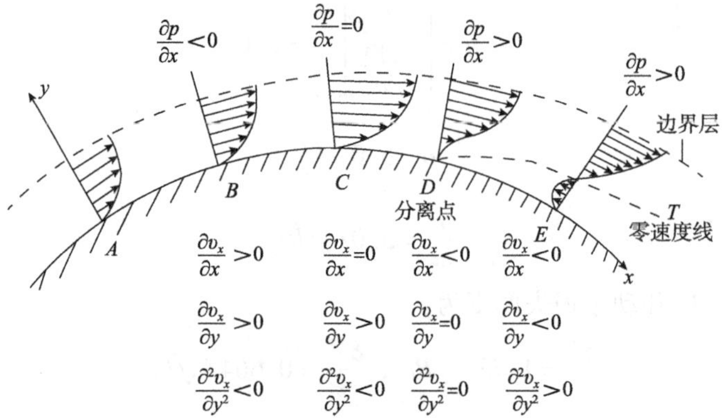

图 7－12　边界层分离

(1)外部势流

对于外部势流，C 点的左半部分流动是加速的，在 C 点处流速达到最大值，该处的压强达到最小值。因此，可以说，在边界层外的势流在绕过任何物体时先出现压强下降阶段，当压强达到最低点 C 后，其压强又开始上升，即势流中压力梯度 $\mathrm{d}p/\mathrm{d}x$ 从小于零到等于零再到大于零。

(2)边界层内

①顺压梯度区(即 $A-C$ 段)。

压强梯度为负值，因此作用在边界层内流体质点上压力的合力与流动方向一致，它与边界层内阻滞流动的黏性起着相反的作用。在降压区 $\mathrm{d}p/\mathrm{d}x<0$，速度 $v_x(x, y)$ 由表面处的零增大到边界层外边界处的势流速度，在表面处有 $\mathrm{d}v_x/\mathrm{d}y>0$，此速度分布应满足边界层方程。

$$\boldsymbol{v}_x\frac{\partial \boldsymbol{v}_x}{\partial x}+\boldsymbol{v}_y\frac{\partial \boldsymbol{v}_x}{\partial y}=-\frac{1}{\rho}\frac{\mathrm{d}p}{\mathrm{d}x}+\gamma\frac{\partial^2\boldsymbol{v}_x}{\partial y^2}\tag{a}$$

在物体表面 $y=0$ 处应有 $\boldsymbol{v}_x=\boldsymbol{v}_y=0$，于是有：

$$\left(\frac{\partial^2\boldsymbol{v}_x}{\partial y^2}\right)_{y=0}=\frac{1}{\mu}\frac{\mathrm{d}p}{\mathrm{d}x}\tag{b}$$

降压区中 $\mathrm{d}p/\mathrm{d}x<0$，所以 $\left(\frac{\partial^2\boldsymbol{v}_x}{\partial y^2}\right)_{y=0}<0$，说明速度分布曲线 $\boldsymbol{v}_x(x, y)$ 在表面处的曲率为负，即曲线向流动方向凸出。在降压区中，边界层内流动具有下列特点：

$$\frac{\mathrm{d}p}{\mathrm{d}x}<0,\quad \frac{\partial\boldsymbol{v}_x}{\partial x}>0,\ \frac{\partial\boldsymbol{v}_x}{\partial y}\bigg|_{y=0}>0,\quad \frac{\partial^2\boldsymbol{v}_x}{\partial y^2}\bigg|_{y=0}<0,\tag{c}$$

这表明边界层内的流体不但是全部沿流动方向前进，而且速度剖面在流动方向上呈凸形，流体质点沿曲面前进不会停滞，也不会发生边界层分离现象。

②压强梯度零点(即 C 点)。

C 点处 $\mathrm{d}p/\mathrm{d}x=0$，该点处在最大迎流面宽度(即流道面积最小)附近，该处边界层外缘速度最大，压强最低且是压强变化的转折点。在 C 点处 $\mathrm{d}p/\mathrm{d}x=0$，仍有$\frac{\partial v_x}{\partial y}>0$，但 $\partial^2 v_x/\partial y^2=0$，即在点 C 处速度分布曲线有一拐点。

$$\frac{\mathrm{d}p}{\mathrm{d}x}=0,\qquad \frac{\partial v_x}{\partial x}=0,\qquad \frac{\partial v_x}{\partial y}\Big|_{y=0}>0,\qquad \frac{\partial^2 v_x}{\partial y^2}\Big|_{y=0}<0, \tag{d}$$

这表明在壁面上 C 点处，速度剖面出现拐点。

③逆压梯度区(即 $C-E$ 段)。

在这个区域内，物体壁面下降，边界层外势流通道逐渐加宽，流速下降，边界层外缘区的流速逐渐减小，压强渐增。在 $C-D$ 段，由于$\frac{\mathrm{d}p}{\mathrm{d}x}>0$，所以$\frac{\partial^2 v_x}{\partial y^2}\Big|_{y=0}<0$，速度分布曲线内凹，向势流的反方向凸出，沿流动方向曲率逐渐增大，拐点上升，这说明正的压强梯度使边界层内的流体在向下游运动时受到了阻力，到下游的某处 D，流体的动能已不足以维持其继续向下游流动，而使$\frac{\partial v_x}{\partial y}=0$，即速度分布曲线与 y 轴相切。在点 D 之后反向压差将使边界层内流体产生反向速度，在物体表面与边界层之间形成一道流层，将边界层排挤向势流区，这就是边界层分离现象。

边界层 C 点附近流动的特点：

$$\frac{\mathrm{d}p}{\mathrm{d}x}>0,\qquad \frac{\partial^2 v_x}{\partial y^2}\Big|_{y=0}<0,\qquad \frac{\partial v_x}{\partial y}\Big|_{y=0}>0, \tag{e}$$

边界层 D 点附近流动特点：

$$\frac{\partial p}{\partial x}>0,\qquad \frac{\partial v_x}{\partial y}=0,\qquad \frac{\partial^2 v_x}{\partial y^2}\Big|_{y=0}=0, \tag{f}$$

边界层 E 点附近流动特点：

$$\frac{\partial p}{\partial x}>0,\qquad \frac{\partial v_x}{\partial y}<0,\qquad \frac{\partial^2 v_x}{\partial y^2}\Big|_{y=0}>0, \tag{g}$$

因此可以看出，在顺压区和逆压区开始区段，壁面处的速度梯度始终大于零，即$\frac{\partial v_x}{\partial y}\Big|_{y=0}>0$，但在逆压区，由于边界层外的主流减速，才使得边界层内$\frac{\partial v_x}{\partial x}<0$，虽然在开始区段$\frac{\partial v_x}{\partial y}\Big|_{y=0}>0$，但却是逐渐减小的，故有可能在某个位置上出现$\frac{\partial v_x}{\partial y}\Big|_{y=0}=0$，即图中 D 点，称为边界层的分离点，显然，在分离点处 $\tau=0$。

④分离区。

在分离点以后，壁面附近被黏性和逆压梯度滞止的流体质点逐渐增多，压强的进一步升高将使被滞止的流体质点发生回流，排挤上游来流，使边界层与壁面分离。图中的 DT 线上的一系列流体质点速度等于零，成为顺流与回流的分界面，该分界面极不稳定，稍经扰动便破裂形成旋涡被主流带走。这样，分离点后的旋涡不断地产生，又不断地被主流带走，在绕流物体的尾部便形成了尾涡区。

边界层分离点以后的区域已不属于边界层区域，而分离点下游物面上的流动也不再具备边界层流动的特点。

从物理上讲，在边界层内由于流体的黏性必然产生能量耗散。设想如果不能连续地向边界层内提供能量，则边界层内流体的动能将很快被耗掉，流动就会滞止。边界层之所以能够维持，其根本原因在于有一部分主流区的流体不断地进入边界层中，给边界层中的流体输入新的动能。在顺压梯度区，由于顺压差和层外势流的加速，使得边界层内的流体不会出现滞止现象。但在逆压梯度区，逆压差和层外势流的减速使得边界层中的流动减速，而近壁处流动的动能也越来越小，故在黏性和逆压梯度的双重作用下，流体质点可能首先在壁面某处被滞止。因此，可以说逆压梯度越大，则越易产生边界层分离，在逆压梯度区足够长时，最终必将发生边界层分离，而在绕流物体的尾部形成尾涡区。

综上所述，可得如下结论：黏性流体在顺压梯度区流动(降压加速流动)时，绝不会出现边界层分离。在逆压梯度区流动(升压减速流动)时，在黏性滞止和逆压梯度的共同作用下才有可能出现边界层分离。尤其是在逆压梯度足够大或逆压梯度区足够长的情况下，就一定会发生边界层分离。

7.5 绕流阻力

(1)理想流体

对于理想流体绕物流动(以圆柱面为例)，在前驻点压强达到最大值，随着绕物流动过程的进行，流速渐大，动压增大，静压降低，到达 $\pi/2$ 处，动压达到最大，静压最低，随后动压降低，静压增大，到达后驻点，压强达到最大值与前驻点压强相等。因此，在圆柱面上受到的液体压强分布是完全对称的，故在圆柱面上，既无平行于来流方向的阻力作用，也无垂直于来流方向的升力作用，如图 7-13 所示。

(2)黏性流体绕物流动

对于实际流体，由于黏性的原因，流体绕物时，在紧靠物体壁面处，由于黏附作用使流体具有法向速度梯度，因此，便有摩擦切向阻力作用于被绕流物体上。这样流体的能量耗散会使得在柱面某处发生边界层分离而在柱体后的背流面形成尾涡区，致使背流面的压强得不到恢复，从而破坏了圆柱面上压强分布的对称性而形成绕流阻力。

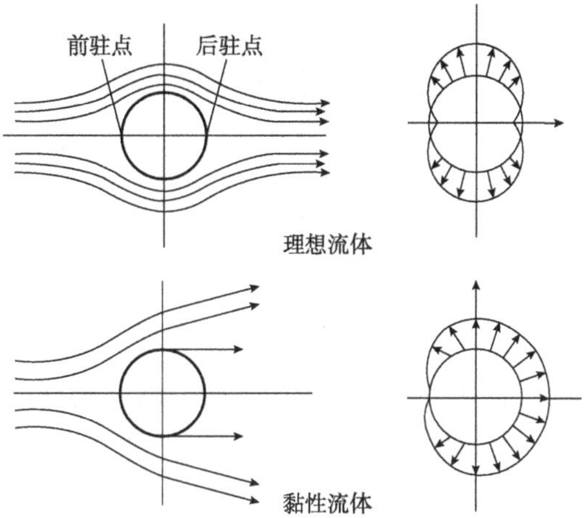

图7－13 流体绕圆柱体流动

(3)黏性对绕物流动的影响

黏性对绕物流动的影响有两个结果：一是黏性流体对物面的切应力作用，切应力存在于边界层内；二是边界层分离对物面法向应力分布产生影响。边界层分离的根本原因是黏性的存在，在边界层分离以后，外部势流流物场被推离绕流体后部物面。由绕流物体前后压强不对称分布而形成的合力，称为压差阻力(形状阻力)。在一确定的绕流场中，引起边界层分离的直接原因是存在逆压梯度，而决定逆压梯度大小的唯一因素是物体形状。

(4)绕物流动阻力

①摩擦阻力：摩擦阻力是黏性直接作用的结果。当黏性流体绕物体流动时，流体对物体表面作用有切应力，由切应力产生摩擦阻力。所以摩擦阻力是作用在物体表面的切应力在流动方向上分力的总和。

②压差阻力：压差阻力是黏性间接作用的结果。当黏性流体绕物流动时，如果边界层在压强升高的区域内发生分离或产生旋涡，在分离点后的回流区(旋涡区)中压强迅速下降，低于通流面的压强，形成了作用于绕流物体上指向下游的压差阻力。而旋涡所携带的能量也将在整个尾涡区中被消耗变成热，最后散逸掉。

(5)绕流阻力

当黏性流体绕流物体时，物体总是受到压力和摩擦力的作用。作用在整个物体表面上的压力和摩擦力的合力 F 可分解为两个力，来流 v_∞ 方向上的分力 F_D 和垂直来流 v_∞ 方向上的力 F_L。其中 F_D 与物体运动方向相反，是阻碍物体运动的力，称为绕流阻力，F_L 为绕流升力，即：

$$F = F_D + F_L \tag{7-17}$$

绕流阻力：

$$F_D = F_\mu + F_P \tag{7-18}$$

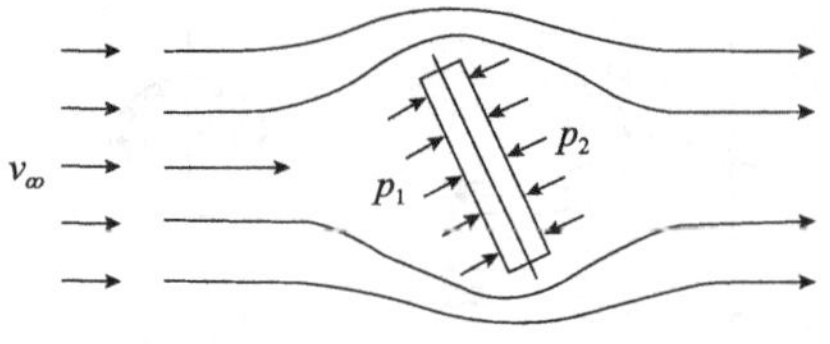

图 7－14　流体绕流流动

式中，F_μ 为摩擦阻力，F_P 为压差阻力，F_μ 是指物体表面切应力在来流方向的总和，F_P 是由物体表面的压力差所引起的合力在来流方向上的分量，如图 7－14 所示。

总阻力：

$$F_D = C_D \cdot A_D \cdot \rho \frac{v_\infty^2}{2} \tag{7-19}$$

式中，A_D 为物体在来流方向上与流体的接触面积。对于圆柱体，A_D 是圆柱体单位长度上的接触面积，即是圆柱体直径 D，$A_D = D \times 1$，对应的阻力 F_D 亦为单位长度圆柱体的总阻力；对于球体，$A_D = \frac{\pi d^2}{4}$，其中 d 为球体直径；C_D 为总阻力系数。

(6) 阻力系数 C_D

①圆柱体的阻力系数。

$Re \leqslant 1$ 时，奥森公式：

$$C_D = \frac{8\pi}{[-0.0772 + \ln(8/Re)]Re} \tag{7-20}$$

$1 < Re \leqslant 2 \times 10^5$，怀特公式：

$$C_D = 1 + 10\,Re^{-2/3} \tag{7-21}$$

通过大量实验得到绕圆柱体流动的绕流阻力系数 C_D 是雷诺数 Re 的函数。它们之间关系可由 $C_D - Re$ 关系图查出，如图 7－15 所示。

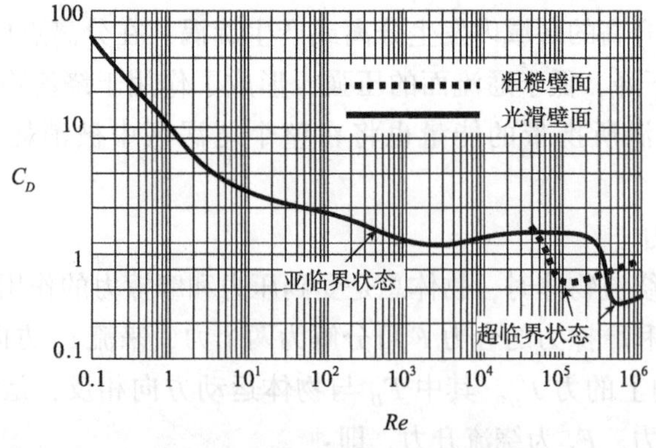

图 7－15　圆柱体绕流阻力系数 C_D 与雷诺数 Re 的关系

在 $Re = 1.9 \times 10^5$ 处，阻力系数 C_D 骤然下降，而在 $Re = 6.7 \times 10^5$ 处，阻力系数开始明显回升，阻力系数骤然下降点称为临界点，临界点以前的状态是亚临界状态；临界点以后，$Re > 6.7 \times 10^5$ 的状态是超临界状态。

②球体的阻力系数。

定义流体绕球体或颗粒流动的雷诺数 $Re = ud/\gamma$，其中 d 为球体或颗粒直径。

当 $Re < 2$ 时，流体有对称性，属于斯托克斯(Stokes)流区域。

在 $2 < Re < 20$ 的条件下，边界层处于层流状态，无分离现象，且随着雷诺数的增大，迎流面的边界层与背流面出现不对称；其中，当 $Re = 10$ 时，不对称已很明显，这时球的阻力主要为摩擦阻力。当 $Re \approx 20$ 时，背流面出现边界层分离，产生有旋涡的尾迹流。

当 $20 < Re < 130$ 时，产生的尾迹流中旋涡较稳定，边界层仍保持层流状态。这时球的阻力由摩擦阻力和压差阻力两部分组成，且大小相当。

当 $130 < Re < 400$ 时，尾迹区的旋涡从球面脱落，尾迹区的流动呈稳定状态。其中在 $Re > 270$ 条件下，尾迹区为湍流状态。阻力以压差阻力为主。

当 $400 < Re < 3 \times 10^5$ 时，球体绕流与圆柱体绕流情况类似，表现出大雷诺数的绕流特征。在 $Re > 3 \times 10^5$ 条件下，边界层内的流动逐渐向湍流过渡。在这两种情况下，总阻力约等于压差阻力。

根据实验得出绕球体的阻力系数 C_D 随雷诺数的变化如图 7－16 所示。

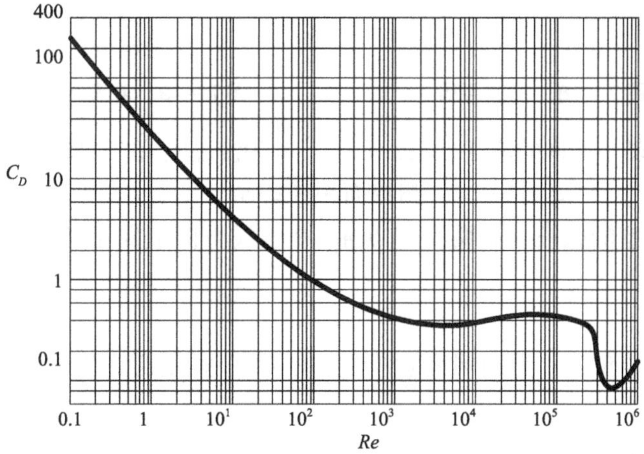

图 7－16　球体绕流阻力系数 C_D 与雷诺数 Re 的关系

7.6　绕翼型流动

(1)绕翼型流动特征

①当无穷远处速度为 v_∞ 的空气流接近翼型并接着绕过它时，翼型受到与气流方向垂直的升力、沿流动方向的推力(对气流而言为阻力)和气动力矩的作用，如图 7－17 所示。α 表示攻角，它是几何翼弦与无穷远束流方向的夹角。当几何攻角为零时，一般的翼型常受升力作用。只有当几何攻角为某一负值时，升力才为零，此时的攻角称为零升力攻角，用 α_0 表示。

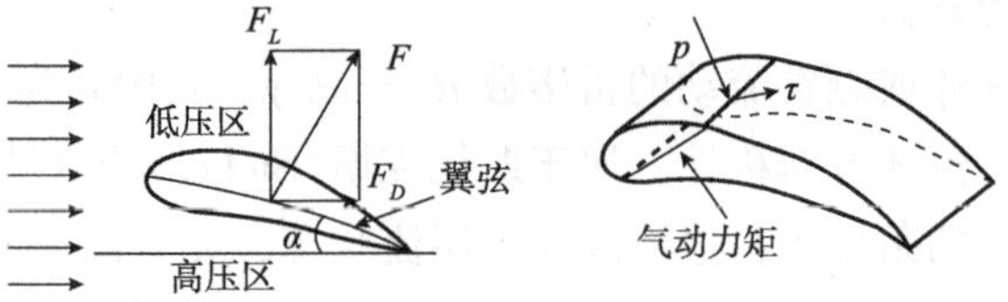

图 7－17　作用在翼叶上的力

②空气动力翼弦：过后缘的零升力束流方向的直线称为绕翼型的空气动力翼弦或气动翼弦。当翼型旋转时，其特征如图 7－18、图 7－19 所示。

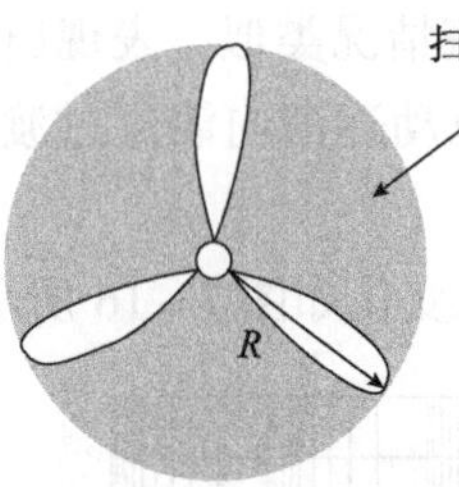

图 7－18　扫掠面积

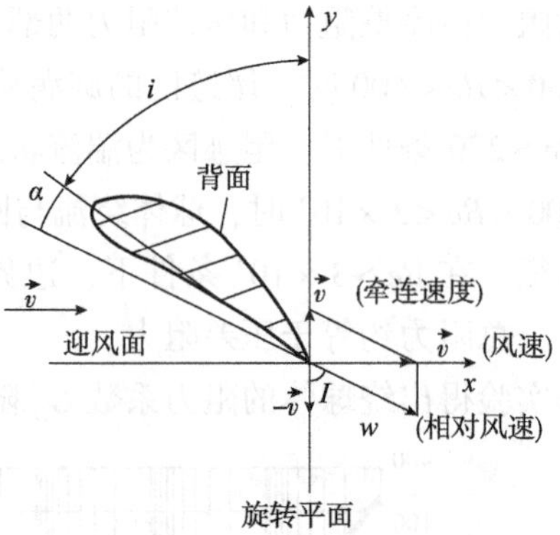

图 7－19　叶素特性

叶素在旋转平面内的速度 $v=2\pi rn=\omega r$，v 为流过风轮的轴向速度，ω 为角速度。

$$\text{扫掠面积}\ S=\pi R^2$$

式中，R 为翼型的弦长，是两个端点 A、B 连线方向上翼型的最大长度；S 为风轮的扫掠面积。

$$I=\alpha+i$$

式中，i 为安装角；α 为迎风角（翼弦与相对风速所成的角），又称攻角；I 为倾角。

(2)翼型受力分析

当气流绕过翼型时，在翼型表面上每点都作用有压强 p（垂直于翼面）和摩擦切应力 τ（与翼面相切），它们将产生一个合力 F（翼型总动力）。翼型与气流方向形成攻角 α，由于翼型上方气流速度大于下方气流速度，因此翼型上、下方所受的压力也不同，下方压力大于上方压力。总的合力 F 方向垂直于板面，合力的作用点称为压力中心。此力可分解为两个力：一个分力 F_L 与气流方向垂直，它使翼型上升，称为气动升力；另一个分力 F_D 与气流方向相同，称为气动阻力。

$$F=\sqrt{F_L^2+F_D^2} \tag{7-22}$$

升力是使风力机有效工作的力，而阻力则形成对风轮的正面压力，为了风力机很好地工作，所以需要叶片具有特定的翼型断面，使其能得到最大的升力和最小的阻力。

风吹过叶片时，叶片所受的空气动力，其上表面压力为负，下表面压力为正，合力为：

$$F=\frac{1}{2}\rho CSv^2 \tag{7-23}$$

式中 C 为总的气动力系数。

此时，气动升力和气动阻力分别为：

$$F_L=\frac{1}{2}\rho C_L Sv^2 \tag{7-24}$$

$$F_D=\frac{1}{2}\rho C_D Sv^2 \tag{7-25}$$

式中，C_L 和 C_D 分别是翼型的升力系数和阻力系数，因为 F_L 和 F_D 互相垂直，所以 $F^2=F_L{}^2+F_D{}^2$，且 $C^2=C_L{}^2+C_D{}^2$。某翼型的升力系数和阻力系数与攻角的变化曲线如图7－20、图7－21所示，$C_D-\alpha$ 和 $C_L-\alpha$ 曲线与翼型有关。将 C_D 和 C_L 表示成对应变化关系，称为埃菲尔极线(Eiffel polaor)，如图7－22所示。

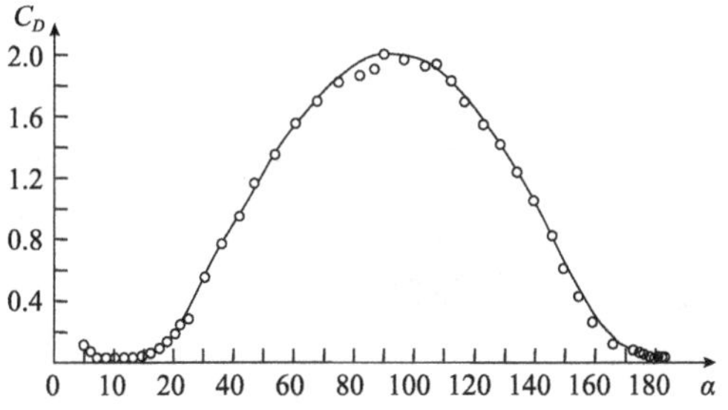

图7－20　阻力系数与攻角关系曲线

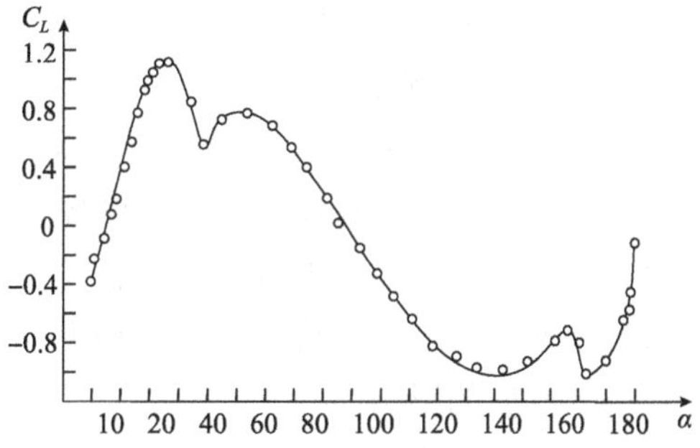

图7－21　升力系数与攻角关系曲线

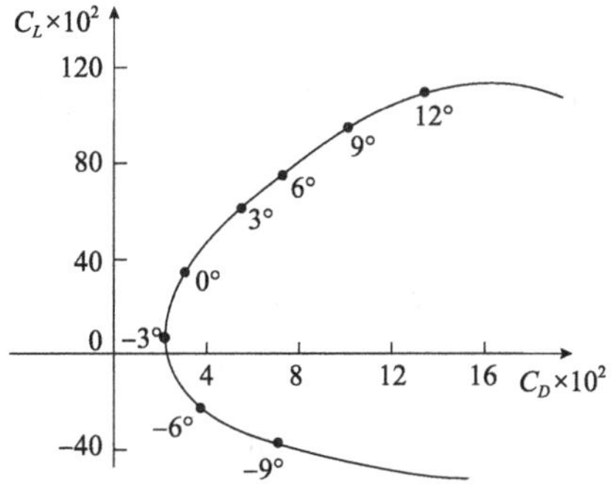

图7－22　阻力系数与升力系数关系曲线

(3)升阻比

升力与阻力之比称为翼型的升阻比，即：

$$\frac{F_L}{F_D}=\frac{C_L}{C_D} \tag{7-26}$$

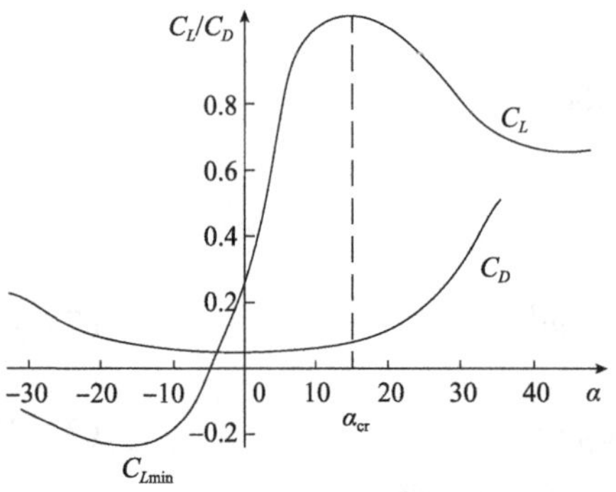

图7-23　桨叶的升力和阻力系数

升力随攻角 α 的增加而增加，阻力随攻角 α 的增加而减小，当攻角增加到某一临界值 α_{cr}时，升力突然减小，而阻力急剧增加，此时风轮叶片突然丧失支持力，这种现象叫失速。

在负攻角时，升力系数随负角的增加而减小，达到最小值 $C_{L\min}$，阻力系数随负角的减小而降低，对于不同翼型叶片其都能对应一个最小值，而后随攻角的增大而增大，如图7-23所示。

(4)影响升力和阻力的参数

①攻角的影响。

攻角 α 对 C_D 和 C_L 的影响如图7-20、图7-21所示。

②弯度的影响。

翼型的弯度加大后，导致下弧流速差加大，从而使压力差加大，故升力增加；与此同时，上弧流速加大，摩擦阻力上升，并且由于迎流面积加大，故压差阻力加大，导致阻力上升。因此，同一攻角时，随着弯度增加，其升力、阻力都将显著增加，但阻力比升力的增加更快，使升阻比有所下降。

③厚度的影响。

翼型弯度增加后，其影响与弯度类似。同一弯度的翼型，厚度增加时，对应于同一攻角的升力有所提高，但对应于同一升力的阻力也较大，使升阻比有所下降。

④前缘的影响。

试验表明，当翼型的前缘抬高时，在负攻角情况下阻力变化不大；前缘低垂时，则在负攻角情况下会导致阻力迅速增加。

⑤表面粗糙度和雷诺数的影响。

表面粗糙度和雷诺数对桨叶空气动力特性有着重要影响，如图7-24所示。

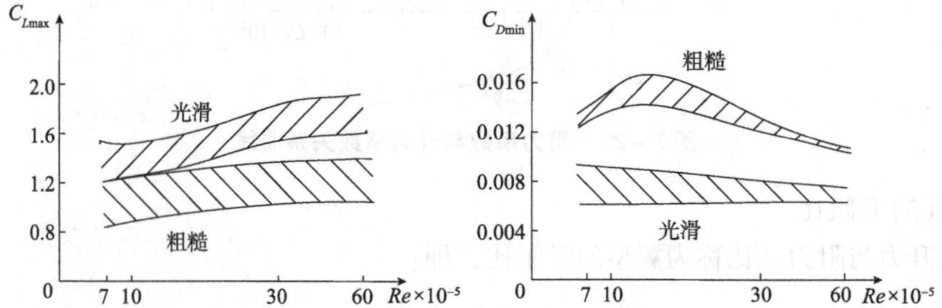

图7-24　雷诺数和表面粗糙度对气动特性的影响

⑥有限翼展的影响。

之前我们所讨论的结果仅适用于桨叶无限长时，对于有限长度的叶片，其结果必须修正。

由于升力翼的下表面压力大于大气压力，上表面压力小于大气压力，因此叶片两端气流企图从高压侧向低压侧流动，结果在两端形成涡流。实际上，由于叶尖的影响，两端形成一系列的小涡流，这些小涡流又汇合成两个大涡流，卷向叶尖内侧，如图 7－25 所示。这种涡流形成后会造成阻力增加，引起诱导阻力。

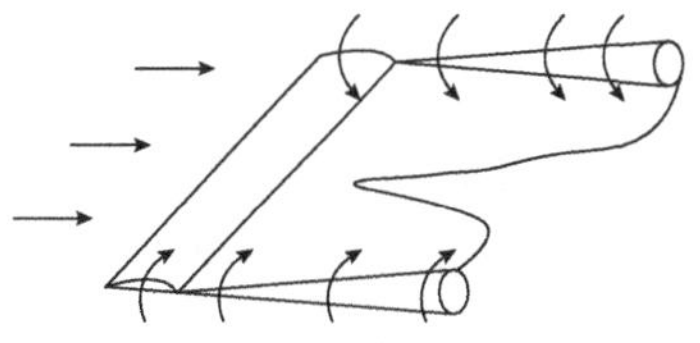

图 7－25　有限翼展形成的涡流

7.7　颗粒运动

对于颗粒运动，其阻力计算与绕球体流动相似，其总阻力为 $F_D = C_D \frac{\rho u^2}{2} A_D = C_D \frac{\rho u^2}{2} \frac{\pi d^2}{4}$，式中 C_D 为阻力系数。对于球形颗粒，在不同的雷诺数范围内，可由 Re 计算出对应的阻力系数值。

$Re<2$ 为斯托克斯区：$$C_D = \frac{24}{Re} \tag{7-27a}$$

$2<Re<500$ 为阿仑(Allen)区：$$C_D = \frac{18.5}{Re^{0.6}} \tag{7-27b}$$

$500<Re<2\times10^5$ 为牛顿定律区：$C_D \approx 4.4$　　(7－27c)

当 $Re>3\times10^5$ 时，阻力系数急剧减小：$C_D \approx 0.2$　　(7－27d)

(1)重颗粒运动微分方程

质量为 m、密度为 ρ_p 的颗粒在静止流体中所受到的力主要包括：

重力：$$F_g = mg \tag{a}$$

浮力：$$F_b = \frac{m}{\rho_p}\rho g \tag{b}$$

阻力：$$F_D = C_D \frac{\rho u^2}{2} A_D \tag{c}$$

式中 u 表示颗粒相对流体的运动速度。注意：当颗粒在离心力作用下沉降时，可用离心加速度 rw^2 代替式中的重力加速度 g。

根据牛顿第二定律，有：

$$F_g - F_b - F_D = m\frac{\mathrm{d}u}{\mathrm{d}t} \tag{d}$$

颗粒的运动微分方程为：

$$\frac{\mathrm{d}u}{\mathrm{d}t}=\left(\frac{\rho_p-\rho}{\rho_p}\right)g-\frac{C_D A_D}{2m}\rho u^2 \tag{7-28a}$$

对于直径为 d 的球形颗粒，运动微分方程可写为：

$$\frac{\mathrm{d}u}{\mathrm{d}t}=\left(\frac{\rho_p-\rho}{\rho_p}\right)g-\frac{3C_D}{4d}\frac{\rho}{\rho_p}u^2 \tag{7-28b}$$

(2)颗粒自由沉降速度

①颗粒的沉降函数。

颗粒的自由沉降速度是指颗粒在流体中沉降时，所受到的力达到平衡时所具有的相对速度 u_t，亦称终端速度。对于球形颗粒，当 $\mathrm{d}u/\mathrm{d}t=0$ 时，由式(7－28b)可得：

$$u_t=\sqrt{\frac{4dg(\rho_p-\rho)}{3C_D\rho}} \tag{7-29}$$

在不同的雷诺数范围取不同的 C_D 值，可得不同的自由沉降速度公式。

若在斯托克斯区($Re<2$)，则有：

$$u_t=\frac{d^2(\rho_p-\rho)g}{18\mu} \tag{7-30a}$$

在阿仑区($2<Re<500$)，则有：

$$u_t=0.1528\frac{d^{1.143}[(\rho_p-\rho)g]^{0.7143}}{\rho^{0.2857}\mu^{0.4286}}=0.27\sqrt{\frac{d(\rho_p-\rho)gRe^{0.6}}{\rho}} \tag{7-30b}$$

在牛顿定律区($500<Re<2\times10^5$)，则有：

$$u_t=1.74\sqrt{\frac{d(\rho_p-\rho)g}{\rho}} \tag{7-30c}$$

当流体做水平流动时，不会影响颗粒的沉降速度。颗粒一方面跟随流体做水平运动，另一方面以速度 u 下降，且下降速度 u 达到沉降速度 u_t 后保持恒速，据此可求出颗粒的运动轨迹。

②颗粒的自由上升速度。

当流体垂直向上流动时，颗粒的绝对速度 u_p 等于颗粒沉降速度 u_t 与流体速度 u_f 之差，即：

$$u_p=u_f-u_t \tag{7-31}$$

所以，如果 $u_f>u_t$，则 $u_p>0$，表示颗粒随流体向上运动；如果 $u_f<u_t$，则 $u_p<0$，表示颗粒向下运动；当 $u_f=u_t$ 时，颗粒静止地悬浮在流体中，例如转子流量计中的转子就处于这种状况。

(3)影响颗粒沉降速度的因素

前面讨论的是稀疏悬浮液中单个球形颗粒的自由沉降速度，实际颗粒的沉降速度还要受到下列因素的影响。

①浓度的影响。实际气－固、固－液两相物系中，颗粒的数量很多。存在着相互的干扰，比如颗粒间的相互碰撞、流体与颗粒之间的附加作用力等，这些因素将使得颗粒的干扰沉降速度低于单个颗粒的自由沉降速度。通常，当颗粒出现干扰沉降时，可先按单颗粒计算自由沉降速度，再按浓度进行修正，即：

$$u_t' = u_t\ (1 - C_v)^{5.5} \tag{7-32}$$

式中 C_v 为颗粒体积浓度。

②器壁效应。当器壁直径 D 与颗粒直径 d 的比值不是太大时，器壁会增加颗粒沉降时的阻力，使颗粒的沉降速度较自由沉降速度小。考虑器壁的影响时，颗粒沉降速度可按下式进行修正：

$$u_t' = \frac{u_t}{1 + 2.104(d/D)} \tag{7-33}$$

③非球形度的影响。对于非球形度颗粒由于其迎流投影面积比同体积球形颗粒大，故所受到的阻力较大，实际沉降速度比同体积球形颗粒的小一些，可用 ψd_e 代替公式中的颗粒直径 d 计算沉降速度。其中 d_e 为非球形颗粒当量直径，ψ 为颗粒球形度，分别由下式给出：

$$d_e = \sqrt[3]{6V_p/\pi} \tag{7-34}$$

$$\psi = A_s/A_p \tag{7-35}$$

式中 V_p 为颗粒的体积，A_p 为颗粒的表面积，A_s 为体积等于 V_p 的球形颗粒的表面积。某些颗粒的球形度参考经验值如下：立方体 $\psi = 0.806$，长径比为 1 的圆柱体 $\psi = 0.874$，煤粉 $\psi = 0.7$，沙子 $\psi = 0.53 \sim 0.63$。

7.8　绕圆柱流动

7.8.1　绕圆柱的无环量流动

绕圆柱无环量流动是均匀直线流动与偶极流叠加而成。

将平行于 x 轴的均匀流与布置在原点的偶极流叠加，得到的速度势函数和流函数分别为：

$$\Phi = v_\infty \cos\theta \left(r + \frac{M}{2\pi v_\infty}\frac{1}{r} \right) \tag{a}$$

$$\psi = v_\infty \sin\theta \left(r - \frac{M}{2\pi v_\infty}\frac{1}{r} \right) \tag{b}$$

相应的速度分布为：

$$v_r = \frac{\partial \Phi}{\partial r} = v_\infty \left(1 - \frac{M}{2\pi v_\infty}\frac{1}{r^2} \right)\cos\theta \tag{c}$$

$$v_\theta=\frac{\partial\Phi}{r\partial\theta}=-v_\infty\left(1+\frac{M}{2\pi v_\infty}\frac{1}{r^2}\right)\sin\theta \qquad (d)$$

下面寻找该复合流动的边界条件。令 $v_r=0$ 和 $v_\theta=0$，得到两个驻点坐标，即 $\theta=0$，$r=\sqrt{M/(2\pi v_\infty)}$ 和 $\theta=\pi$，$r=\sqrt{M/(2\pi v_\infty)}$。代入流函数表达式，得 $\psi=0$，即所谓零流线方程：

$$v_\infty\left(1-\frac{M}{2\pi v_\infty}\frac{1}{r^2}\right)r\sin\theta=0 \qquad (e)$$

这个零流线方程的解为：

$$\theta=0,\ \theta=\pi,\ r=\sqrt{\frac{M}{2\pi v_\infty}}$$

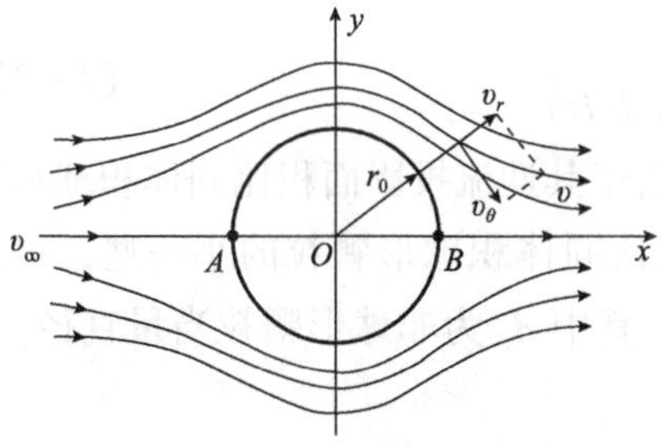

图 7－26　均匀流绕圆柱体的流动

由此可知，零流线是半径 $r=\sqrt{M/(2\pi v_\infty)}$ 的圆周和 x 轴构成的图形，该流线在前驻点 A 分为两股，沿上下两个半圆周到后驻点 B 汇合，如图 7－26 所示。

显然，一个置于均匀流中的半径为 $r_0=\sqrt{M/(2\pi v_\infty)}$ 的圆柱体的绕流，物面条件与上述零流线圆周重合。因此，均匀流与 $M=2\pi r_0^2 v_\infty$ 的偶极流叠加复合成的零流线及外部绕流，既满足无穷远均匀来流条件，又满足圆柱体的物面条件，可以代替半径 $r_0=\sqrt{M/(2\pi v_\infty)}$ 的圆柱体的平面绕流流动。于是，均匀流绕圆柱体流动的速度势函数、流函数及流速分布分别为：

$$\begin{cases}\Phi=v_\infty\cos\theta\left(r+\dfrac{r^2}{r}\right) & (7-36a)\\ \psi=v_\infty\sin\theta\left(r-\dfrac{{r_0}^2}{r}\right) & (7-36b)\\ v_r=v_\infty\left(1-\dfrac{{r_0}^2}{r^2}\right)\cos\theta & (7-36c)\\ v_\theta=-v_\infty\left(1+\dfrac{{r_0}^2}{r^2}\right)\sin\theta & (7-36d)\end{cases}$$

可以看出，上述公式中 $r\geqslant r_0$。当 $r<r_0$ 时，在圆柱体内，无实际意义；当 $r\to\infty$时，$\boldsymbol{v}=v_\infty\boldsymbol{i}$ 为均匀流动，如图 7－27 所示。而在圆柱表面上（$r=r_0$）的速度分布为：

$$\begin{cases}v_r=0\\ v_0=-2v_\infty\sin\theta\end{cases} \qquad (7-37)$$

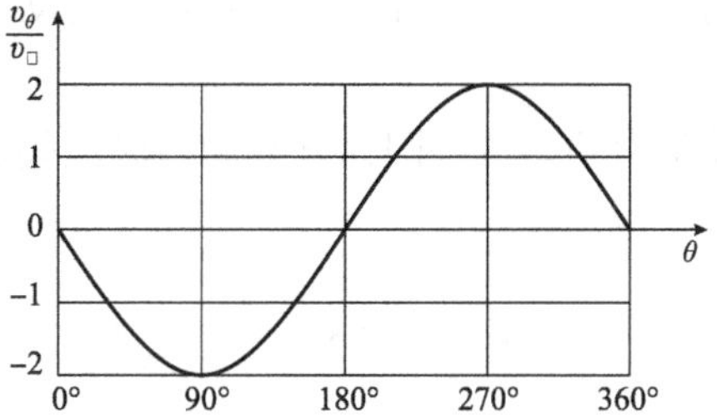

图 7－27　圆柱面上的速度分布曲线图

由于该复合流动为简单势流的叠加，因此叠加后的流动仍为势流，沿圆柱体的圆周线的速度环量为零，即有：

$$\Gamma = \oint v_\theta \mathrm{d}s = -v_\infty \left(1 + \frac{r_0^2}{r^2}\right) r \oint \sin\theta \mathrm{d}\theta = 0$$

因此，流场的压强分布可利用势流的伯努利方程求解，即：

$$p = p_\infty + \frac{1}{2}\rho(v_\infty^2 - v^2) \tag{f}$$

在圆柱体表面上，则有：

$$p_w = p_\infty + \frac{1}{2}\rho(v_\infty^2 - v_\theta^2) = p_\infty + \frac{1}{2}\rho v_\infty^2(1 - 4\sin^2\theta) \tag{g}$$

工程上常采用无因次压强系数来表示流体作用在物体任一点处的压强大小，其定义式为：

$$C_p = \frac{p_w - p_\infty}{\frac{1}{2}\rho v_\infty^2} \tag{7-38a}$$

式中，p_w 为物体壁面上的压强。对于圆柱体绕流，式(7－38a)又可写成：

$$C_p = 1 - 4\sin^2\theta \tag{7-38b}$$

取 θ 角一般从前驻点 A 沿顺时针方向增大为正方向。在前驻点 A，$\theta=0$，$v=0$，该处的压强为驻点压强达最大值，$p_A = p_\infty + \frac{1}{2}\rho v_\infty^2$，$C_P=1$；在 $\theta = \pm\pi/2$ 处（最大迎流断面），流速最大，动压最高，静压最低，$C_P = -3$；在后驻点 B，$\theta=\pi$，流速等于零，压强又恢复到前驻点的压强大小，$C_P=1$。

由于圆柱面上的压强分布对称于 x、y 轴，因此，流体在圆柱面上的合力等于零。流体作用在圆柱面上的总压力沿 x 轴和 y 轴的分量，即圆柱受到的与来流方向平行和垂直的作用力，分别称为流体作用在圆柱体上的阻力 D 和升力 L，即：

$$D = F_x = 0 \tag{7-39a}$$

$$L = F_y = 0 \tag{7-39b}$$

说明理想流体的均匀流在绕过圆柱体的无环量的流动中，圆柱体既不受阻力作用，也不产生升力。

环量绕圆柱体流动是由均匀流绕圆柱体流动与涡流叠加复合而成的。由均匀流和涡流的热扩散、流扩散加和，得：

$$\phi = v_{\infty}\cos\theta\left(\mathrm{r} + \frac{r_0^{\ 2}}{r}\right) - \frac{T}{2\pi}\theta \tag{a}$$

$$\psi = v_{\infty}\sin\theta\left(1 - \frac{r_0^{\ 2}}{r}\right) + \frac{T}{2\pi}\ln r \tag{b}$$

其速度分布为：

$$v_r = \frac{\partial \Phi}{\partial r} = U_{\infty}\left(1 - \frac{r_0^{\ 2}}{r^2}\right)\cos\theta \tag{c}$$

$$v_\theta = \frac{\partial \Phi}{r\partial \theta} = -U_{\infty}\left(1 + \frac{r_0^{\ 2}}{r^2}\right)\sin\theta - \frac{T}{2\pi r} \tag{d}$$

该流场满足下列条件，当 $r = r_0$ 时，$\phi = \frac{T}{2\pi}\ln r_0 = \cos\theta$ 且 $v_r = 0$，这说明 $r = r_0$ 的圆周是一条流线，满足以 $r = r_0$ 的圆柱体的周线代替这条流线的内边界条件，当 $r\to\infty$时，均匀流绕圆柱体的流动一样，$\boldsymbol{v} = v_{\infty}\boldsymbol{i}$，满足无穷远处的来流条件。

将 $r = r_0$ 代入式(c)、式(d)，可得圆柱面上的速度分布为：

$$v_r = 0$$

$$v_\theta = -2v_{\infty}\sin\theta - \frac{T}{2\pi r_0}$$

复合流动的速度环量，应等于沿柱面周线的速度环量，即：

$$\int_0^{2\pi} v_\theta r_0 \mathrm{d}\theta = \int_0^{2\pi}\left(-2v_{\infty}\sin\theta - \frac{T}{2\pi r_0}\right)r_0\mathrm{d}\theta - T \tag{e}$$

流场中任一点处 $r \geqslant r_0$ 的压强，可利用势流的伯努利方程求得，即：

$$\frac{p}{\rho g} + \frac{U^2}{2g} = \frac{p_{\infty}}{\rho g} + \frac{v_{\infty}^2}{2g}\rho = p_{\infty} + \frac{1}{2}\rho\left(v_{\infty}^2 - v^2\right) \tag{f}$$

圆柱面上的压强分布则为：

$$p_w = p_{\infty} + \frac{1}{2}\rho v_{\infty}^{\ 2} - \frac{1}{2}\rho\left(2v_{\infty}\sin\theta + \frac{T}{2\pi r_0}\right)^2 \tag{7-40}$$

7.8.2 绕圆柱的环量流动

与均匀流绕圆柱体流动相比，由于加入了顺时针的涡流，这就可得，圆柱体上部流速加快(涡流速度与流动方向相同)而下部流速降低(涡流速度与原流动方向相反)，其结果是破坏了原均匀流绕圆柱体流动的上下对称性，使得驻点位置离开了轴而向下移动，如图 7-28 所示。

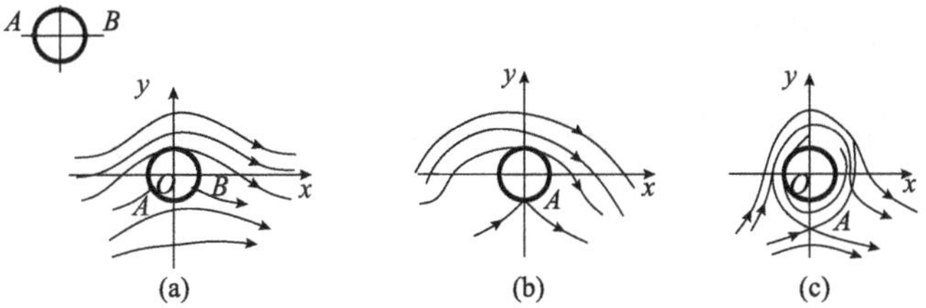

图7－28 圆柱体有环量流动

由于在驻点处速度为零，因此柱面上驻点的位置角可由$(v_0)_{r=r_0}=0$求得，由式(c)得：

$$v_\theta = -2v_\infty \sin\theta - \frac{T}{2\pi r_0} = 0$$

解得：

$$\sin\theta = -\frac{T}{4\pi r_0 v_\infty}$$

讨论：①只有$\frac{T}{4\pi r_0 v_\infty} \leqslant 1$的条件下才有意义。

②由于$\sin(-\theta)=\sin[-(\pi-\theta)]$，因此圆柱面上有两个驻点并左右对称地位于第三、第四象限内。

③当v_∞保持不变时，两个驻点的位置随r值的增大而向θ靠拢。

④当$\frac{T}{4\pi r_0 v_\infty}=1$时，$\sin\theta=-1$，$\theta=-\frac{\pi}{2}$两驻点位于同一点并位于圆柱面的最大侧。

⑤当$\frac{T}{4\pi r_0 v_\infty}>1$时，驻点不发生在圆柱面上，用式(b)求得驻点位置。

令$v_r=0$，$v_Q=0$，得：

$$v_\infty\left(1-\frac{r_0^2}{r^2}\right)\cos\theta=0$$

$$v_\infty\left(1+\frac{r_0^2}{r^2}\right)\sin\theta+\frac{r}{2\pi r}=0$$

由式(d)得，$\theta=\frac{\pi}{2}$，$\theta=\frac{3\pi}{2}$，由于叠加量的顺时针涡流，故只需取$\theta=\frac{3\pi}{2}$，代入式(d)得$\theta=\frac{3\pi}{2}$。

$$r=\frac{r}{4\pi v_\infty}+\frac{1}{2v_\infty}\sqrt{\left(\frac{r}{2\pi}\right)^2-4r_0^2v_\infty^2}$$

流体作用在单位长度圆柱上的合力为：

$$\begin{aligned} \boldsymbol{F} &= -\int_0^{2\pi} \rho_w n r_0 \mathrm{d}\theta \\ &= -\int_0^{2\pi}\left[\rho_w + \frac{1}{2}\rho v_\infty^2 - \frac{1}{2}\rho\left(2v_\infty \sin\theta + \frac{r}{2\pi r_0}\right)^2\right](\sin\theta + j\sin\theta) r_0 \mathrm{d}\theta \\ &= j\rho v_\infty T \end{aligned} \tag{7-41}$$

即 F 分量为：

$$F_x = 0,\ F_y = \rho v_\infty T \tag{7-42}$$

式(7－40)为库塔－儒可夫斯基(Kutta－Joukowski)升力公式，可以看出结论：有环量的圆柱绕流其阻力也为零，但产生与来流方向垂直的分力 F_y，即升力；对于顺时针涡流，升力方向与 y 轴方向相同，反之亦反。

麦格努斯(Magnus)效应，有环量的圆柱绕流产生横向力原因：对于理想流体，有环量的圆柱绕流，由于涡流的圆周运动，使得圆柱上下表面流速不同，引起上下表面的压力差。若涡流为顺时针方向，则圆柱上表面速度大，下表面速度小，由伯努利方程知，上表面压强必小于下表面压强，于是对圆柱体产生一个向上的合力。

飞机机翼的主要功能是为了产生升力，现代大型飞机数百吨的重量全靠两支机翼的升力悬浮在空中。研究表明，小黏度流体(如空气)绕无限长机翼做贴近整个机翼表面的大雷诺数流动(称为无分离流动)时，可用平面势流理论描述，库塔－儒可夫斯基升力公式同样适用。

7.9 卡门涡街

7.9.1 绕圆柱体流体

在一定条件下的定常来流绕过某些物体时，物体两侧会周期性交替地脱落出旋转方向相反，排列规则的双列旋涡，这是1911年匈牙利科学家冯·卡门在德国专门研究的这种圆柱背后涡流的运动规律，故称为卡门涡街(Karman Vortex Street)。

由于黏性作用，圆柱表面附近的流动相当复杂，流场的速度分布与压力分布都与雷诺数有关，至今尚不能用分析方法求解，然而其流型仅用雷诺数 Re 就可判断。

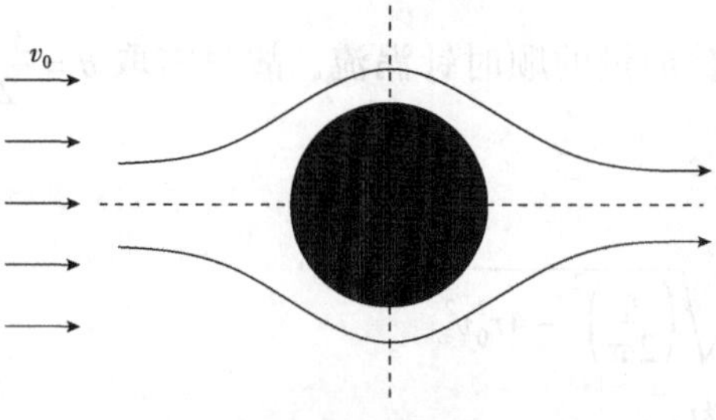

图7－29　低雷诺数下绕圆柱体的流动

(1)低雷诺数下的绕流

当 $Re<1$ 时，如图7－29所示，整个流场呈稳定层流状态，且上、下游流场对称。低雷诺数下，圆柱体对流场的影响区域较大，在距离圆柱体表面数倍柱体直径的地方，流体的速度仍与来流速度不同。此时，物体阻力仅有摩擦阻力。

(2)中雷诺数下的绕流

随着雷诺数的增大，上下游对称消失，迎流面的流动与理想流体相似，但背流面出现边界层分离，产生尾迹流，这种情况下物体阻力是由摩擦阻力和压差阻力组成，并具有同等重要性。

①在 3～5 < Re < 30～40 的范围内，尾迹区有较弱的对称旋涡，如图 7－30 所示。

②在 30～40 < Re < 80～90 范围内，尾迹区出现摆动，但其流动仍呈层流状态，如图 7－31 所示。

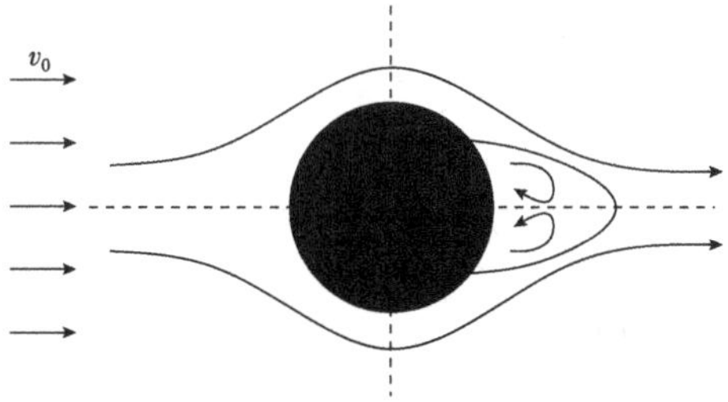

图 7－30　中雷诺数下绕圆柱体的流动

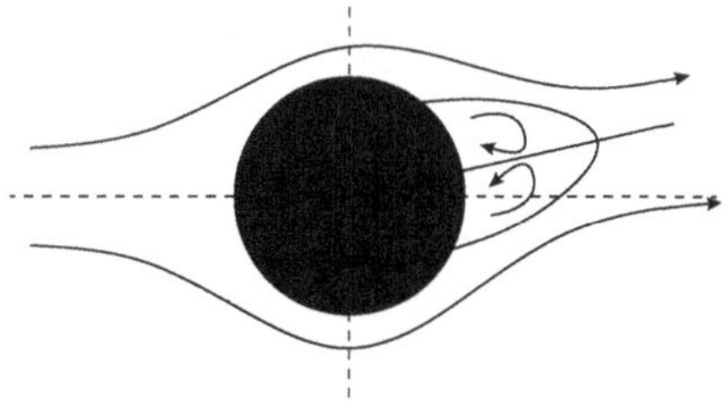

图 7－31　尾部摆动

③当 80～90 < Re < 150 时，边界层分离点仍在圆柱体的背流面，出现卡门涡街，见图 7－32。这时除了存在摩擦阻力和压差阻力外，还产生诱导振动，当诱导振动引起共振时，这时的物体阻力以压差阻力为主。

④当 Re > 150 时，背流面的涡列不再稳定，而当 Re > 300 时，整个尾迹区变成湍流状态，如图 7－33 所示。

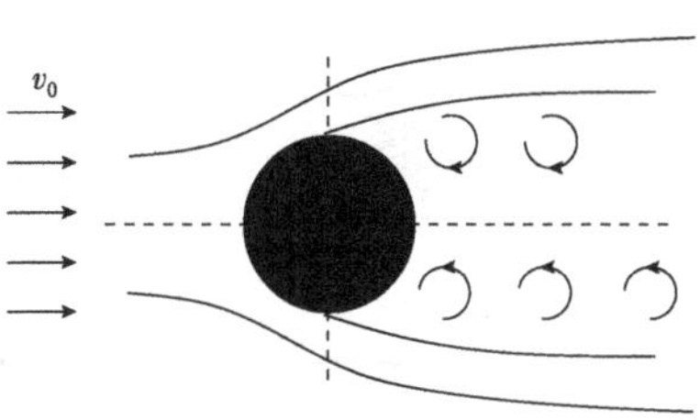

图 7－32　卡门涡街

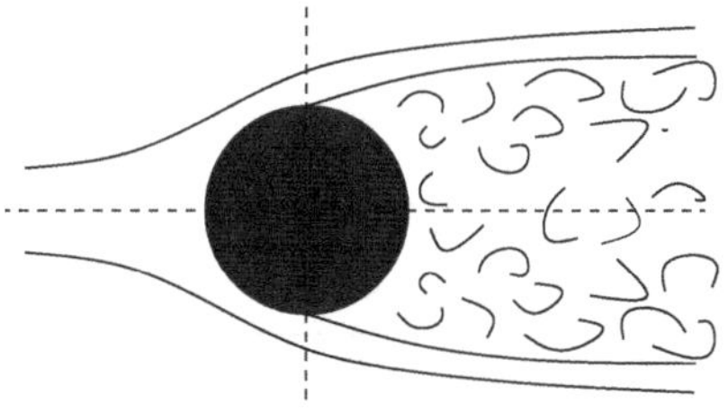

图 7－33　尾迹区湍流

(3)大雷诺数下的绕流

当 150～300 < Re < 1.9×10^5 时，在圆柱体的迎流面上形成的边界层为层流，边界层与物面的分离点在迎流面，分离点与来流的夹角为 85°左右，这种情况称为亚临界状态。此时物体阻力以压差阻力为主。在 Re > 1.9×10^5 的条件下，边界层中的流动逐渐向湍流过渡。当 Re > 6.7×10^5 时，边界层在分离前已由层流转变为湍流，且分离点向后移动至背流面，分离点与来流的夹角为 135°左右，这种状态称为超临界状态。这时摩擦阻力有所增大，而压差阻力有所减小，但压差阻力与摩擦阻力相比可忽略不计。

7.9.2 卡门涡街

在一定雷诺数时，流体在圆柱体背面出现稳定、非对称、排列有规则的旋转方向相反的交替从物体脱落的旋涡，从而形成两行排列整齐的向下排列的漩列，此涡列就是卡门涡街，如图7-34所示。

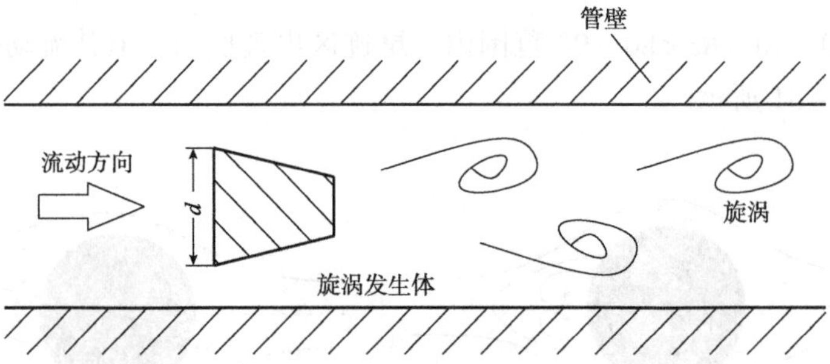

图7-34　卡门涡街

(1)卡门涡街特征

对有规则的卡门涡街，只能在 $Re=60\sim5000$ 的范围内观察到，而且在多数情况下涡街是不稳定的，即一受到外界扰动，涡街就被破坏了。

卡门涡街的稳定条件：两行旋涡间距与同行相邻两旋涡间距之比 $h/l=0.281$，此时 $Re\approx150$，卡门涡街才是稳定的，如图7-35所示。卡门涡街流谱如图7-36所示。

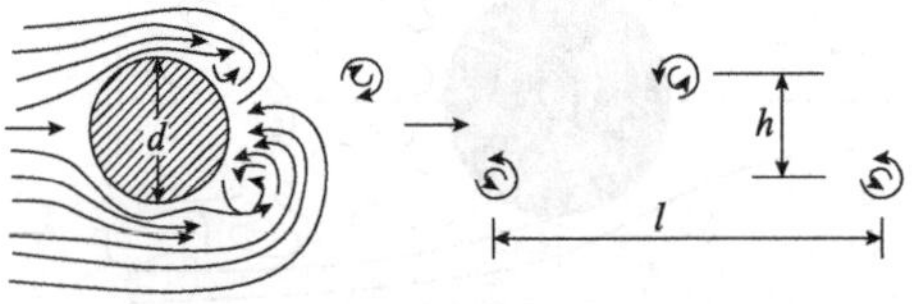

图7-35　卡门涡街稳定条件

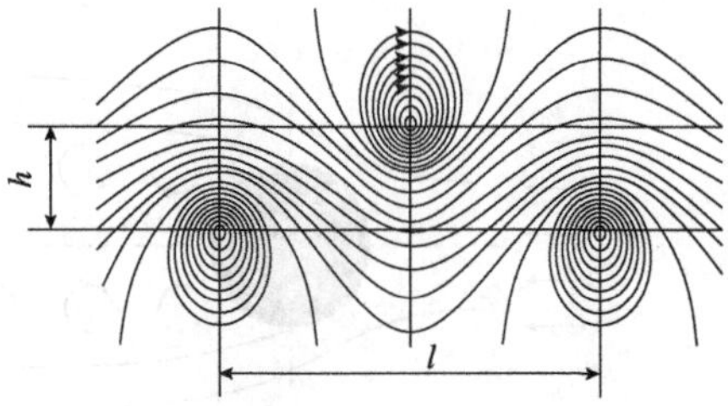

图7-36　卡门涡街流谱

(2)卡门涡街频率

当流体绕流单根圆柱体时，在 $250<Re<1.5\times10^5$ 范围内，圆柱后脱落的旋涡频率为：

$$f=0.198\frac{v_\infty}{d}\left(1-\frac{19.7}{Re}\right) \tag{7-43}$$

式中，f 为旋涡脱落频率，1/s；d 为圆柱直径，m；v_∞ 为来流速度，m/s。

式(7-43)中的 f、d、v_∞ 组成一无因次系数，用 st 表示，即：

$$st = \frac{fd}{v_\infty} \quad (7-44)$$

式中 st 称作斯特罗哈数。根据罗斯柯 1954 年的实验结果，在 $Re = 1000 \sim 1.5 \times 10^5$ 范围内，st 数近似等于常数，即 $st \approx 0.21$；当 $Re > 3.5 \times 10^6$ 时，又形成卡门涡街，这时 $st \approx 0.27$。

7.9.3 诱导振动

流体绕物流动，当出现卡门涡街时，交替脱落的旋涡在圆柱体上产生交变作用力，迫使圆柱体振动，这种振动称为诱导振动，如图 7－37 所示。

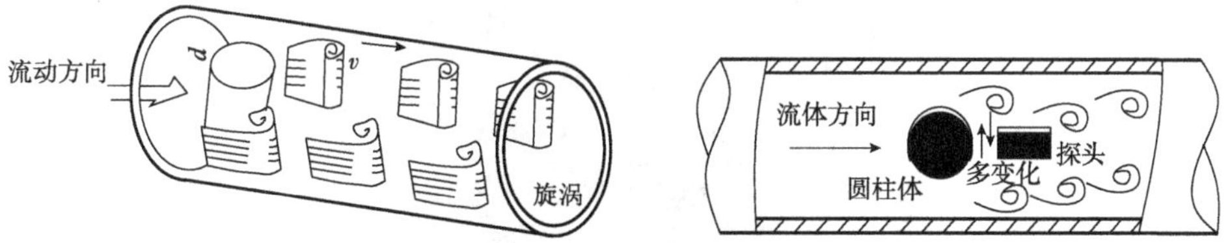

图 7－37 诱导振动

产生诱导振动的原因，如图 7－38 所示，流体绕物流动，边界层交替分离，旋涡交替产生。

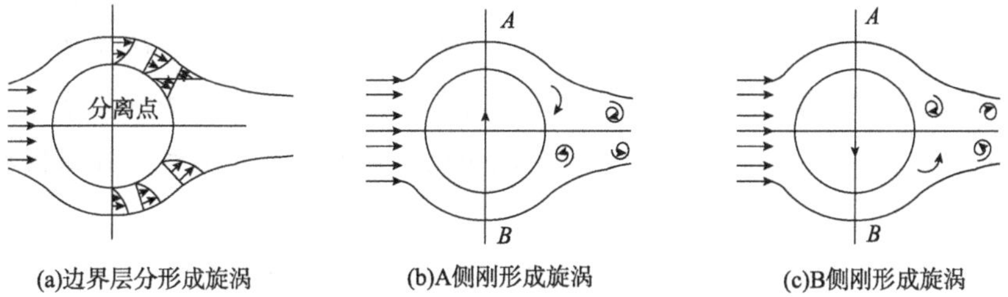

(a)边界层分形成旋涡　(b)A侧刚形成旋涡　(c)B侧刚形成旋涡

图 7－38 诱导振动产生原理

刚要形成旋涡一侧，边界层的分离点前移，分离点之后的流体压强大致等于分离点处压强，流速较大，压强最小；同时在另一侧旋涡刚脱离物体表面时，由于逆向流动使流速减小，压强增大，此时产生的对物体的合力指向刚形成旋涡的一侧。随着旋涡的不断增大，逆向流速加大，流体流速逐渐减小，逆向压强梯度也增大，使流体减速增压，直至达到旋涡成熟脱离物体表面，此时压强增至最大；而在此侧旋涡长大的过程中，另一侧旋涡开始脱离逃逸，形成加速降压趋向。因此，随着旋涡在圆柱体的周期性交替脱落过程中，流体对圆柱体产生的合力也交替作用在圆柱体上，圆柱体产生了与来流速度方向正交的振荡运动，形成对圆柱体的横向交变负荷，其交变频率与旋涡的脱落频率相等。

当诱导振动频率与物体固有频率相等时将会引起圆柱体共振，产生大振幅的振动和很大的内应力，影响圆柱体正常工作，甚至会使圆柱体产生结构破坏。如果旋涡自圆柱体后部周期性地交替脱落是发生在气体中，则会引起声响效应。

题与解

习题7-1 风洞(见图7-39)即风洞实验室，是以人工的方式产生并控制气流，用来模拟飞行器或实体周围气体的流动情况，并可度量气流对实体的作用效果以及观察物理现象的一种管道状实验设备，它是进行空气动力实验最常用、最有效的工具之一。

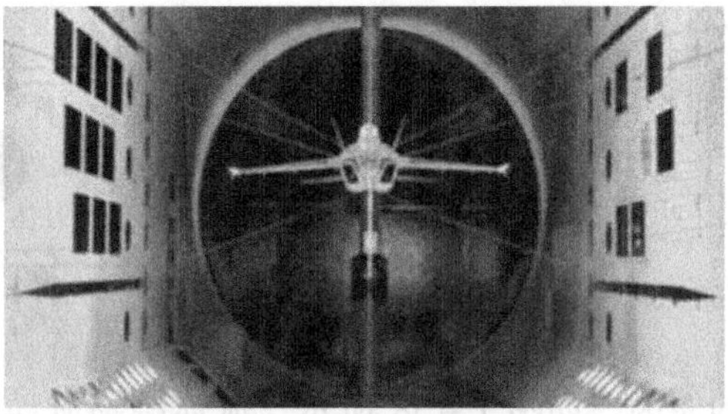

图7-39 风洞

风洞实验是飞行器研制工作中一个不可缺少的组成部分。它不仅在航空和航天工程的研究和发展中起着重要作用，而且随着工业空气动力学的发展，在交通运输、房屋建筑、风能利用等领域更是不可或缺。这种实验方法流动条件容易控制。实验时，常将模型或实物固定在风洞中进行反复吹风，通过测控仪器和设备取得实验数据。

在风洞中用模型做高速火车头的摩擦阻力实验，在车头的顶面和底面将形成边界层。实验时，一般让风洞的地板以来流 u_0 的速度运动，以避免在气流到达车头时已形成边界层。

风洞风速为6m/s时，地板前缘到车头的距离为2.5m，湍流转换点的雷诺数为10^6，空气运动黏度为$1.55\times10^{-5}\text{m}^2/\text{s}$。假定地板不运动，试求当气流到达车头时边界层的厚度。

解：计算 $L=2.5\text{m}$ 处的雷诺数：

$$Re_L=\frac{uL}{\gamma}=\frac{6\times2.5}{1.55\times10^{-5}}=967742<10^6\text{，属于层流}$$

所以，按布拉修斯公式可得气流到达车头时的边界层厚度：

$$\delta=\frac{4.96}{Re^{0.5}}L=0.0126\text{m}=12.6\text{mm}$$

习题7-2 分馏塔是石油化工行业中最为常见的一种分离装置，其工作原理：在有限的空间内，尽可能增大液相混合物的热交换面积，一般用于精馏分馏的混合物为有机共沸物。共沸在反应釜内首先受热上升至分馏段，沸点低的继续上升，因为塔顶在受到低沸点物的传热后温度和低沸点物一致，所以低沸点物被分馏出来。而较高沸点物因为没有达到相应的沸点，故会受冷却后回流至反应釜内或分馏柱的下半部分，待低沸点物被完全馏出后，较高沸点物相继被分馏，然后是高沸点物的馏出，最后留在反应釜底部的是残渣，如图7-40所示。

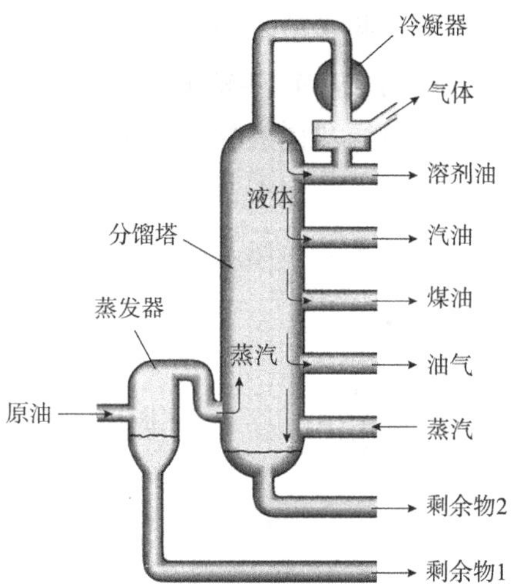

图7-40　分馏塔原理

假设风以 $u_0=10\text{m/s}$ 的速度吹过直径 $D=1.25\text{m}$，高 $H=30\text{m}$ 的圆柱形分馏塔，试确定分馏塔所承受的风力和倾倒力矩。取空气的运动黏度 $\gamma=1.4\times10^{-5}\text{m}^2/\text{s}$，密度 $\rho=1.25\text{kg/m}^3$，假定沿塔高风速一致。

解：由已知条件计算雷诺数：

$$Re=\frac{u_0D}{\gamma}=\frac{10\times1.25}{1.4\times10^{-5}}=8.929\times10^5$$

塔表面按粗糙面考虑，查得阻力系数为0.6，则分馏塔单位长度上所受的风力：

$$F'_D=C_D\frac{\rho u_0^2}{2}D=0.6\frac{1.25\times10^2}{2}1.25=46.88\text{N/m}$$

故分馏塔所受的空气作用总力和倾倒力矩分别为：

$$F_D=F'_DH=46.88\times30=1406\text{N}$$

$$M=F_D\frac{H}{2}=1406\times\frac{30}{2}=2.109\times10^4\text{N}\cdot\text{m}$$

习题7-3　分馏塔在受到风力作用时，除了会受到风力所带来的作用力，还可能产生垂直于风力方向上的水平振动，当这种振动的频率与塔任意振型的固有频率一致，就会产生共振，对塔的结构造成破坏，试分析产生振动的原因以及减小振动的方法。

解：卡门涡街是产生振动的主要原因，当出现卡门涡街时，由于塔体两侧旋涡的交替产生和脱落，在形成的一侧会对脱落的一侧产生推力。由于旋涡是交替产生的，所以作用力也是交替出现，从而会形成诱导振动。

减小振动的方法：

①增大塔的固有频率。可以通过增加内径，降低塔高，增加壁厚等方式。

②采用扰流装置。合理的布置塔体上的管道、平台或者附体和其他连接件，可以消除或破坏卡门涡街的形成。

③增大塔的阻尼。塔盘上的液体或塔内的填料都是有效的阻尼物。

图7－41　孔板流量计

习题7－4　球形填料(见图7－41)是一种新型填料，广泛应用于电力、化工、环保等领域，具有更好的抗压抗冲击性能，比表面积大，空隙率大。使用时，可提高传质效率。求直径为5mm的球形填料在下列情况下的阻力系数与阻力：

①以 $u_t=2\text{cm/s}$ 等速在密度 $\rho=925\text{kg/m}^3$、动力黏度 $\gamma=0.12\text{Pa}\cdot\text{s}$ 的油中运动。

②以 $u_t=2\text{cm/s}$ 等速在5℃的水中运动。

③以 $u_t=2\text{m/s}$ 等速在5℃的水中运动。

解：①计算雷诺数：

$$Re=\frac{\rho u_t d}{\gamma}=\frac{925\times0.02\times0.005}{0.12}=0.771$$

属于斯托克斯区，故阻力系数及阻力分别为：

$$C_D=\frac{24}{Re}=\frac{24}{0.771}=3.1$$

$$F_D=C_D\frac{\rho u_t^2}{2}\frac{\pi d^2}{4}=31.1\times\frac{925\times0.02^2}{2}\times\frac{\pi\times0.005^2}{4}=1.13\times10^{-4}\text{N}$$

②水在5℃时的密度为 999.8kg/m^3，黏度为 $1.547\times10^{-3}\text{Pa}\cdot\text{s}$，计算雷诺数：

$$Re=\frac{\rho u_t d}{\gamma}=\frac{999.8\times0.02\times0.005}{1.547\times10^{-3}}=64.4$$

属于阿仑区，故阻力系数及阻力分别为：

$$C_D=\frac{18.5}{Re^{0.6}}=\frac{18.5}{64.6^{0.6}}=1.52$$

$$F_D=C_D\frac{\rho u_t^2}{2}\frac{\pi d^2}{4}=15.2\times\frac{999.8\times0.02^2}{2}\times\frac{\pi\times0.005^2}{4}=5.97\times10^{-6}\text{N}$$

③改变流速计算雷诺数：

$$Re=\frac{\rho u_t d}{\gamma}=\frac{999.8\times2\times0.005}{1.547\times10^{-3}}=6460$$

属于牛顿区，阻力系数 $C_D=0.44$，阻力：

$$F_D=C_D\frac{\rho u_t^2}{2}\frac{\pi d^2}{4}=0.44\times\frac{999.8\times2^2}{2}\times\frac{\pi\times0.005^2}{4}=0.0173\text{N}$$

习题7-5　风以 $u_0=10\text{m/s}$ 的速度吹过直径 $d=1.25\text{m}$ 的圆柱形塔设备，试确定塔设备单位长度上所受的风力。假设塔高远大于其直径，取空气的运动黏度 $\gamma=1.4\times10^{-5}\text{m}^2/\text{s}$，密度 $\rho=1.25\text{kg/m}^3$。

解：由已知条件计算雷诺数：

$$Re=\frac{u_0d}{\gamma}=\frac{10\times1.25}{1.4\times10^{-5}}=8.929\times10^5$$

查表可得阻力系数为0.6。

所以塔设备单位长度上所受的风力：

$$F_D=C_Dd\rho\frac{u_0^{\ 2}}{2}=0.6\times1.25\times1.25\frac{10^2}{2}=46.88\text{N/m}$$

参考文献

[1]李福宝，李勤．流体力学[M]．北京：冶金工业出版社，2010.
[2]黄卫星，伍勇．工程流体力学[M].3 版．北京：化学工业出版社，2018.
[3]杨树人，王春生．工程流体力学[M].2 版．北京：石油工业出版社，2019.
[4]宇波．应用流体力学[M].2 版．青岛：中国石油大学出版社，2016.
[5]约翰·D. 安德森．计算流体力学基础及其应用[M]．吴颂平，刘赵淼译．北京：机械工业出版社，2021.
[6]张兆顺，崔桂香．流体力学[M].3 版．北京：清华大学出版社，2015.
[7]李福宝，李勤．压力容器及过程设备设计[M]．北京：化学工业出版社，2010.
[8]李福宝，李勤．过程装备力学分析[M]．北京：化学工业出版社，2010.
[9]李勤，李福宝．过程装备机械基础[M]．北京：化学工业出版社，2012.
[10]赵振兴，何建京，王忖．水力学[M].3 版．北京：清华大学出版社．
[11]蔡中林，黄林平．弹性流变力学[M]．北京：原子能出版社，2003.
[12]王福军．计算流体动力学分析[M]．北京：清华大学出版社，2004.
[13]傅德薰，马延文．计算流体力学[M]．北京：高等教育出版，2002.
[14]霍英姐．空化撞击流对化学反应速率的影响规律研究[D]．沈阳：沈阳工业大学，2019.
[15]张思琦等．旋转式空化射流发生器的数值模拟分析[J]．当代化工研究，2022(21)：35－37.
[16]李文溢等．射流涡环喷嘴出口角度对涡环特性的影响[J]．当代化工研究，2022(21)：32－34.
[17]H. 史里希廷．边界层理论(下册)[M]．徐燕侯等译．北京：科学出版社，2020.
[18]吴玉林等．水力机械空化和固液两相流体动力学[M]．北京：中国水利水电出版社，2007.
[19]刘沛清．自由紊动射流理论[M]．北京：北京航空航天大学出版社，2008.
[20]张爱涛，李福宝．基于相似原理不同喷管内空气流动性能的数值模拟[J]．冶金管理，2021(7)：26－27.